Klaus Füsser

Stadt, Straße und Verkehr

Klaus Füsser

Stadt, Straße und Verkehr

Ein Einstieg in die Verkehrsplanung

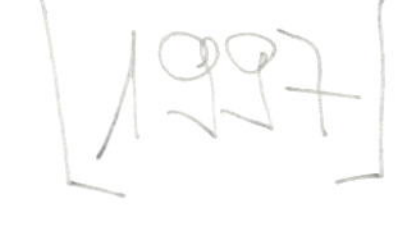

Anschrift des Autors

Klaus Füsser
Küpperstraße 10
D-52066 Aachen

Der Verlag Vieweg ist ein Unternehmen der Bertelsmann Fachinformation GmbH.

Umschlagentwurf/Titelfoto: Elisabeth Blum, Zürich
Satz: Publishing Service, Dreieich
Druck und buchbinderische Verarbeitung: Paderborner Druck Centrum, Paderborn
Gedruckt auf säurefreiem Papier

Printed in Germany

ISBN 3-528-08141-4

Inhalt

1 Den roten Faden in der Verkehrsplanung finden 9

2 Die Entwicklung: Die Geschichte von Städtebau und Verkehr . 11
Altertum 12
Mittelalter 15
Neuzeit 17
Technische Zeit 19
Gegenwart 22
Aussichten 24

3 Lösungsansätze: Erklärungsmodelle und Zukunftsvisionen 27
Was den Weltenlauf auf seinen Kurs treibt? 28
Was den Weltenlauf auf seinem Kurs hält? 30
Der Einstieg in Veränderung: Innehalten, wahrnehmen, diskutieren 31
Scheinlösung Telematik: Prometheus und die Büchse der Pandora 32
Fazit 33

4 Verkehrsmittel: Wieviel Platz braucht Verkehr, wieviel Verkehr vertragen wir? 37
Verkehrsmittel und ihre Wege 38
– Zu Fuß gehen 38
– Mit dem Rad 41
– Busse und Bahnen 44
– Kraftfahrzeuge 47
– Neue Verkehrsmittel 49
Umweltbelastungen 58
– Lärm 59
– Luftschadstoffe 62
– Umweltkosten 68
Leistungsfähigkeit und Verträglichkeit 69
– Leistungsfähigkeit von Straßen 70
– Verträglichkeit von Kraftfahrzeugbelastungen 74

5 Verkehr und Nutzung: Wie entsteht Verkehr, wie können wir ihn bewältigen? 77
Nutzungen 78
Mobilität 80
Verkehrsmodelle und Verkehrsprognose 84
– Verkehrserzeugung 86
– Verkehrsverteilung 86
– Verkehrsmittelwahl (Modal Split) 87
– Verkehrsumlegung 88
– Verkehrsprognose 89
Verkehrspläne 90

6 Verkehrsverhalten: Warum wir so viel und so schnell unterwegs sind und wie wir das ändern können 97
Wahrnehmung 98
Psychosoziale Beweggründe für Automobilität 102
Unfälle, Geschwindigkeit und Verkehrssicherheit 105
– Unfälle 105
– Geschwindigkeit 107
– Verkehrssicherheit 109

7 Verkehrsplanung: Das Handwerkszeug der Verkehrsplaner 111
Der Angriff der Geschwindigkeit auf Zeit und Raum 112
Verkehrsnetze 114
Straßennetze 116
Umgehungsstraßen 121
Verkehrsberuhigung 124
– Verkehrsberuhigter Bereich 125
– Verkehrsberuhigung an Hauptstraßen 131
Tempo-30-Zonen 137
Knotenpunkte, Kreisverkehr und Lichtsignalanlagen 139
– Planfreie Knotenpunkte 140
– Plangleiche Knotenpunkte 143
– Lichtsignalisierte Knotenpunkte 150
– Kreisverkehr 154
Ruhender Verkehr 160
– Parkraumnachfrage 161
– Stellplatzverordnungen 162
– Parken im Straßenraum 163

– Parkplätze, Parkhäuser, Tiefgaragen ... 165
– Stellplatzplanung bei Neubaumaßnahmen ... 169
– Krisenmanagement ... 170
  – Parkraumbewirtschaftung in der Innenstadt ... 170
  – Parkleitsysteme ... 175
  – Anwohnerparken ... 177
– Park and Ride, Bike and Ride ... 178
– Alternativen ... 179
– Abstellanlagen für Fahrräder ... 181
Öffentlicher Personen(nah)verkehr (ÖPNV) ... 183
– Linienförmige Erschließung (Primärnetz) ... 186
– Flächenhafte Erschließung (Sekundärnetz) ... 189
  – ÖPNV als Gesamtsystem ... 189
  – ÖPNV im kombinierten System ... 191
– Beschleunigungsmaßnahmen ... 196
– Haltestellen und Umsteigepunkte ... 198
Nahverkehrspläne ... 203
Fuß- und Radverkehr, Querungshilfen ... 204
– Sicherheit, Komfort und kurze Wege ... 204
– Netzgestaltung und Knotenpunkte ... 206
– Querungshilfen (an der Strecke) ... 210
Freizeitverkehr ... 214
Güterverkehr ... 218
– Verkehrsmittel ... 218
– Kombinierter Verkehr ... 223
– Güterverkehrszentren (GVZ) ... 225
– Ausblick ... 227
Fußgängerfreundliche Innenstädte ... 228

8 Resümee ... 235

Literatur ... 238

Bildquellen ... 244

Register ... 245

Danksagung

An erster Stelle bedanke ich mich bei meinen Eltern Ruth und Rudolf Füsser, die mich bei der Ausführung dieses Buches bestätigt und unterstützt haben. Mein besonderer Dank gilt jedoch Jürgen Steinbrecher und Harald Heinz. Jürgen Steinbrecher hat mit mir in einem intensiven persönlichen und fachlichen Austausch zehn Jahre das Büro ‚planquadrat' geleitet und durch Höhen und Tiefen des Berufsalltages gesteuert. So sind viele Ideen und Konzepte dieses Buches in Diskussionen mit ihm und bei der Bearbeitung gemeinsamer Planungsprojekte entstanden. Mit Harald Heinz verbindet mich die Arbeit an meinem ersten Forschungsprojekt und vor allem ein intensiver kultureller und philosophischer Austausch im besonderen über Themen, die am Rande der Betätigungsfelder einer konventionellen Stadt- und Verkehrsplanung liegen. Viele Gespräche mit Freunden auf gemeinsamen Wanderungen und Ausflügen, in Fortbildungsgruppen und im Café spiegeln sich in diesem Buch ebenso wie der Austausch mit Auftraggebern und Kollegen wider.

Peter Neitzke, Jürgen Steinbrecher und Albert Moritz danke ich für die kritische und konstruktive Durchsicht des Manuskriptes, Teresa Reis-Steinbrecher für dessen textliche Gestaltung und ihre Energie der manchmal erschlagenden Fülle von Informationen einen ordnenden Rahmen zu geben. Birgit Schnadt, Norma Müller und Aline Deters bearbeiteten einen Berg von Zetteln, Skizzen und Buchausschnitten, bei ihnen bedanke ich mich für die Erstellung der Abbildungen.

1 Den roten Faden in der Verkehrsplanung finden

Verkehrsprobleme werden immer weniger handhabbar, die Verkehrsplanung ist eine Wissenschaft in der Krise! Der massive Straßenbau der sechziger und siebziger Jahre hat die Probleme ebensowenig lösen können wie die Verkehrsberuhigung der Achtziger. In den Neunzigern scheinen Stadt und Land endgültig handlungsunfähig, da die vormals reichlich geflossenen Gelder ausgegangen bzw. ausgegeben sind. Jetzt kann man nicht einmal mehr so tun, als ob man etwas Sinnvolles täte.

Wo stehen wir nun? Immer mehr Menschen fahren Auto. Städte und Landschaften verstopfen, die Umweltbelastungen aus Verkehr nehmen bedrohliche Züge an. In dieser Krise, in der klar und konsequent nach Lösungen gesucht werden müßte, haben Verkehrsplaner ihre Orientierung verloren. Sie resignieren, verstecken ihr ‚Nicht-mehr-weiter-Wissen' hinter arrogantem Expertengehabe oder flüchten in technische Spielereien. Die Fachwelt ist derart verwirrt, daß sie kaum einen verständlichen Überblick über das Geschehen geben kann. So können sich erst recht Lernende, betroffene Bürger, Journalisten, Politiker oder Planer anderer Fachrichtungen kein Urteil mehr bilden.

Wir meinen jedoch, daß die Grundlagen der Verkehrsplanung einfach und klar sind. Beim Weg in immer weitere Details verliert man allerdings schnell den Blick für das Wesentliche. Wir wollen daher einen roten Faden durch das Labyrinth ziehen und die grundlegenden Zusammenhänge in Text, Skizzen und Überschlagsberechnungen darlegen. Daß dies für den, der sich weiter mit Spezialfragen beschäftigen will, nicht ausreicht, ist klar. Deshalb wird auf wichtige Titel der weiterführenden Literatur verwiesen. Dennoch wird so tief in die Materie eingestiegen, daß Planungen beurteilt und in einfacher Form auch selbst erarbeitet werden können.

2 Die Geschichte von Städtebau und Verkehr

Siedlungen und Verkehrswege haben sich im Laufe der Zeit immer in Wechselwirkung mit den jeweiligen Weltanschauungen, Gesellschaftsformen und technischen Möglichkeiten entwickelt. So sind aus mehr oder weniger isolierten Einheiten verzweigte und miteinander verknüpfte Gebilde geworden: Aus Urhütten und Sippenunterständen entstanden Dörfer, Städte und schließlich dicht besiedelte Ballungsräume; aus Trampelpfaden Wege, Straßen und eng geknüpfte, weltumspannende Verkehrsnetze.

Heute ist unsere Umwelt nahezu zusammengewachsen. Alles steht mit allem und jeder mit jedem in Verbindung und ist zumindest über mehrere Ecken voneinander abhängig. Wir sprechen vom Weltmarkt, von der globalen Umweltverschmutzung und von weltweiten Flüchtlingsströmen aus Krisen- und Elendsgebieten. Wir können die Dinge dieser Welt nicht mehr isoliert betrachten, egal was wir tun, wir tragen die Verantwortung: Wir bekommen die Antwort auf unser Handeln irgendwann zu spüren.

Wir müssen die Welt heute als System sehen. Dies gilt auch für den Verkehr, den wir nur in seinem gesellschaftlichen und städtebaulichen Eingebundensein verstehen können. Verkehrsplanung ist ohne Ökologie, Landschaftsplanung, Städtebau, Ökonomie, Soziologie, Medizin und Psychologie nicht möglich.

Während man im Mittelalter noch auf Gott vertraute (Gewißheit), war die Neuzeit der menschlichen Verantwortung vor Gott (Gewissen) und die technische Zeit dem menschlichen Verstand (Wissen) verbunden. Heute müssen wir, um der Komplexität unserer Welt gerecht zu werden, zu einer Synthese dieser Bezugspunkte kommen.

Im folgenden wollen wir Städtebau und Verkehr in ihrer historischen Entwicklung beleuchten. Als Ziel haben wir vor Augen, unsere Wahrnehmung für die Wechselwirkungen des Stadt-Verkehr-Gesellschaftsystems zu schärfen.

Altertum

Als Beweggründe für die allmähliche Seßhaftwerdung des Menschen in der Mittelsteinzeit (ab 10.000 v. Chr.) werden der Ackerbau und der Handel mit besonders begehrten Gütern (z. B. Obsidian für die Werkzeug- und Waffenherstellung, Salz als lebensnotwendige Beigabe zur mineralstoffarmen Pflanzennahrung) genannt. Vom 9. bis zum 8. Jahrtausend v. Chr. entstehen zwischen den Siedlungen der werdenden Zivilisationen die ersten Handelsbeziehungen. Zu dieser Zeit entwickelt sich Jericho zur wahrscheinlich ersten urbanen Großsiedlung.

Jericho liegt im Jordantal an einer wasserreichen Quelle, etwa einen Tagesmarsch vom Toten Meer entfernt. Als Handelsgut wurde Salz aus diesem großen Reservoir gewonnen. Die Siedlung mit etwa 3.000 Einwohnern war eine Oasenstadt in der Wüste, die sich in ihrer exponierten Lage mit einer 6 m hohen Mauer und einem Wehrturm schützte. Die Gebäude waren Rundhäuser aus ungebrannten Ziegeln; es gab öffentliche Gebäude, vermutlich also eine kommunale Verwaltung. Tempel oder andere repräsentative Gebäude waren nicht vorhanden.

Jericho war ein Rastplatz an Wegen durch die Wüste. Viehzucht und Ackerbau standen erst ganz am Anfang ihrer Entwicklung; so mußte die Stadt zumindest teilweise von außen aus einem weiten Umland versorgt werden. Die vermutlich erste Stadt war also auf Handel und Lebensmittelversorgung und damit auf ein funktionstüchtiges Wegenetz angewiesen.

In den folgenden Jahrtausenden entwickeln sich im Gebiet des ‚fruchtbaren Halbmondes' (Gebiete Vorderasiens von Ägypten über die südliche Türkei bis Mesopotamien) Ackerbau und Viehzucht. Bewässerungssysteme werden angelegt, Dörfer entstehen. Mit Hilfe von Wasserfahrzeugen werden die größeren Inseln des Mittelmeers besiedelt. Die Bevölkerung wächst und dehnt sich aus; Güteraustausch und Handel, vor allem mit im Bergbau gewonnenen Rohstoffen, nehmen zu.

Um 3500 v. Chr. entstehen in den sumerischen Stadtstaaten die ersten Monumentalbauten. Die Staaten organisieren sich als theokratischer ‚Sozialismus'. Im Namen eines Stadtgottes ist jeder verpflichtet, bestimmte öffentliche Aufgaben wahrzunehmen. Bewässerungssysteme werden angelegt, Felder bestellt und öffentliche Bauten errichtet. Der Tempel stellt Saatgut, Zugtiere und Werkzeuge und erhält einen Großteil der Ernte, den er lagert und der Bevölkerung in regelmäßigen Rationen wieder zur Verfügung stellt. Eine Priesterschaft organisiert dieses System; die monumentalen Tempelbezirke (zugleich Priesterwohnungen, Werkstätten, Lagergebäude) symbolisieren die öffentliche Ordnung. Die Bildschrift wird erfunden, um Güterbestände und den Vorgang des Warentausches zu verwalten und zu regulieren. Ein Rechensystem entsteht, Töpferscheibe und Rad kommen in Gebrauch, die ersten Wagen, allerdings noch mit starrer Achse, werden hergestellt. Damit sind Voraussetzungen für einen florierenden Handel geschaffen. Die gesellschaftliche Organisation und damit auch Lebensmittelproduktion und Handel sind soweit entwickelt, daß größere Städte entstehen und versorgt werden können.

Die Stadt Uruk in der Nähe des Euphrat hat um 2800 v. Chr. bereits 40.000 bis 50.000 Einwohner. Produktivität und Arbeitsteilung sind so weit fortgeschritten, daß die Bauern, die in weniger entwickelten Regionen nur gerade sich und ihre Familien ernähren können, Lebensmittelüberschüsse erwirtschaften und die entstehende Priester- und Handwerkerschaft sowie Händler und Soldaten mitversorgen können. Damit ist in Uruk weniger als die Hälfte der Bevölkerung noch in der Landwirtschaft tätig.

Die Städte wachsen mit den organisatorischen und technischen Möglichkeiten; es werden die ersten Wasserversorgungen und Abwasserableitungssysteme angelegt. Aus Kriegsführern werden Könige, die häufig dann auch die Funktion des obersten Priesters übernehmen und schließlich zu Gottkönigen werden. Nachbarvölker werden bekriegt, besiegt und für Arbeitsdienste versklavt. Es entstehen die ersten großen Reiche (Ägypten, Babylonien) und die Verkehrsbeziehungen, die diese Reiche zusammenhalten. Auch die Hauptstädte dieser Reiche wachsen mit den zentralen Verwaltungsaufgaben an; so soll Babylon um 600 v. Chr. unter Nebukadnezar bereits 300.000 bis 400.000 Einwohner gehabt haben (bei einer Weltbevölkerung von 120 Mio. Menschen). Der Fernhandel mit der Induskultur, mit Ägypten und den Randländern des Mittelmeerraumes entwickelt sich.

Mit dem persischen und griechischen Reich wird der Gedanke vom Großreich zum Weltreich weiter gesponnen. Die griechische Sprache entwickelt sich zur Zeit des Hellenismus (ab 350 v. Chr.) zur ‚Weltsprache'. Allerdings gehörte China, das seit ca. 1500 v. Chr. schon als hochentwickeltes Großreich organisiert war, nicht zu dieser Welt und war dieser auch noch nahezu unbekannt. Die nunmehr einheitliche ‚Geschäftssprache' im Mittelmeerraum und im vorderen Orient wirkt sich fördernd auf Handel und Verkehr aus.

Die griechischen Städte entstehen um Tempel und Marktplatz (Agora). Sie werden der Landschaft angemessen und passen sich mit kurvigen Straßenführungen den Höhenlinien des Geländes an. In ihrem Streben nach innerer Harmonie gestalten die Griechen ihre Städte eher introvertiert, ihre Plätze werden von Gebäuden umschlossen, die Straßen münden eher unauffällig in den Platzecken ein. Die Städte sind von Stadtmauern umgeben. Kolonialstädte (z. B. Milet, Ephesus) werden allerdings wie viele spätere Stadtneugründungen schachbrettartig und damit weniger ‚natürlich' angelegt. Für die Griechen wird das Schiff zum wichtigsten Verkehrsmittel; Wege zu Lande werden oft zu Prozessionsstraßen und Pilgerwegen umgestaltet und mit Heiligtümern, künstlichen Hainen sowie Rast- und Aussichtspunkten ausgestattet.

Während man die Griechen als die Künstler und Philosophen des Altertums bezeichnen kann, sind die Römer eher Ingenieure und Eroberer gewesen. Waren die griechischen Staatsformen ursprünglich eher demokratisch ausgerichtet, so wandelte sich die römische Staatsform zum despotischen Kaiserreich. Im Städtebau bevorzugte Rom im Gegensatz zur griechischen freien Anordnung der Stadtinhalte axiale und symmetrische Formen, die seinen Herrschaftsanspruch deutlich repräsentierten. Der Mittelpunkt der Stadt war das Forum (Marktplatz, umgeben von Behörden, Tempeln und Markthallen), zugleich der Kreuzungspunkt der wichtigsten Hauptstraßen. Von hier strahlten die Straßen durch die Stadttore ins Umland und forderten geradezu dazu auf, die Welt in Besitz zu nehmen.

Rom hat um die Zeitenwende etwa 1 Mio. Einwohner und ist der ‚Mittelpunkt' der damaligen Welt. Ein größtenteils mit Steinplatten befestigtes Straßennetz von 80.000 km Länge verbindet die Provinzen des Reiches miteinander. Stafetten, Legionen, Verwaltungsbeamte und Kaufleute sind die Nutzer dieser Verkehrswege. Innerorts werden die Straßen häufig mit Bordsteinen und erhöhten Gehwegen versehen. Von großer Bedeutung sind die römischen Brücken, die durch Verbesserungen in der Gewölbebautechnik entstehen können. Viele dieser Bogenbrücken sind bis heute in Gebrauch.

Im gallisch-germanischen Gebiet legen die Römer Garnisonsstädte, Verwaltungsstädte und Straßennetze an. Die Germanen kannten als Nomaden keine städtische Lebensform und lebten in Streu- oder kleinen Gruppensiedlungen. So sind die römischen Stadtgründungen, z. B. Aachen, Bonn, Köln, Trier, die ersten größeren zusammenhängenden Siedlungen in dieser Region.

Diokletian macht um 280 n. Chr. Trier zur Kaiserresidenz und zum Sitz des Präfekten von Gallien und Britannien. Damit wird Trier eine der vier Hauptstädte des römischen Reiches, erhält einen 6,5 km langen Mauergürtel und beherbergt innerhalb und außerhalb der Mauern auf 280 ha etwa 60.000 Einwohner. Die Stadt ist mit Thermen, Amphitheater, Aula und frühchristlichen Kirchen ausgestattet. Vor den Toren werden eine Brücke über die Mosel und Lagergebäude am Flußufer gebaut.

Mittelalter

Die Kriege zur Zeit der Völkerwanderung (4.–6. Jahrhundert) zerstören die Städte und das weströmische Reich. Handel und Verkehr brechen zusammen, und es soll fast tausend Jahre dauern, bis wieder ein dem römischen Reich entsprechender technischer und organisatorischer Entwicklungsstand erreicht ist.

In den ehemaligen römischen Städten werden Bischofssitze angelegt; die Christianisierung des germanischen Einflußbereiches beginnt. Die weltlichen Herrscher (Franken) sind noch nicht an feste Orte gebunden, sie legen Königshöfe, Pfalzen und Burgen als Stützpunkte für ihre Reisen durchs Land an.

Ab 850 erstarkt die Feudalherrschaft und kann sich Güter wie Edelmetalle, Edelsteine, Seide, Gewürze leisten. Durch den vermehrten Güteraustausch entstehen Handelswege (bzw. werden reaktiviert), so etwa der Hellweg zwischen Rhein und Weser. An diesen Wegen und besonders an Kreuzungen werden neue Bischofsburgen errichtet, in deren Umfeld sich Händler und Kaufleute niederlassen (z. B. Bremen, Hamburg, Minden, Paderborn, Münster). Die Steigerung der landwirtschaftlichen und handwerklichen Produktion schafft durch die nunmehr wieder mögliche Arbeitsteilung zwischen Bauern, Handwerkern und Händlern Voraussetzungen für die Bildung der mittelalterlichen Stadt.

Städte benötigten einen sicheren und verkehrsgünstigen Standort sowie ein Hinterland, das sie mit Lebensmitteln versorgt. Daher entstehen die Städte im Schutz von Burgen und Kirchen, auf Hügeln, Inseln oder an Flüssen. Verkehrsgünstig sind vor allem natürliche Häfen, Furten und Straßenkreuzungen.

Die Wasserwege sind zu dieser Zeit wohl die wichtigsten Verkehrsverbindungen; die Römerstraßen waren inzwischen verfallen, und allein die Königsstraßen ermöglichen ein – wenn auch mühsames – Vorwärtskommen. Der König läßt diese Straßen pflegen, indem er seinen Untertanen Unterhaltspflichten auferlegt, und bietet durch die Anlegung von Königshöfen entlang dieser Straßen einen gewissen Schutz. Die Königsstraßen sind 5 bis 7 m breit und ermöglichen so das Aneinandervorbeifahren bzw. Ausweichen zweier Wagen. In der Regel sind diese Straßen unbefestigt und bei schlechter Witterung schwer zu befahren.

Der Verkehr findet über Land vor allem zu Fuß statt. So können am Tag ungefähr 30 km bewältigt werden. Güter werden mit Ochsenkarren transportiert (Reichweite 20 – 25 km pro Tag). Wohlhabende Reisegruppen reiten zu Pferd und können pro Tag ungefähr 75 km schaffen. Da es nur wenige Brücken gibt, werden Flüsse an Furten oder mittels Fähren überwunden. Besonders an schwierigen Wegstellen bieten umliegende Dörfer Vorspanndienste, Reparaturbetriebe und Übernachtungsmöglichkeiten an.

Für den Alpentransit wird die Gotthardroute (Mailand-Basel) gangbar gemacht und gewinnt als direkte Verbindung über nur einen Paß zentrale Bedeutung. Der Transport von Gütern erfolgt im zeitaufwendigen Etappentransport durch die jeweiligen Anrainer, die das Transportmonopol, allerdings auch die Wegeunterhaltungspflicht haben. Beim Etappentransport werden die Waren im Einzugsbereich eines Dorfes eben durch dieses Dorf transportiert und im Lagerhaus der Nachbarregion abgesetzt. Dort erfolgt dann – aber auch nur wenn keine wichtige Feldarbeit anliegt – der Weitertransport.

Die schlechte Qualität der Verkehrswege sowie die geringe Reichweite und Kapazität der Verkehrsmittel begrenzt das Wachstum der Städte. Die Städte des Mittelalters können selten mehr als 20.000 Einwohner versorgen; an den verkehrsgünstigen Wasserstraßen steigt die Einwohnerzahl bis auf 30.000 an (z. B. Köln), in Weltstädten (Byzanz, Paris, Venedig) auf maximal 200.000, und dies erst gegen Ende des Mittelalters.

Die Ausdehnung der Städte wird auch durch die Möglichkeiten der fußläufigen Erschließung (bzw. der genauso langsamen Fuhrwerke) begrenzt. Der Durchmesser einer Stadt liegt bei maximal 2 – 3 km, eine Entfernung, die man in gut einer halben Stunde bewältigen kann. Bei längeren und damit zeitaufwendigeren Wegen hätten die Städte des Mittelalters nicht funktionieren können.

Als Idealtyp der mittelalterlichen christlichen Stadt gilt der Klosterplan von St. Gallen (etwa 850 n. Chr.): die Kirche als Mittelpunkt mit Platz und Gästehäusern, Handwerkerhäusern, Arzthaus; Wohnbereiche, Mühle, Brauerei, Obstgärten und Friedhof sowie eine mit Türmen und Toren versehene Mauer, die die gesamte Anlage umschließt. Alles ist wohlgeordnet wie die mittelalterliche Theologie und Philosophie, die allen ihren festen und unverrückbaren Platz zuweist.

Aus ökonomischen und strategischen Gründen werden die Stadtmauern meist kreisförmig angelegt. Vom Mittelpunkt der Stadt (Kirche) strahlen die Hauptstraßen (Magistralen) durch die Tore ins Umland. Die Nebenstraßen werden wegen der Rechteckform der Gebäude meist rasterförmig angelegt. Durch die Überlagerung der konzentrisch/radialen Struktur von Stadtmauer und Magistralen mit der rasterförmigen Struktur des Nebenstraßennetzes ergibt sich ein vielfältiges und abwechslungsreiches – wenn auch oft verwinkeltes – Straßennetz.

Neuzeit

Bis zum 19. Jahrhundert entwickeln sich die Städte homogen weiter. Die Bürgerhäuser der vorindustriellen Stadt beherbergen Werkstätten, Läden und Wohnungen noch auf dem gleichen Grundstück. Die Ideen von Freizeit, Urlaub und Tourismus sind noch nicht geboren. Neben dem geringen Bevölkerungswachstum sind daher auch Mobilitäts- und Verkehrswachstum so gering, daß diesbezüglich keine Probleme für die Stadtentwicklung auftreten.

Das Leitbild des Mittelalters mit seiner Hinwendung zu Gott und der Gewißheit, daß die bestehende Ordnung gottgewollt ist, spiegelt sich auch in der

Neuzeit (ab 1500) in der organischen Zuordnung der einzelnen Stadtinhalte. Mit der Reformation, mit Kopernikus, Galilei, später mit der Aufklärung und mit Newton wird diese feste Werteordnung gelockert, ebenso wie sich die Naturwissenschaft aus metaphysischen Ansätzen des Mittelalters zu lösen beginnt. In der Regel fühlt sich diese Wissenschaft jedoch nach wie vor Gott verpflichtet. Aus der Gewißheit des Mittelalters entsteht das Gewissen der Neuzeit.

Beginnend mit der frühen Renaissance im 15. Jahrhundert, streben städtebauliche Leitbilder dieser Zeit nach Harmonie und orientieren sich verstärkt an den Vorbildern der griechischen Antike. Stadterweiterungen werden planvoll und in der Regel maßvoll vorgenommen.

Mit der beginnenden Postbeförderung im 16. und 17. Jahrhundert werden die Straßenverbindungen verbessert und es wird der schon im Mittelalter wieder aufgenommene Brückenbau fortgeführt. Seit 1500 können Schiffahrtskanäle angelegt (Erfindung der Kammerschleuse), seit 1750 Flüsse schiffbar gemacht werden.

Wichtigste Verkehrsträger sind neben Fußgängern, Reitern und der Binnenschiffahrt die inzwischen lenkbaren und gefederten, mit Pferden bespannten Postkutschen und Wagen. Im Alpentransit wird der Etappenverkehr der Anrainer vom Direktverkehr durch Spediteure abgelöst.

Um 1800 nimmt der Straßenbau einen großen Aufschwung. Der Brite Mac Adam erkennt, daß die Straßenoberfläche vor allem vor der aufweichenden und zerstörenden Wirkung des Wassers geschützt werden muß. Er entwirft einen Straßenaufbau aus Steinschlag, der in der Mitte überhöht wird, um das Oberflächenwasser schadlos abfließen zu lassen.

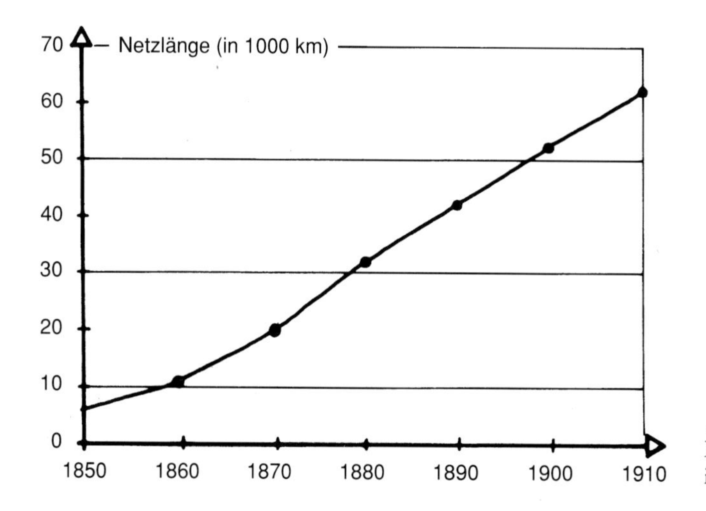

1 Länge des Eisenbahnnetzes im Deutschen Reich

Seit dem 17. Jahrhundert sind im Bergbau hölzerne Schienenwege bekannt, mit denen Kohlenwagen von den Gruben zu Häfen transportiert werden. Mit der gleichen Zugkraft kann nun gegenüber der Straße die zweieinhalbfache Last bewältigt werden. Am Anfang des 19. Jahrhunderts kommen die ersten Schienen aus schmiedbarem Eisen auf, die die verschleißanfälligen Holz- und die bruchgefährdeten Gußeisenschienen ersetzen. 1768 wird die Dampfmaschine erfunden, 1825 die erste Personeneisenbahn zwischen Stockton und Darlington (40 km) in England eröffnet. Damit beginnt der Siegeszug der Eisenbahn im 19. Jahrhundert.

Technische Zeit

Das Bürgertum entwickelt sich in den Städten und befreit sich aus den feudalen und absolutistischen Strukturen des Mittelalters und der Neuzeit (Demokratisierungsprozeß in England, Revolution in Frankreich). Damit können die naturwissenschaftlichen und medizinischen Fortschritte, die verbesserten landwirtschaftlichen Produktionsbedingungen sowie die Entwicklung von Industrie und Transportwesen zur Industriellen Revolution führen, die seit Ende des 18. Jahrhunderts einen radikalen Wandel der Arbeits- und Lebensbedingungen der Menschen mit sich bringt.

Die Theorie des Liberalismus (Adam Smith, Untersuchung über Natur und Gründe des Reichtums der Nationen, 1776) entsteht, die im Gewinnstreben des einzelnen den Garanten für den wirtschaftlichen Aufschwung und das Wohlergehen aller sieht. Unternehmen und Fabriken werden gegründet und

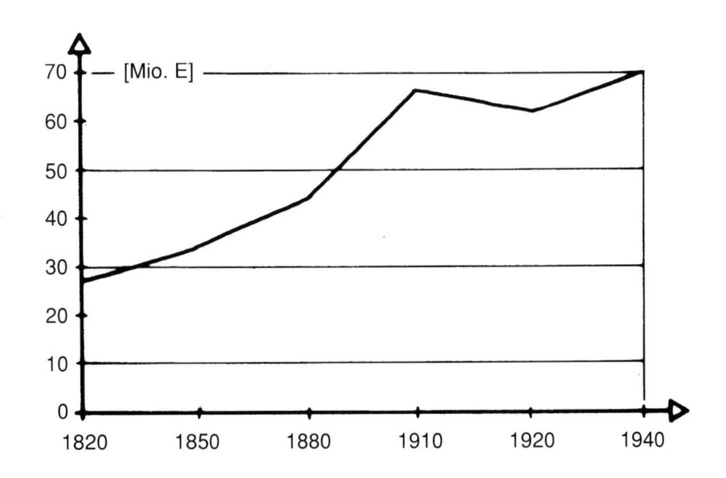

2 Bevölkerungsentwicklung in Deutschland

damit eine Vielzahl von Arbeitsplätzen in den Städten angeboten, während das selbständige Handwerk und die Produktion auf dem Lande an Boden verlieren. Die dadurch ausgelöste Landflucht und die durch medizinische Fortschritte bewirkte sinkende Säuglingssterblichkeit lassen die Bevölkerung vor allem in den Städten rasant ansteigen. Die Bürgerstadt wird im wachsenden Maße zur Arbeiterstadt. Industrieanlagen und Mietskasernen werden oft unter grober Mißachtung der Gesundheit von Mensch und Umwelt errichtet. Rechtliche und soziale Absicherungen fehlen. Als Reaktion auf die Verelendung breiter Bevölkerungsschichten entstehen bürgerliche Reformbewegungen sowie Arbeiter- und Gewerkschaftsbewegung.

Die technische Stadt wuchert mit all ihren Neubildungen entlang der Ausfallstraßen und Eisenbahnlinien (seit etwa 1850) in die Landschaft hinaus. Der fußläufige Maßstab der Städte wird gesprengt. Sehr bald übernehmen neben der Eisenbahn, vor allem innerhalb der Städte, Pferdebahnen und später elektrische Straßenbahnen (ab etwa 1900) den Transport von Gütern und Menschen. Während zur fußläufigen Zeit Geschwindigkeiten um die 4 – 5 km/h möglich waren, werden nun Transportgeschwindigkeiten von 15 – 20 km/h erreicht. Städte können sich damit entlang der Verkehrswege auf das 3 – 4 fache ausdehnen, ohne ihren inneren Zusammenhalt zu verlieren.

Die Wege über die Alpen werden zu Fahrstraßen ausgebaut; mit dem Bau von Eisenbahntunneln (etwa Gotthardbahn 1882) verlagert sich der Verkehr auf die Schiene. Im Flachland gewinnen gegen Ende des 19. Jahrhunderts die neu gebauten oder ausgebauten Binnenschiffahrts- und Seeschiffahrtskanäle (Dortmund-Ems-Kanal 1899, Nord-Ostsee-Kanal 1885) an Bedeutung.

Eisen/Stahl-Konstruktionen spielen im Brückenbau des 19. Jahrhunderts eine wichtige Rolle, um dann im 20. Jahrhundert allmählich von Stahlbeton und Spannbeton abgelöst zu werden. Seit 1850 beginnt die Entwicklung des Asphaltstraßenbaus, der im fortgeschrittenen 20. Jahrhundert schließlich zur Standardausführung für Fahrbahnoberflächen wird und die Pflasterbeläge verdrängt.

Das menschliche Denken orientiert sich immer stärker am Verstand, dessen Begrenztheit man zu überwinden trachtet, teilweise auch schon überwunden glaubt. Man geht davon aus, die Welt in den Griff zu bekommen, das Machen des Machbaren wird zunehmend akzeptiert und als Notwendigkeit für einen angestrebten Fortschritt gesehen. Eine Einpassung des menschlichen Tuns in eine vielleicht bessere Ordnung, der sich die vorindustrielle Zeit noch verpflichtet glaubte, findet nicht statt. Auch dem Städtebau fehlt eine ordnende Leitlinie; das übermäßig freie Spiel der Kräfte führt zu Ungleichgewichten, die die Lebensfähigkeit der Städte und der ganzen Gesellschaft in Frage stellen.

In beengten und unhygienischen Wohnquartieren entstehen Krankheiten und Epidemien. Viele Menschen werden ausgebeutet und ausgezehrt und können ohne jede soziale Absicherung nur gerade überleben. In Berlin ist der Gesundheitszustand der Bevölkerung so schlecht, daß der preußische Staat Schwierigkeiten hat, gesunde und wehrfähige Soldaten zu rekrutieren. Die sozialen Spannungen nehmen zu, so daß 1848 Marx und Engels im Kommunistischen Manifest die gewaltsame Emanzipation der Arbeiterklasse fordern und Gehör und Zustimmung finden. Schließlich werden Ideen zur Durchgrünung, Belüftung und Gesundung der Stadt aufgegriffen und umgesetzt. Ab Mitte des 19. Jahrhunderts werden die ersten Stadtparks und Werksiedlungen angelegt sowie Kläranlagen, Krankenhäuser und Schulen gebaut. Die ersten Sozialgesetzgebungen werden eingeführt und infolge des Tätigwerdens der Gewerkschaftsbewegungen weiter verbessert.

Um die Jahrhundertwende (1898) entwickelt der Engländer Ebenezer Howard die Idee der *Gartenstadt,* die die Vorzüge von Stadt und Land vereinigen soll. Um 1920 entsteht das Konzept der Trennung der damals völlig unverträglichen Nutzungen Industrie und Wohnen. Dies, die Trennung von Fahrverkehr und Fußverkehr sowie der Ersatz beengter, unbelichteter Mietskasernen durch freistehende, von Grünflächen umgebene Hochhäuser sind die Grundideen, die in dem von Le Corbusier geprägten Leitbild der *Charta von Athen* (1933) ihren programmatischen Abschluß finden.

Städtebau und Verkehrswesen profitieren nach dem Ersten Weltkrieg von diesen Leitbildern und den Bemühungen um eine gesündere Stadtlandschaft. Der gemeinnützige und soziale Wohnungsbau entsteht, oftmals in städtebaulich und architektonisch hervorragender Qualität. Diese Großprojekte werden im Einzugsbereich von Straßenbahn und Stadtschnellbahn errichtet; der Verkehr wickelt sich vor allem zu Fuß, per Rad und mit der Bahn ab.

Im ‚Dritten Reich' orientiert sich die Verkehrsplanung stark an militärischen Gesichtspunkten. Straßen- und Eisenbahnbau werden unter strategischen Aspekten behandelt, der öffentliche Verkehr dient auch der Effizienzsteigerung der Militärproduktion, der innerstädtische Straßenbau richtet sich stark nach den politischen Vorgaben für Aufmarschstraßen und Versammlungsplätze. Der Autobahnbau der Weimarer Republik wird fortgeführt und ein ‚Kraft-durch-Freude'-Wagen (nach dem Krieg dann Volkswagen genannt) entwickelt. Der KdF-Wagen wird bis zum Kriegsende zwar nur als Militärfahrzeug genutzt; die Idee des motorisierten Privatfahrzeuges für jedermann wird aber dennoch populär und mit dem Freizeit- und Urlaubsgedanken der ‚Kraft-durch-Freude' Bewegung verknüpft. Die Ausbaumaßnahmen und Motorisierungspläne sind noch maßvoll und so bleiben die Stadtstrukturen im wesentlichen bis zu den Zerstörungen im Zweiten Weltkrieg erhalten.

Gegenwart

Trotz der geringen – wenn auch allmählich angestiegenen – Motorisierung der Vorkriegszeit erwartet die Verkehrsplanung nach dem Zweiten Weltkrieg eine starke Zunahme des Autoverkehrs. Man blickt auf die USA, die bereits stark motorisiert ist und prognostiziert eine ähnliche Entwicklung für Europa.

Das gesellschaftlich vorherrschende Bild vom Menschen hat sich vom gehorsamen Diener einer totalitären Massengesellschaft zum entscheidungsfähigen Mitglied einer offenen Gesellschaft gewandelt. Zu dieser Vorstellung paßt nun auch die Abwendung vom öffentlichen Verkehr, einem Massentransport auf festgelegten Strecken zu festgelegten Zeiten, und die Hinwendung zum Auto, das einerseits Privatheit und andererseits freie Ziel-, Weg- und Zeitwahl verspricht.

Um Stauungen und verstopfte Straßen von vornherein zu vermeiden, zielt die Verkehrsplanung auf breite Straßen mit zügiger Linienführung. Dabei wird allerdings die Einordnung in städtebauliche und landschaftliche Strukturen vernachlässigt und das Ziel ‚Auto-Mobilität' über ebenso wichtige Ziele wie Urbanität, Umweltqualität, Gestaltung und Sozialverträglichkeit gestellt. Die in der Charta von Athen formulierten Thesen zu Städtebau und Verkehr werden nicht dem menschlichen Maßstab entsprechend angewendet, die Ideen der Gartenstadtbewegung werden ausgehöhlt. So entstehen an den Stadträndern sowohl Trabantenstädte, denen vor allem soziale Infrastrukturen und Räume mit privaten Gestaltungsmöglichkeiten fehlen, als auch Siedlungen mit Eigenheimen, die zwar mehr Gestaltungsspielraum bieten aber ebenfalls mit Geschäften, Bildungs- und Kultureinrichtungen unterversorgt sind. Diese Defizite vor Ort erzwingen ein vermehrtes Unterwegssein und verstärken den beginnenden Autoboom.

Die zunächst überzeugende Idee der Charta von Athen, schutzbedürftige Wohnviertel und emittierende Industriestandorte räumlich weit auseinanderzuziehen, bewirkt durch die immer stärker frequentierten Verbindungsstraßen zwischen diesen Orten erneut eine Belastung der Umwelt. Um dem wachsenden Autoverkehr Herr zu werden, beginnt man Mitte der fünfziger Jahre, Radwege und Straßenbahnlinien sowie nicht vom Krieg zerstörten Baubestand für die Verbreiterung von Straßen abzureißen. Einbahnstraßen werden angelegt, um neben dem fließenden Verkehr auch Platz für den ruhenden (Parken) zu schaffen.

Durch das flächenerschließende Verkehrsmittel Auto ergibt sich in den sechziger Jahren eine tiefgreifende Veränderung der Stadtlandschaft. Aus den oft sternförmigen Stadtgrundrissen des Eisenbahnzeitalters, die durch das Siedlungswachstum entlang der Ausfallstraßen und Eisenbahnstrecken entstanden sind, werden Gebilde, die die häufig noch intakten Räume zwischen den Verkehrsachsen erfassen und sich flächendeckend, ungeordnet und zersiedelnd in die Landschaft ausbreiten. Die Wohnbevölkerung zieht aus den Innenstädten an den Stadtrand; die Cities werden durch eine starke Überbetonung von Handel und Verwaltung (Tertiärisierung), durch hohe Grundstückspreise und Autoverkehrsbelastungen unattraktiv.

Der *Buchanan-Report* in England und eine Sachverständigen-Kommission der Bundesregierung (BRD) untersuchen in den sechziger Jahren die verkehrliche Lage und kommen zu dem Ergebnis, den Verkehr aus zu beruhigenden Stadtbereichen (Environments) fernzuhalten und auf auszubauende Hauptachsen zu konzentrieren. Umgehungsstraßen, Parkhäuser und Fußgängerzonen werden angelegt. Dennoch gelingt es kaum, den ständig wachsenden Verkehr zu bewältigen, und noch weniger, die Attraktivität der Innenstädte zu verbessern. Allein diejenigen Städte, die ihrer City den ursprünglichen historischen Rahmen gelassen haben, werden als schön und lebenswert empfunden.

Die Kritik an der autogerechten Planung nimmt zu. Die Architekturjournalistin Jane Jacobs untersucht in *Tod und Leben großer amerikanischer Städte* die städtebaulichen Ursachen für Verslumung und Kriminalität und zeigt Wege zur Gesundung auf. Der Psychoanalytiker Alexander Mitscherlich kritisiert Die *Unwirtlichkeit unserer Städte,* diskutiert kritisch die Grundsätze der Modernen (Charta von Athen) und wirft die Frage nach einer neuen Bodenordnung auf. Der Club of Rome kritisiert in Die *Grenzen des Wachstums,* die allein wirtschaftlich ausgerichteten Wachstumsideologien der entwickelten und sich entwickelnden Gesellschaften. Kevin Lynch wirft in *Das Bild der Stadt* den Blick auf die Stadtgestaltung, und Hans Paul Bahrdt untersucht in *Humaner Städtebau* Stadtplanung unter soziologischen Aspekten.

In den siebziger Jahren beginnt sich das Umweltbewußtsein zu schärfen, durch den Autoverkehr mitausgelöste Umweltbelastungen (Stichworte: Waldsterben, Treibhauseffekt, Ozonloch) werden spürbar. Auch zeigen die Straßenverkehrsunfälle, vor allem diejenigen mit Todesfolge, einen erschreckenden Höchststand (1970, BRD: 19.193 Getötete).

Mit der Idee der Verkehrsberuhigung und später mit den Tempo-30-Zonen will man – zuerst in Wohngebieten, dann auch in Geschäftsbereichen – die Autofahrer ‚zähmen', d. h. zum weniger gefährlichen und umweltfreundlicheren Langsamfahren bringen; gebietsfremder Verkehr soll auf Hauptstraßen verdrängt werden. Im Bereich der Verkehrssicherheit können deutliche Erfolge verbucht werden. Die Entschärfung von Unfallbrennpunkten, Verbesserungen im Rettungswesen und in der Medizin zeigen ebenso wie die Gurtanschnallpflicht ihre Wirkung. Schulwegesicherung und Verkehrserziehung machen die Wege vor allem für Kinder sicherer, allerdings um den Preis, daß Kinder aus dem öffentlichen Raum gedrängt werden und ihre Fortbewegung vorwiegend an der Hand, im Wagen der Eltern oder im Schulbus stattfindet. Das ‚Spielen auf der Straße' gehört der Vergangenheit an.

Der Verkehrsberuhigung gelingt es, wenn sie städtebaulich und gestalterisch gut eingebunden wird, Geschäfts- und Wohngebiete lebensfähig zu halten. Eine Änderung der Verkehrsmittelwahl und eine Verbesserung der Umgangsformen im Straßenverkehr werden nur selten erzielt.

Die Situation im Straßenverkehr spitzt sich weiter zu; die Medien thematisieren zunehmend das inzwischen alltägliche Verkehrsproblem, man spricht vom Verkehrsinfarkt und Stadtinfarkt. Seit den späten achtziger Jahren versuchen einige Städte (z.B. Lübeck, Aachen) die Attraktivität ihrer historischen Innenstädte durch zeitweise erfolgende Sperrungen vom allgemeinen Autoverkehr zu retten. Man beruft sich dabei auf die positiven Erfahrungen, die in Städten anderen Ländern gemacht wurden (etwa Bologna).

Aussichten

Unser Blick in die Geschichte hat gezeigt, je weiter der technische und organisatorische Entwicklungsstand einer Gesellschaft ist, um so größer werden die Siedlungsräume, um so dichter und schneller werden Verkehrsnetze und um so stärker kann der Austausch zwischen benachbarten Regionen wachsen. Die gesellschaftlichen Organisationsformen werden komplexer und die Arbeitsteilung schreitet fort. In vielen Gesellschaften ist das Streben nach individueller Freiheit gewachsen und hat in den weit entwickelten Staaten zu Gesellschaftsformen geführt, die dem einzelnen zwar ein großes Maß an Freiheit zubilligen, zugleich aber auch ständige Anpassung an sich schnell ändernde Bedingungen verlangen.
Wie könnte die nächste Zukunft aussehen?
1. Automatisierung, Spezialisierung, Tertiärisierung: Automatisierung und

Datenverarbeitung nehmen in Dienstleistung, Handel, Verkehr und Produktion zu. Die Produktionstiefe im produzierenden Gewerbe wird geringer werden: Zwischenprodukte werden nicht mehr selber hergestellt, sondern von Zulieferern bezogen. Die Arbeitsteilung nimmt weiter zu, der Trend von der Produktion zur Dienstleistung hält an.

2. Flexibilisierung, Mobilitätserhöhung: Die Arbeitszeiten werden flexibilisiert; vom Arbeitnehmer wird die Bereitschaft zu längeren Wegen zum Arbeitsplatz verlangt. Im Güterverkehr besteht ein Trend zu kurzfristigen Dispositionen (just in time) und weiten Transportentfernungen.
3. Erhöhtes Freizeitbudget: Das Budget an freier Zeit – täglicher wie wöchentlicher Freizeit, Urlaubszeit und Lebenszeit nach dem Ausscheiden aus dem Arbeitsprozeß – wächst weiter an. Freizeitindustrie und Freizeitverkehr expandieren.
4. Erlebniseinkauf in den Innenstädten: Der bereits beschriebene Prozeß der Tertiärisierung der Innenstädte wird fortschreiten. Verwaltung und Handel werden das Wohnen in der Innenstadt weiter verdrängen, es besteht aber oftmals die Möglichkeit, Wohnraum am Rande der Innenstädte zu schaffen. Einkaufen wandelt sich in den Innenstädten zum Erlebniseinkauf; Restaurants, Cafés, Freizeiteinrichtungen werden zunehmend wichtig. Fußgängerbereiche werden ausgedehnt; Stadtfeste, kunstgewerbliche Märkte u.ä. finden immer häufiger statt. Sperrige Güter und Masseneinkäufe werden seltener in den Innenstädten, sondern eher in Einkaufszentren und Großmärkten außerhalb der Stadt oder im Gewerbegebiet gekauft. Die Grundstückspreise steigen vermutlich weiter an; Filialbetriebe größerer Ketten werden kleinere örtliche Einzelhandelsgeschäfte verdrängen, wenn diese nicht besondere Märkte bilden und hochwertige oder außergewöhnliche Angebote präsentieren.
5. Wohnen am Stadtrand: Das Wohnen wird u.a. wegen der günstigeren Bodenpreise vorwiegend am Stadtrand stattfinden. Dort entwickelt sich ein (Sub)urbanisierungprozeß, der im Bereich der ehemaligen Nur-Wohnsiedlungen kleinere Zentren und stadtähnliche Kerne entstehen läßt. Über Stadtbahnen können diese Zentren mit der Innenstadt, mit Gewerbegebieten und anderen Nebenzentren verbunden werden. So könnte eine nachträgliche Ordnung des zuvor zersiedelten Raumes entstehen.
6. Trend zum Auto: Die Motorisierung der ehemaligen Ostblockstaaten gleicht sich rasant dem hohen Stand der westlichen Länder an.
7. Überlastung des Straßennetzes: Freizeit- und Güterverkehr werden weiter ansteigen. In den westlichen Bundesländern der BRD wird ein Ausbau des Straßennetzes aus finanziellen Gründen und aus Gründen des Umwelt-

schutzes – es sind fast keine Flächen mehr verfügbar – kaum noch möglich sein. Daher werden vermehrt Staus im überregionalen Netz auftreten.

8. Parkplatzknappheit: Das Problem der Parkplatzbeschaffung wird sich weiter verschärfen. In den Innenstädten und in den innenstadtnahen Wohngebieten sind keine Flächenreserven zum Abstellen der Fahrzeuge mehr vorhanden. Konzepte der Parkraumbewirtschaftung werden verstärkt umgesetzt.

3 Lösungsansätze: Erklärungsmodelle und Zukunftsvisionen

Ein bestimmter gesellschaftlicher und technischer Entwicklungsstand ermöglicht aufgrund fortschreitender Arbeitsteilung oder erzwingt aufgrund auftretender Probleme neue Lösungen zur Organisation des menschlichen Miteinanders. Konkreten praktischen Lösungen gehen Ideen, ganze Philosophien und Forschungen voraus, so auch zukünftigen Lösungen des Verkehrsgeschehens. Wir stellen Arbeiten vor, die die Antriebskräfte des Verkehrssystems und dessen innere Struktur beschreiben. Es folgen Ideen zu einem Einstieg in mögliche Veränderungen.

Schließlich gehen wir noch kurz auf die Telematik (Verkehrslenkung mittels Telekommunikation und Automation) ein – eine Technik zum Betrieb von Verkehrssystemen, die nicht mit grundsätzlichen Lösungsansätzen für das Verkehrsgeschehen verwechselt werden darf.

Was den Weltenlauf auf seinen Kurs treibt?

In *Eurotaoismus – Zur Kritik der politischen Kinetik* versucht Peter Sloterdijk einen vielversprechenden philosophischen Ansatz zur Beschreibung des gesamten Weltenlaufs, den Walter Molt aufgreift und zu Bausteinen einer kinetischen Theorie des Verkehrs weiterentwickelt.

Sloterdijk beschreibt die Neuzeit als Zeit der Mobilmachung. Der Mensch denke nicht mehr, daß Gott lenkt, sondern verfalle der kinetischen Utopie, derzufolge sich der gesamte Weltenlauf nach seinem menschlichen Entwurf bewegen könne. Es zeigt sich aber, daß es unweigerlich anders kommt als man denkt, weil man auch immer etwas ins Laufen bringe, an das man nicht gedacht und das man nicht gewollt habe. „Wer sich bewegt, der bewegt immer mehr als nur sich." Dieser kinetische Überschuß häuft sich als „kinetisches Kapital" an und „sprengt alte Welten in die Luft".

Für Sloterdijk ist Gesellschaftskritik Kritik der falschen Mobilität. Es gelte zu unterscheiden zwischen richtiger Beweglichkeit und falscher Mobilisierung: richtige Beweglichkeit auch im Sinne einer inneren Beweglichkeit, falsche Mobilität auch im Unsinn des Nichtbearbeitens innerer Konflikte und deren Verlagerung nach außen.

Sloterdijk meint, daß jedes zielorientierte Produzieren die Welt weiter an den Abgrund treibe. Er fordert uns auf, anzuhalten und wahrzunehmen. Individuen empfiehlt er den Weg der Selbsterfahrung, der Gesellschaft den der Kommunikation, des Miteinander-Redens. Statt des zielorientierten Produzierens sieht er im wegorientierten Herstellen eine Chance. Nicht der Erfolg unserer Produkte werde uns retten, sondern die Anwesenheit und Zuwendung bei deren Herstellung.

Walter Molt zeigt in einer kinetischen Theorie des Verkehrs die Anwendbarkeit des Sloterdijkschen Ansatzes auf die aktuelle Verkehrsproblematik:

- Die *Geschwindigkeit* der Fortbewegung nimmt im Laufe der Geschichte zu.
- Die *Kilometerleistung* je Einwohner nimmt proportional zur Geschwindigkeit zu.
- Die *Umweltbeanspruchung* steigt als Produkt von Geschwindigkeit und Kilometerleistung.
- Mit zunehmender Geschwindigkeit schrumpft der *Raum* (z. B. Zusammenwachsen von Stadt und Land, Zusammenwachsen der Wirtschaftsräume).
- Das *kinetische Kapital* akkumuliert und hält die Beschleunigung in Gang (Erhöhung der Betriebsgeschwindigkeit bedeutet zugleich Erhöhung des Gewinns).

Da zunehmende Geschwindigkeiten zu mehr Verkehr führen, ergibt sich eine Begrenzung durch die Kapazität der Infrastrukturen (beispielsweise Stau). Dies ist ein stabilisierender Faktor des Verkehrssystems, der ein Abgleiten ins Sloterdijksche Inferno verhindern könnte. Ein bedarfsgerechter Ausbau von Verkehrswegen puscht jedoch das System in immer unkontrollierbarere Zustände.

Micha Hilgers betrachtet in *Total abgefahren* die Psychoanalyse des Autofahrens.

Bewegung bedeute in der frühkindlichen Entwicklung Autonomie sowie Bildung von Selbstwertgefühl, das gesellschaftlich schon früh an Fahrzeuge (Bobbycar, Dreirad ...) gebunden werde. Auch die Loslösung im beginnenden Erwachsenenalter sei an Fortbewegung gebunden – eine Loslösung von den Eltern, die symbolisch mit dem Auto oftmals leichter falle als in der notwendigen inneren Selbstfindung. So ersetze äußere Mobilität oft die eigentliche Aufgabenbewältigung der inneren Veränderung.

Hilgers zeigt weiter, daß das Auto sowohl Beförderungs- als auch Lustcharakter hat (Stärkung des Selbstwertgefühls, Macht). Die Beförderungsaufgaben können durchaus von anderen Verkehrsmitteln übernommen werden; für Aufgaben, die dem Auto als Lustobjekt zukommen, stehen gesellschaftlich keine ähnlich geeigneten Alternativen zur Verfügung.

Was den Weltlauf auf seinem Kurs hält?

Frederic Vester stellt in *Ausfahrt Zukunft* das Verkehrssystem in seiner städtebaulichen und gesellschaftlichen Eingebundenheit dar und analysiert die vielfältigen Einflußgrößen und deren Beziehungen. Damit liefert er zugleich ein Modell, das auch die Antriebskräfte des Systems beschreibt. Er geht aber noch weiter und kann systemtheoretisch aufzeigen, wo die zweckmäßigen Ansatzpunkte sind, mit denen das System geregelt werden kann.

Vester betrachtet das Gesamtsystem Verkehr und kann daraus Teilmodelle für Verkehr, Automobilindustrie, Einzelunternehmen und Individualfahrzeug ableiten.

Das Teilmodell Verkehr wird aus Variablen aufgebaut, die den Bereichen Gesellschaft, Gesamtwirtschaft, Mensch, Umwelt, Infrastruktur und Verkehrsqualität zugeordnet werden. Es wird die Bedeutung und der Einfluß der einzelnen Variablen im System analysiert. *Biokybernetische Grundregeln* sind dabei das Maßsystem, mit dem bewertet wird, ob Eingriffe der Überlebensfähigkeit des Systems zuträglich oder unzuträglich sind.

Vester hat die biokybernetischen Grundregeln bereits in den siebziger Jahren im Rahmen einer UNESCO-Studie (*Ballungsgebiete in der Krise*) aus der Beobachtung überlebensfähiger natürlicher Systeme abgeleitet. Die wichtigste Grundregel ist die *negative Rückkoppelung,* die dafür sorgt, daß Systeme nicht unbegrenzt wachsen, sondern in überlebensfähigen Größenordnungen gehalten werden. Ein kurzer Blick auf die gesellschaftliche und wirtschaftliche Entwicklung der Welt zeigt in vielen Bereichen (Bevölkerungsentwicklung, Wachstumsabhängigkeit vieler Wirtschaftszweige, Mobilitätswachstum), daß wir in systemunzuträglichen Prozessen stecken und auf ein Sloterdijksches Inferno zusteuern, wenn die Entwicklung nicht in Richtung Gleichgewicht geregelt wird.

Vester stellt fest, daß das Teilsystem Verkehr eine starke Trägheit hat. Der bestehende Beschleunigungsdruck des Systems stellt sich bei fast allen Eingriffen immer wieder ein. Das System ist damit im Sinne einer Beibehaltung der Beschleunigung in Richtung Verkehrsinfarkt äußerst stabil, in Hinblick auf seine Überlebensfähigkeit jedoch instabil.

Im Zusammenwirken mit den Teilsystemen Individualfahrzeug und Automobilindustrie könne es dennoch gelingen, den Verkehrskollaps zu vermeiden. Voraussetzung dafür wäre die Entwicklung der Systemvariablen, ‚Umweltfreundliche Politik' und ‚Zukunftsorientierte Denkweise der Automobilindustrie'. ‚Straßenverkehrslobby' und ‚Kritische Bevölkerung' müssen an einem Strang ziehen, eine Verbesserung der ‚Effizienz des Materialtransports' (Straßenausbau etwa) bringe alleine nichts.

Der Einstieg in Veränderung: Innehalten, wahrnehmen, diskutieren

Damit sieht die Zukunft zunächst düster aus. Die Impulsgeber für eine Harmonisierung des Verkehrsgeschehens müssen Industrie und Politik sein, die ihre Entscheidungen oft allein von kurzfristigen Überlegungen bestimmen lassen. Wer seine Entscheidungen jedoch nur von den Umsatzentwicklungen der nächsten fünf Jahre oder den Wählerstimmen bei der nächsten Wahl leiten läßt, ist im wahrsten Sinne des Wortes kurzsichtig.

Deshalb muß die Gesellschaft in einen Dialog treten: Die Industrie muß mit ihren Kunden sprechen, anstatt sie mit Werbung einzuseifen; Politik, Verwaltung und Planung müssen mit den Bürgern reden, anstatt sie für ihre Zwecke auszutaktieren. Es geht um das Miteinanderreden, das Voneinanderlernen und das zum gemeinsamen Wohl Tätigwerden, es geht um gemeinsam zu erarbeitende Lösungen und nicht um das Durchsetzen bestimmter Strategien. Ehrlichkeit wird gefragt sein und nicht Verschlagenheit, denn das System zeigt deutlich: Krasser Eigennutz führt langfristig zum eigenen Schaden.

Jürgen Habermas veröffentlichte 1981 seine *Theorie des kommunikativen Handelns.* Habermas kritisiert ein Handeln, dem es allein um das Finden von Mitteln zur Erreichung vorgegebener Zwecke geht. Dem setzt er ein kommunikatives Handeln entgegen, das die Verständigung zwischen gleichberechtigten Partnern sucht.

Ortwin Renn entwickelte aus diesem Ansatz einen Risikodialog, der Betroffene von Planungsmaßnahmen von Anfang an bei der Standortfindung (etwa einer Mülldeponie) einbindet. „Risikodialog funktioniert natürlich nur, wenn eine Schnittmenge gemeinsamer Interessen vorliegt." (Willmann, 25)

Es wird für zukünftige Planungsmaßnahmen wohl unerläßlich sein, den Verkehr in seiner Eingebundenheit in Städtebau, Umwelt und Sozioökonomie zu sehen. Das wird ein Zusammenarbeiten interdisziplinärer Teams erfordern. Bei der Planung von autoverkehrsreduzierenden oder autoverkehrsverlagernden Maßnahmen reicht es nicht aus, Bürgerbeteiligung im üblichen Sinne durchzuführen. Interessengruppen und auch die einzelnen Bürger müssen in den Planungsprozeß eingebunden werden: Man diskutiert, erarbeitet Kompromisse und wird in Verantwortung genommen, diese Kompromisse mitzutragen. Hierzu müssen im Prozeß des ‚learning by doing' bestehende Kommunikationsmodelle und Beteiligungsformen verbessert werden.

Der gesellschaftliche Dialog kann nur funktionieren, wenn der kommunikative Prozeß relativ frei von Störungen abläuft. Störungen des ‚Verstehens' und ‚Verhaltens' können behoben werden. Paul Watzlawick und andere zeigen in *Menschliche Kommunikation* und *Lösungen* Wege dazu auf.

Scheinlösung Telematik: Prometheus und die Büchse der Pandora

Prometheus ist ein Forschungsprogramm der europäischen Automobilindustrie zur Erhöhung der Leistungsfähigkeit und Sicherheit im Straßenverkehr. Mit einem Budget von bisher etwa 1,5 Mrd. DM wird es zu etwa 35 Prozent aus öffentlichen Mitteln der europäischen Länder bezuschußt. Kernpunkte der Forschungs- und Entwicklungsprojekte sind der Aufbau von Kommunikationssystemen zwischen

- Fahrer und Fahrzeug (Geschwindigkeitskontrolle),
- Fahrzeugen (Abstandswarnung),
- Fahrzeug und Straße (Glatteiswarnung),
- Fahrzeug und Verkehrsnetz (Stauumfahrung, Parkverkehrslenkung).

Angestrebt wird mit diesen Methoden der Telematik, das Straßennetz besser auszulasten, den Verkehr gleichmäßiger zu verteilen und die Teilnehmer mit optimaler Geschwindigkeit und sicheren Fahrzeugabständen ans Ziel zu bringen. Vielleicht läßt sich mit diesen Techniken die Leistungsfähigkeit des Gesamtstraßennetzes um etwa 10 Prozent steigern.

„Ein antiker Held macht von sich reden. Er rafft sich gerade auf, um die Menschheit ein zweites Mal mit einer höheren Stufe der Zivilisation zu beglücken. War dies im ersten Fall das Feuer, das er in die kargen Hütten der Menschen brachte, so schickt er sich nun an, die Elektronik in ihre Autos zu bringen.“ (Legat, 16)

Prometheus wird von Verkehrsingenieuren und Verkehrsbeamten offensichtlich als „Lichtgestalt der verstopften Straßen“ gesehen; es soll Probleme technisch lösen, an deren konzeptionelle Lösung man sich nicht wagt. Schon die griechische Mythologie gibt Hinweise darauf, wie es wohl weiter gehen wird: Zeus bestraft die Menschen für ihre Vergehen mit dem Entzug des Feuers. Der Titan Prometheus entwendet es aus dem Olymp und bringt es der Erde zurück. Daraufhin läßt Zeus den Frevler an einen Felsen schmieden, wo ihm ein Adler täglich die nachwachsende Leber zerfleischt. Nach Tausenden von Jahren wird er von Herakles befreit. Den Menschen sendet Zeus die wunderschöne Pandora mit einer Büchse, in der alle Übel verborgen sind. Prometheus' Bruder sieht nur die verlockende Schönheit und nimmt Pandora auf, die das Gefäß öffnet und damit die Übel unter den Menschen verbreitet.

Man kann das Verkehrsnetz, die Straßen und die Parkgelegenheiten als Hardware des Verkehrssystems bezeichnen; den Autobesitz und das Mobilitätsverhalten der Verkehrsteilnehmer als Betriebssystem. Telematik ist dann ein mögliches Anwendungsprogramm. So kann Telematik eine gute Verkehrspolitik und Verkehrsplanung optimieren, sicherer gestalten und komfortabler abwickeln – fehlende Verkehrskonzepte allerdings nicht ersetzen.

Die leistungsmäßige Optimierung von Autoverkehrsnetzen erweitert die Kapazität von Infrastrukturen und wird nur kurzfristig Entlastungen bringen und zwar bis dieser ‚Fortschritt' durch das erneute Anwachsen des Verkehrsaufkommens aufgezehrt wird. Später werden wir noch zeigen (vgl. Seite 73), daß ein Ausreizen von Leistungsgrenzen zu Sicherheitsproblemen führt, wenn die selbstregulierenden Kräfte eines Systems überschritten werden. So stürzte etwa ein voll ‚telematisierter' Airbus deshalb ab, weil die Elektronik auf größtes menschliches Versagen (Pilot läßt ein Kind ans Steuer) nicht eingestellt war. Ein weniger ‚optimiertes' Modell hätte ohne Elektronik noch ‚per Hand' durch den Piloten abgefangen werden können.

Fazit

Bisher haben wir die heutige Verkehrssituation in ihrer Zwickmühle zwischen steigendem (Auto)Verkehr und offensichtlichen Systemgrenzen beschrieben. Einige Lösungsansätze für Teilsysteme (beispielsweise Innenstädte) haben wir angedeutet, einen Lösungsansatz fürs Gesamtsystem allerdings nicht gefunden.

Wir stehen da und sind ratlos. Die alten Lösungen funktionieren nicht mehr und neue sind noch nicht in Sicht. Allerdings sind wir weiter als die, die noch am Alten kleben oder sich an Scheinlösungen festklammern. Sloterdijk spricht von einer ‚panischen Kultur', die dort beginnt, wo Mobilmachung als permanente Flucht nach vorn endet. Panik ist für ihn keine Fehlreaktion, sondern eine stimmige Reaktion des Geistes, der außer Fassung gerät angesichts dessen, was ihm aufgeht. Es geht ihm nicht darum, die Flucht zu ergreifen, sondern die Lage zu erkennen und zu durchleben. Mit den Worten der Systemtheorie ist die Verkehrsplanung in einem Zustand des Chaos, in dem die üblichen, bisherigen Gesetzmäßigkeiten nicht mehr zutreffen. Nach einem Durchgang durch das Chaos mögen sich neue Lösungen abzeichnen.

Die Gestalttherapie – eine Schule der Psychotherapie – beschreibt die Struktur persönlicher Veränderungen in einem Fünf-Phasenmodell (vgl. Staemmler, Bock). Dieses Modell läßt sich auf andere Systeme, so auch auf das Verkehrssystem und dessen Planung übertragen.

– Phase 1 ‚Stagnation'

Phase der Trendplanung (Generalverkehrsplanung, Straßenausbau). Man fügt sich Sachzwängen und sieht keine Eingriffschancen. „Es wird immer mehr Auto gefahren, dafür müssen Straßen gebaut werden." „Unsere Wirtschaft ist vom Auto abhängig." „Wir wollen ja, aber die anderen EU-Mitglieder ziehen nicht mit." Der Übergang zur zweiten Phase ist durch die Aufgabe der Opferhaltung und die Hinwendung zur Verantwortlichkeit gekennzeichnet.

- Phase 2 ‚Polarisation'
  In dieser Phase stehen zwei Kräfte einander gegenüber. Die Zielplanung (Verkehrsentwicklungsplanung, Verkehrsberuhigung) setzt dem Straßenausbau einen Gegenpol. Die Übergang zur dritten Phase ist mit einer Ernüchterung über die Einflußmöglichkeiten der Verkehrsentwicklungsplanung und der Verkehrsberuhigung verbunden.

- Phase 3 ‚Diffusion'
  Phase der Ratlosigkeit. Niemand weiß mehr, wie dem Verkehrsgeschehen planerisch beizukommen ist. Der Übergang zur vierten Phase ist mit dem Akzeptieren der Ratlosigkeit und der Erkenntnis verbunden, daß es bei unserem heutigen Wissen keine Lösungsmöglichkeiten gibt.

- Phase 4 ‚Kontraktion'
  Phase der Panik. Man möchte am liebsten weglaufen. „Hat Verkehrsplanung überhaupt noch einen Sinn?" In dieser Phase kommt es darauf an, am Ball zu bleiben, weiterzumachen, im Dialog und in der Kommunikation zu bleiben.

Nach dem Fünf-Phasenmodell, das die Struktur persönlicher Veränderungen und gesellschaftlicher Entwicklungen gut beschreibt, muß auf die Kontraktion die Phase 5 ‚Expansion' folgen, die eine Lösung, ein Überwinden der alten Struktur bringt. Expansion ist jedoch nur möglich, wenn die schmerzhaften Phasen der Ratlosigkeit und Panik durchlaufen werden. Ein Abbruch des Prozesses führt zurück ins Patt der Polarisation oder gar in die Stagnation.

So können wir heute nur sagen, daß wir eine Verkehrsplanung brauchen, die systemisch denkt und kommunikativ handelt. So weitermachen wie bisher können wir nicht; wir werden erst zu Lösungen kommen, wenn wir die bisherigen, ausgetretenen Pfade verlassen.

Mögen die hier vorgestellten Ideen zur Anregung dienen und zum Weiterdenken auffordern. Hoffen wir – und das dürfen wir, denn Zeus hatte unter all den Übeln in der Büchse der Pandora auch die Hoffnung verborgen –, daß

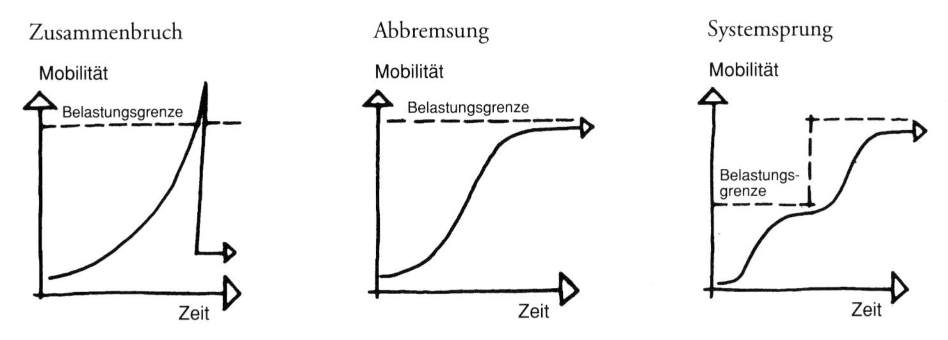

3 Zukunftsperspektiven des Verkehrssystems

wir dem Inferno entgehen. Außer Zusammenbruch und Abbremsung mag auch ein Systemsprung (beispielsweise: Besiedlung neuer Welten) möglich sein. Doch bis dahin müssen wir mit den begrenzten Kapazitäten unserer Erde haushalten.

Es wird nicht reichen, nach grundsätzlichen und besseren Lösungen zu suchen, wir müssen auch die aktuellen, sich deutlich zeigenden Probleme kurz- bzw. mittelfristig managen. Dazu benötigen wir ein Handwerkszeug, wie wir es in Kapitel 7 ‚Verkehrsplanung' vorstellen. Zuvor sollten wir aber die innere Struktur des Verkehrsgeschehens verstehen lernen. Kapitel 4 beschreibt daher die Eigenschaften der Verkehrsmittel und ihrer Wege, Kapitel 5 den Einfluß vom Raum und dessen Nutzungen und Kapitel 6 den Einfluß menschlichen Verhaltens auf das Verkehrsgeschehen.

Verkehrsmittel: Wieviel Platz braucht Verkehr, wieviel Verkehr vertragen wir?

Wir beschäftigen uns in diesem Kapitel vor allem mit dem Personenverkehr; den Güterverkehr betrachten wir später (vgl. S. 220 ff.). Der größte Teil des Personenverkehrs wird heute auf der Straße abgewickelt, daneben spielen der Bahnverkehr und in geringem Maße der Flugverkehr eine Rolle. Innerstädtisch sind der Fußverkehr von großer und in geringerem Maße der Radverkehr von Bedeutung.

Verkehrsmittel und ihre Wege

Zu Fuß gehen

Ein einzelner Fußgänger braucht einen knappen Meter Platz; zwei Meter werden nötig beim Nebeneinandergehen oder bei Begegnungen; macht man sich etwas dünner, kommt man auf einem kurzen Stück auch schon mal zu dritt auf anderthalb bis zwei Metern zurecht. Regenschirme, Einkaufskörbe, mitgeführte Hunde vergrößern den Platzbedarf ebenso wie Schaufenster, vor denen man stehen und schauen will. Geschäfte brauchen Platz für Auslagen; Laternen, Verkehrsschilder, Poller Platz, um aufgestellt zu werden. Nach oben benötigen Fußgänger einen lichten Raum (Bewegungsraum eines Verkehrsmittels mit zugehörigen Sicherheitsabständen) von 2,25 m.

In Innenstädten (City) sollen in Nebenstraßen daher mindestens 2,50 m und in Hauptstraßen 3,50 m je Gehwegseite vorhanden sein. Für Aufstellflächen vor Geschäften müssen zusätzlich 1,00 bis 1,50 m bereitgestellt werden. Falls der fließende Verkehr nicht zu schnell (≤ 30 km/h) fährt und damit gegebenenfalls auf die Fahrbahn tretende Fußgänger nicht zu stark gefährdet werden, können diese Maße ein wenig reduziert werden. Bei hohem Geschäftsbesatz werden aber eher breitere Flächen benötigt. Eine Verbreiterung der Fußgängeranlagen um etwa 30 Prozent führt zu Komfortsteigerungen, zuviel Breite kann aber auch zuviel des Guten sein und – in Fußgängerzonen – zu einer unerwünschten Trennung der beiden Straßenseiten führen. Ab etwa 8,00 m Breite werden in Fußgängerzonen daher querschnittsgliedernde und querschnittsgestaltende Elemente (Bäume, Laternen) notwendig.

Außerhalb der Innenstädte (Stadtrand, Dorf) sind wegen geringeren Fußgängeraufkommens schmalere Gehwege angebracht. Dennoch sollten an Hauptstraßen 2,50 m und in Nebenstraßen 2,00 m möglichst nicht unterschritten werden. Vor allem in Dorfdurchfahrten sind die Platzverhältnisse jedoch oft so beengt, daß man mit weniger Platz auskommen muß. Dies ist aus Sicherheitsgründen aber nur zu vertreten, wenn das Geschwindigkeitsniveau im Autoverkehr 30 km/h nicht wesentlich überschreitet (z.B. v_{85} = 35 km/h,

d. h., 85 Prozent der Kraftfahrer halten eine Geschwindigkeit von 35 km/h ein).

Der Fußverkehr kann bei geringen Kraftfahrzeugbelastungen (≈ 50 Kfz/h) und bei ganz niedriger Kfz-Geschwindigkeit (≤ 20 km/h) auf dem gleichen Höhenniveau (ohne Bordstein) wie der Kfz-Verkehr geführt werden (Mischprinzip). Bus- und Bahnverkehr ist in diesen Bereichen nicht verträglich, der Radverkehr muß dieses niedrige Geschwindigkeitsniveau ebenfalls einhalten. Diese Gebiete werden mit dem Verkehrsschild ‚Verkehrsberuhigter Bereich' ausgewiesen. Andere verkehrsberuhigte Straßenzüge (Tempo-30-Zonen) müssen das Separationsprinzip (Gehweg mit Bordstein) beibehalten. Auch beim Mischprinzip sollte der Bereich unmittelbar vor den Eingangsbereichen der Häuser (etwa 1,00 m) so gestaltet werden, daß heraustretende Personen vom Fahrverkehr geschützt werden.

Außerhalb von Ortschaften sind an den meisten Landstraßen gemeinsame Geh- und Radwege notwendig. Nur an Straßen mit sehr wenig Autoverkehr, die zugleich nicht sehr schnell befahren werden können, sollte auf diese Anlagen verzichtet werden. Gemeinsame Rad-/Gehwege werden außerorts einseitig angelegt und in beiden Fahrtrichtungen von Fußgängern und Radfahrern genutzt. Es kann von einem Breitenbedarf von 3,50 m (inklusive etwa 1,00 m Trennstreifen zum Autoverkehr) ausgegangen werden. Bei großen Kfz-Belastungen sollten die Trennstreifen vergrößert werden, um Fußgänger und Radfahrer stärker vor den Auswirkungen des Autoverkehrs zu schützen (beispielsweise Winddruck durch vorbeifahrende Lkw).

Da erst seit einigen Jahren Rad-/Gehwege in nennenswertem Umfang angelegt werden, ist auch an Landstraßen das Defizit enorm. Gerade hier, wo Fußgänger und Radfahrer aufgrund der hohen Kfz-Geschwindigkeiten besonders gefährdet sind – trotz sehr geringer Außerorts-Fußgängerbelastungen kommen über 30 Prozent aller getöteten Fußgänger im Bereich von Landstraßen um –, wird es noch Jahrzehnte dauern, bis die gefährlichsten Landstraßen für den nichtmotorisierten Verkehr gesichert sind. Daher sollten an diesen Straßen zunächst Schutzstreifen abmarkiert werden. Dies ist nur dann ausreichend, wenn die Kfz-Belastung nicht sehr hoch ist und die Geschwindigkeiten deutlich unter 100 km/h liegen. Bei geringen Kfz-Belastungen und geringem Geschwindigkeitsniveau (50 bis 70 km/h) können diese Schutzstreifen in beengten Verhältnissen auch sehr schmal ausfallen. Dies ist nicht gut, aber besser als nichts!

Generell ist bei der Gestaltung von Gehbereichen darauf zu achten, daß Einbauten (Schaltkästen, Verkehrsschilder, Bushäuschen, Werbetafeln usw.) Gehflächen nicht zustellen.

Auch abseits von Straßen werden Anlagen für den Fußverkehr erstellt, sei es als Weg durch Grünanlagen oder als Wander-, Feld- oder Forstweg. Grundsätzlich können diese Wege vom Radverkehr mitbenutzt werden; in öffentlichen Anlagen wird dies durch Beschilderung aber häufig ausgeschlossen. Bei größeren Fußgängerbelastungen und bei höheren Radgeschwindigkeiten sind Fußgänger- und Radverkehr nicht miteinander verträglich.

Die folgende Tabelle gibt einen zusammenfassenden Überblick über die Einsatzbereiche von Gehwegen sowie deren Platzbedarf. Die Bemessungsgröße Kfz-Belastung wird hier wie im weiteren in Kraftfahrzeugen pro Spitzenstunde (Kfz/Sp.h) angegeben. Die Spitzenstunde liegt in der Regel zwischen 16 und 17 Uhr.

Anlagen für den Fußverkehr, Einsatzbereiche und Platzbedarf			
	Geschwindigkeitsniveau [km/h]	Belastung	Breite [m]
Gehweg: Stadtrand, Dorf; Hauptstraße	Kfz-Verkehr ≤ 50	Fußgängerdichte: mittel	2,50 (1,50)
Gehweg: City; Nebenstraße	Kfz-Verkehr ≈ 30	Fußgängerdichte: gering	2,50 (2,00)
Gehweg: City; Hauptstraße	Kfz-Verkehr ≤ 50	Fußgängerdichte: mittel	3,50 (3,00)
Gehweg: City; Geschäftsstraße	Kfz-Verkehr ≈ 30	Fußgängerdichte: hoch	5,00 (4,00)
Fußgängerzone	—	Fußgängerdichte: sehr hoch	ca. 8,00
Verkehrsberuhigung Mischprinzip	Kfz-Verkehr ≤ 20	Kfz: ≈ 50 Kfz/Sp.h	
Zweirichtungs-Rad-/Gehweg (außerorts)	Radverkehr ≤ 40	Fußgängerdichte: gering	3,50 (2,50)
Schutzstreifen an Landstraßen	Kfz-Verkehr ≤ 70	Kfz: bis 1.000 Kfz/Sp.h	1,75 (0,75)
Klammerwerte: Mindestmaße in beengten Situationen			

Mit dem Rad

Ein Radfahrer nimmt ungefähr eine Breite von 60 bis 70 cm ein. Er braucht beim Fahren zu beiden Seiten einen Bewegungsspielraum von 20 bis 30 cm und zusätzlich Sicherheitsabstände zu Kraftfahrzeugen, Fußgängern und festen Hindernissen, etwa zu Haus- und Tunnelwänden oder Laternen. Auch nach oben braucht der Radfahrer einen ausreichend bemessenen lichten Raum (mindestens 2,25 m).

Radfahrer sind unterschiedlich schnell. Auch wenn die meisten zwischen 15 und 25 km/h fahren, sind vor allem Fahrer mit Rennrädern oder Mountainbikes oft wesentlich schneller, Fahrer mit ‚Hollandrädern' oder Rädern ohne Gangschaltung langsamer. Auch das Alter der Fahrer und ihr Reisezweck (Fahrten zum Arbeitsplatz oder zur Schule, zum Einkaufen, als gemütliches Freizeitradeln oder als sportliche Betätigung) haben erheblichen Einfluß auf das Geschwindigkeitsniveau im Radverkehr.

Der Radverkehr kann zusammen mit dem Kraftfahrzeugverkehr oder dem Fußverkehr geführt werden, entweder auf eigenen Verkehrsanlagen (Separationsprinzip) oder mit dem übrigen Verkehr gemischt (Mischprinzip). Dabei bietet sich die Führung an, bei der der Verkehrsablauf der beteiligten Verkehrsmittel am besten zusammenpaßt. Wichtige Kriterien für einen harmonischen Verkehrsablauf sind Verkehrssicherheit und störungsfreier Verkehrsfluß. Daher ist es meistens sinnvoll, schnellen Radverkehr und Kraftfahrzeugverkehr, bzw. langsamen Radverkehr und Fußverkehr zusammenzubringen. Auch Fußgängerdichten und vor allem Kraftfahrzeugbelastungen spielen für die Einsatzkriterien eine große Rolle. Bei der Konzeption von Radverkehrsanlagen sind darüber hinaus Vorgaben der gesamtstädtischen Verkehrsnetze sowie die Platzverhältnisse im betrachteten Straßenraum zu beachten.

Folgende *Radverkehrsanlagen* stehen zur Auswahl:

1. Vom Kraftfahrzeugverkehr langsam befahrene Straßen ohne besondere Radverkehrsanlagen,
2. *Radfahrstreifen* (verkehrsrechtliche Radwege: allein dem Radverkehr vorbehalten) oder *Angebotsstreifen* (dürfen ausnahmsweise auch von anderen Fahrzeugen benutzt werden) im Fahrbahnbereich, jeweils markiert neben den Kraftfahrzeugspuren,
3. *Bordsteinradwege* (verkehrsrechtliche Radwege) oder gemeinsame Geh-/ Radwege im Gehwegbereich; als Sonderfall: Zweirichtungsradweg oder Zweirichtungs-Rad-/Gehweg, der in der Regel nur außerorts eingesetzt wird,
4. Gehweg mit Zusatzschild ‚Radfahrer frei'.

4 Angebotsstreifen

5 Bordsteinradweg

Angebotsstreifen werden auch häufig Radspur genannt; sie sind in der Straßenverkehrsordnung noch nicht vorgesehen, können aber durch die zuständigen Straßenverkehrsbehörden angeordnet werden. Eine Aufnahme in die Straßenverkehrsordnung ist unter dem Begriff ‚Schutzstreifen für Radfahrer' geplant. Abmarkierte Streifen können auch zur optischen Gliederung des Fahrbahn eingesetzt werden, man spricht dann von ‚Fahrbahnseitenstreifen'.

Die folgende Tabelle gibt einen zusammenfassenden Überblick über die Einsatzkriterien für Radverkehrsanlagen und deren Platzbedarf:

Radverkehrsanlagen, Einsatzbereiche und Platzbedarf			
	Geschwindigkeitsniveau [km/h]	Belastung	Breite [m]
Langsam befahrene Straße	Kfz-Verkehr ≈ 30	Kfz bis 400 Kfz/Sp.h	4,00 – 6,00
Angebotsstreifen	Kfz-Verkehr ≈ 40	Kfz 400 – 1.200 Kfz/Sp.h	1,50 (1,00)
Radfahrstreifen	Kfz-Verkehr ≤ 50	Kfz ab 400 Kfz/Sp.h	1,50 (1,00)
Bordsteinradweg	Radverkehr ≤ 30	Fußgängerdichte gering, mittel	1,75 (1,30)
Gemeinsamer Rad-/Gehweg	Radverkehr ≤ 20	Fußgängerdichte gering	3,00 (2,50)
Gehweg mit Zusatzschild	Radverkehr ≤ 15	Fußgängerdichte gering, mittel	3,00 (2,00)
Zweirichtungs-Rad-/Gehweg (außerorts)	Radverkehr ≤ 40	Fußgängerdichte gering	3,50 (2,50)
Klammerwerte: Mindestmaße in beengten Situationen			

Die angegebenen Breiten beinhalten Schutzstreifen und Markierungen. Bei größeren Radverkehrsbelastungen (ab etwa 200 Rädern/Sp.h) ergeben sich oft Überholvorgänge im Radverkehr; dann sollten die angegebenen Maße um gut 80 cm verbreitert werden. Die eingeklammerten Werte sind Mindestmaße für beengte Situationen und müssen im konkreten Planungsfall besonders sorgfältig auf ihre Funktionstauglichkeit überprüft werden. Schlecht befahrbare Straßeneinläufe (Gullys) und Entwässerungsrinnen, breite Markierungen, parkende Fahrzeuge, Laternen, Verkehrsschilder u.ä. dürfen den minimalen Bewegungsraum und die Sicherheitsabstände nicht weiter einengen.

Radwege müssen vom Radverkehr benutzt werden, Angebotsstreifen sowie Gehwege mit Zusatzschild nicht. Radwege dürfen nur in Gegenrichtung befahren werden, wenn dies so ausgeschildert ist. Angebotsstreifen werden in beengten Verhältnissen angelegt: der Radverkehr kann dort vom Pkw-Verkehr unbehelligt fahren, selten auftauchender Lkw-Verkehr benutzt diese Spuren mit.

Busse und Bahnen

Bei der Betrachtung des Öffentlichen Personennahverkehrs (ÖPNV) wollen wir den Schwerpunkt auf den Verkehr in städtischen Straßenräumen legen; wir konzentrieren uns daher vor allem auf Linienbusse und Straßenbahnen. Linienbusse sind maximal 2,55 m breit, Seitenspiegel ragen allerdings über diesen Bereich hinaus. Straßenbahn-/Stadtbahnwagen können noch ein wenig breiter sein, benötigen aber wegen der Schienenführung einen geringeren seit-

Busse und Bahnen: Systemdaten				
	Fahrweg	Gesetzliche Grundlagen	Fahrzeugbreite [m]	Fahrzeuglänge [m]
Bus	Straße Busspur	StVZO StVO	max. 2,50	Standard.: bis 12 Gelenk.: bis 18
Straßenbahn	Straße Spur	BO-Strab StVO	max. 2,65 übl. 2,20 – 2,40	max. 75 übl. 30
Stadtbahn	Straße Eigener Bahnkörper	BO-Strab StVO	max. 2,65 übl. 2,20 – 2,40	max. 75 übl. 30 – 60
U-Bahn	Eigener Fahrweg	BO-Strab	2,3 – 3,0	75 – 120
S-Bahn	Eigener Fahrweg	EBO	2,8 – 3,0	75 – 200

Erläuterungen S. 46

lichen Bewegungsraum. Mit etwa 3,00 m Breite je Richtung können daher Spuren für den öffentlichen Verkehr dimensioniert werden. Busse können im Kfz-Verkehr mitschwimmen oder eigene Busspuren erhalten. Straßenbahnen können ebenfalls ihren Fahrweg (Gleise) in der normalen Kfz-Spur, in einem eigenen, von anderen Fahrzeugen nicht zu befahrenden Fahrkörper im Straßenraum haben oder auch außerhalb des Straßenraums auf eigenen Trassen geführt werden. Oft werden in einer Stadt, je nach den räumlichen Platzverhältnissen, all diese unterschiedlichen Fahrwegarten eingesetzt; deshalb ist es oft auch nicht möglich, eine klare Unterscheidung zwischen ‚Straßen'bahn und Stadtbahn zu treffen, vor allem da die eingesetzten Fahrzeuge in der Regel identisch sind.

Busse sind bis zu 4,00 m (Doppeldecker) hoch, Straßenbahnen einschließlich des Stromabnehmers bis zu 5,00 m. An lichten Räumen sind daher bis zu 5,50 m notwendig.

Falls für Straßenbahnen und Busse keine separaten Fahrspuren zur Verfügung stehen, muß gewährleistet sein, daß der öffentliche Verkehr nicht im privaten Kraftfahrzeugverkehr stecken bleibt. Dazu sollten die Kfz-Belastungen noch deutlich unter der technisch möglichen Belastungsgrenze liegen; je nach

Busse und Bahnen: Systemdaten (Fortsetzung)					
Fahrgastplätze [Anzahl]	Höchstgeschwindigkeit [km/h]	Beförderungsgeschwindigkeit [km/h]	Übliche minimale Takte [min.]	Übliche maximale Leistung Pers. / Rtg · h	Haltestellenabstand [km]
Standard.: 110 Gelenk.: 150	70 – 80	20	5	Standard.: 1.000 Gelenk.: 1.500	0,3 – 0,5
GT8: 300	70 – 80	25	2,5	5.000	0,3 – 0,5
600	70 – 80	32	2,5	10.000	0,5 – 0,7
1.000 – 1.400	70 – 80	37	2,5	20.000	0,5 – 1,0
600 – 1.800	120	50	2,5	30.000	1,5 – 5,0

Erläuterungen zur Tabelle (S. 44/45): Straßen-/Stadtbahnen und S-Bahnen werden über Fahrdrähte von oben mit Strom versorgt, U-Bahnen über seitliche Stromschienen. Straßen- und Stadtbahnen können aber auch unterirdisch eingesetzt werden. Dies erfordert größere Tunnelhöhen als bei klassischen U-Bahnen.

Die Straßenverkehrs-Zulassungs-Ordnung (StVZO) regelt die Zulassung der Verkehrsmittel auf öffentlichen Straßen. Grundsätzlich ist jeder zum Verkehr auf öffentlichen Straßen zugelassen; für das Führen von Kraftfahrzeugen besteht eine Erlaubnispflicht (Führerschein). Für Fahrzeuge sind Bau- und Betriebsvorschriften sowie Haftpflichtversicherungen vorgeschrieben.

Die Straßenverkehrs-Ordnung (StVO) regelt die Umgangsformen im Straßenverkehr, gibt allgemeine Verkehrsregeln an und legt die Verkehrszeichen fest. Als Grundregel wird aufgeführt (§ 1(2)): „Jeder Verkehrsteilnehmer hat sich so zu verhalten, daß kein anderer geschädigt, gefährdet oder mehr, als nach den Umständen unvermeidbar, behindert oder belästigt wird."

Die BO-Strab ist die Betriebsordnung für den Bau und Betrieb von Straßenbahnen, die EBO die Eisenbahn-Bau- und Betriebsordnung. In diesen Verordnungen sind u.a. Fahrzeugabmessungen, Trassierungselemente (Kurvenradien, Steigungen usw.) und Bestimmungen für die technische Sicherheit der Fahrzeuge sowie zur sicheren Abwicklung des Fahrverkehrs angegeben.

Bei den Breiten fällt auf, daß U-Bahnen und S-Bahnen breiter sind bzw. sein können als Straßenfahrzeuge. Damit können mehr Sitzplätze nebeneinander angeordnet werden. Auch die möglichen Längen der Züge sind größer.

Bei Bussen unterscheidet man Standard- und Gelenkbusse. Bei Straßen- und Stadtbahnwagen werden Unterscheidungen nach der Achsenzahl getroffen. Ein GT8 hat acht Achsen, ein GT6 sechs; ältere Fahrzeuge haben oft noch vier Achsen und sind entsprechend kürzer. Mehrere Fahrzeuge können zu Zügen zusammengestellt werden. Üblich ist in städtischen Straßenräumen der Einsatz von sechs- bis achtachsigen Einzelfahrzeugen mit 26 bis 34 m Länge.

Die Fahrzeuge im städtischen Einsatz haben Höchstgeschwindigkeiten von 70 bis 80 km/h; S-Bahnen und Überlandbusse können schneller fahren. Die Beförderungsgeschwindigkeiten sind dagegen Anhaltswerte für die durchschnittlichen Geschwindigkeiten zwischen Start- und Zielhaltestellen.

Die angegebenen Taktzeiten sind minimale, aber durchaus übliche Werte; wenn aufwendigere Systeme der Zugsicherung installiert werden, können bei völlig separat geführten Bahnsystemen auch geringere Taktzeiten (1,5 min.) erreicht werden. Im praktischen Busbetrieb sind Taktzeiten unter fünf Minuten unüblich; das Zusammenführen mehrerer Linien auf einer Strecke kann aber zu Busfolgezeiten von unter einer Minute führen. Die hier angegebenen üblichen maximalen Leistungsfähigkeiten können durch geringere Taktzeiten noch erhöht werden.

In der letzten Spalte sind übliche Haltestellenabstände angegeben.

örtlicher Situation sollten in zweispurigen Straßen daher Belastungen von 800 bis 1.200 Kfz/Sp.h (dies ist gut die Hälfte der technisch möglichen Belastungsgrenze des Kfz-Verkehrs) nicht überschritten werden.

Auch Busse und Bahnen sollen auf Straßen im unmittelbaren Zentrum der Stadt nicht zu schnell fahren (30 km/h). Wichtiger für eine Beschleunigung des öffentlichen Verkehrs ist das bevorrechtigte Vorwärtskommen an Signalanlagen. Streckenabschnitte innerhalb der Innenstädte sind in der Regel verhältnismäßig kurz (1 bis 2 km); zugleich ballen sich hier aber mögliche Konflikte mit querenden Fußgängern, mit dem Radverkehr sowie liefernden und rangierenden Fahrzeugen. Hier muß aus Sicherheitsgründen langsam gefahren werden; außerhalb dieser Kernbereiche sollten auf separaten Fahrkörpern höhere Geschwindigkeiten erzielt werden.

Es bietet sich an, Haltestellen vor signalisierten Knotenpunkten (Kreuzungen oder Einmündungen) anzulegen. Wenn die Fahrgäste ein- und ausgestiegen sind, kann der ÖPNV an speziell eingerichteten Signalanlagen auf Anforderung in wenigen Sekunden eine Freigabezeit bekommen. Der Autoverkehr wird angehalten, und der öffentliche Verkehr fließt ungestört in den anschließenden Straßenkorridor, selbst wenn er mit dem anderen Verkehr dort eine gemeinsame Spur hat. Dies funktioniert allerdings bei einer gemeinsamen Spur nur dann, wenn von Signalanlagen des anschließenden Korridors kein Verkehr zurückstaut.

In der Tabelle (S. 44/45) sind wichtige Charakteristika der unterschiedlichen öffentlichen Verkehrsmittel zusammengestellt. Zum Vergleich werden auch die nicht straßengebundenen Verkehrsmittel U-Bahn und S-Bahn aufgeführt.

Kraftfahrzeuge

Im folgenden seien vor allem Personenkraftwagen und die verschiedenen Fahrzeuge des Schwerverkehrs betrachtet; motorisierte Zweiräder spielen – mit der Ausnahme des Unfallgeschehens – eine untergeordnete Rolle (nur etwa 1 Prozent aller zurückgelegten Wege).

Personenkraftwagen sind meist um 1,75 m, einige wenige allerdings auch bis etwas über 2,00 m breit. Lastkraftwagen haben eine Höchstbreite von 2,55 m (Schweiz: 2,30 m). An seitlichen Bewegungsspielräumen werden je nach Geschwindigkeit 12,5 bis 25 cm angesetzt; bei Gegenverkehr werden ab 40 km/h noch weitere 25 cm Sicherheitsabstand zwischen entgegenkommenden Fahrzeugen notwendig. Die maximale Höhe von Kraftfahrzeugen beträgt

4,00 m. Das höchstzulässige Gesamtgewicht von Fahrzeugen des Schwerverkehrs beträgt in der EU für Fahrzeuge, die im kombinierten Verkehr eingesetzt werden, 44 t (ansonsten 40 t), in der Schweiz 28 t.

In Stadtkernen, die oft noch die fußläufigen Grundrisse historischer Städte und die damit begrenzte Ausdehnung (je nach Einwohnerzahl 500 bis 1.500 Meter Durchmesser) besitzen, sollen Fahrzeuge langsam fahren. Allein auf gleichsam anbaufreien Umgehungsstraßen sollten Geschwindigkeiten von rund 50 km/h zugelassen werden.

Bei ca. 30 km/h brauchen zwei Pkw im Begegnungsfall 4,00 bis 4,50 m Platz, zwei Lkw 5,50 m und zwei Busse 6,00 m. Der Begegnungsfall Pkw/Lkw sieht knapp 5,00 m, Fahrrad und Pkw nebeneinander knapp 3,50 m vor. Bei höherer Geschwindigkeit (ab 40 km/h) sind Zuschläge von 0,50 bis 1,00 m notwendig. An lichten Höhen sind in der Regel 4,50 m vorzusehen.

Kraftfahrzeuge: Systemdaten							
	Breite	Länge	Höhe	Gesamt-gewicht	zulässige Höchstgeschwindigkeit [km/h]		
	[m]	[m]	[m]	[t]	Stadt	Land-straße	Autobahn
Pkw	≈ 1,75	≈ 5,00	≈ 1,50	max. 2,8	50	100	In der BRD unbegrenzt
Pkw + Anhänger	max. 2,55	max. 12,00	max. 4,00	max. 7,5	50	80	80
Lieferwagen	≈ 2,10	≈ 6,00	≈ 2,20	bis 2,8	50	100	In der BRD unbegrenzt
Lastkraftwagen	max. 2,55	max. 12,00	max. 4,00	max. 25	50	80 über 7,5 t: 60	80
Lastkraftwagen + Anhänger	max. 2,55	max. 18,35	max. 4,00	max. 40	50	60	80
Sattelzug	max. 2,55	max. 16,50	max. 4,00	max. 44 (40)	50	60	80
Reisebus	max. 2,55	max. 12,00	max. 4,00	max. 25	50	80	100

Zum Parken und Liefern in Längsaufstellung (,normale' Aufstellung am Straßenrand) benötigen Pkw in der Breite knapp 2,00 m, Lastkraftwagen gut 2,50 m Platz. Im besonderen bei Radverkehrsanlagen sind noch Breitenzuschläge (0,50 bis 0,75 m) als Schutz vor aufschlagenden Fahrzeugtüren nötig. Fahrzeuge in Schräg- oder Senkrechtaufstellung brauchen zusätzlich seitlichen Platz zwischen den Fahrzeugen, um ein bequemes Ein- und Aussteigen zu ermöglichen. Pkw sind bis zu 5,00 m lang, Lastwagen bis zu ca. 10,00 m. Busse haben eine Länge von ungefähr 12,00 m; Gelenkbusse, Lkw mit Anhänger und Sattelschlepper bis zu etwa 18,00 m.

Notwendige Fahrspurbreiten		
	wenig Schwerverkehr (ab 2,8 t)	viel Schwerverkehr (ab 2,8 t)
30 – 40 km/h	≈ 2,50 m	≈ 3,00 m
40 – 80 km/h	≈ 2,75 m	≈ 3,25 m
80 – 120 km/h	≈ 3,25 m	≈ 3,50 m
120 – 200 km/h	≈ 3,50 m	≈ 3,75 m

Neue Verkehrsmittel

Neben den bereits beschriebenen Verkehrsmitteln haben sich in besonderen örtlichen Situationen auch andere Verkehrssysteme (unter System verstehen wir hier Fahrzeuge und deren Antriebe, Fahrwege und Betriebsabläufe) bewährt. Dazu gehören vor allem:

- *Schwebebahn* (hängende Einschienenbahn), die sich wie in Wuppertal gut topographischen Zwängen anpaßt;
- *Zahnradbahnen* und Seilschwebebahnen, vor allem zur Erschließung von Gebirgsregionen;
- *Personenschiffe und Fähren* an größeren Flüssen und Seen und zur Verkehrsanbindung von Inseln;
- *Linienflugzeuge* zwischen internationalen Flughäfen und *Lufttaxen* auch zwischen kleineren Flugplätzen;
- *Oberleitungsbusse* (Elektrobusse, die, ähnlich Straßenbahnen, über Fahrdrähte mit Strom versorgt werden) mit den Vorteilen geringer Lärm- und Abgasemissionen am Einsatzort (gegenüber Dieselbussen) und größerer seitlicher Beweglichkeit (gegenüber Schienenfahrzeugen). Der Einsatz von

O-Bussen hat im Zuge des Rückbaus des öffentlichen Verkehrs in den fünfziger und sechziger Jahren stark abgenommen. In Kaiserslautern und Solingen etwa haben sich diese Systeme aber bis heute bewährt. Neuere Entwicklungen tendieren zu *DUO-Bussen,* die auf Hauptstrecken über Oberleitungen versorgt werden und auf Nebenstrecken mit Batteriebetrieb oder auch Dieselantrieb fahren.

Die Verkehrssysteme des öffentlichen Verkehrs, die vor allem auf Organisation beruhen wie etwa Car-Sharing, Sammeltaxen, Rufbusse, werden später beschrieben (vgl. Öffentlicher Personen(nah)verkehr, S. 185 ff.).

Im folgenden seien die neueren Verkehrsmittel beschrieben, die in Zukunft größere Bedeutung gewinnen könnten.

Für den öffentlichen Personen*fern*verkehr ist der ‚Transrapid' zu nennen, dessen Einsatz in dünner besiedelten Regionen mit wenigen Siedlungsschwerpunkten wohl wirtschaftlicher zu handhaben wäre als in der dicht besiedelten und bereits von vielen Verkehrsbändern durchzogenen Bundesrepublik.

Der ‚Transrapid' ist eine Magnetschwebebahn, die von einem deutschen Unternehmensverbund (u.a. Thyssen, Siemens, Daimler Benz) entwickelt wurde. Eine Versuchsanlage ist seit etwa 20 Jahren im Emsland in Betrieb. 1994 beschloß das Bundeskabinett den Bau einer 285 km langen Strecke zwischen Hamburg und Berlin. Die Strecke soll spätestens im Jahre 2005 in Betrieb gehen. Der Bund bezahlt den Fahrweg (rund 6 Mrd. DM), die private Betreibergesellschaft kommt für Anschaffung und Betrieb der Fahrzeuge auf (rund 3,5 Mrd. DM).

Der ‚Transrapid' schwebt auf einem Magnetkissen, das zwischen Fahrzeug und Stahlschiene mittels stromdurchflossener Spulen erzeugt wird. Die Pole sind gegengerichtet und stoßen sich ab; es entsteht ein ‚Kissen' zwischen Waggon und Schiene. Das Fahrzeug selbst hat keinen Motor im eigentlichen Sinne (es ist vielmehr eine Hälfte – der ‚Rotor' – eines Elektromotors), sondern nur Trag- und Führmagneten. Das Fahrzeug umklammert am Boden zangenartig die Schiene und ist daher vor Entgleisung sicher. Die etwa 2,00 m breite Stahlschiene ist aufgeständert oder ebenerdig geführt. Die Fortbewegung erfolgt durch ein fortschreitendes elektromagnetisches Feld in der Stahlschiene (Stator), dem der Rotor (das Fahrzeug) folgt. Führung und Antrieb sind damit berührungs-, reibungs- und nahezu verlustfrei, ein Vorzug gegenüber einer Rad-Schiene-Verbindung. In Versuchsfahrten ist der ‚Transrapid' 450 km/h schnell gefahren; als Alltags-Geschwindigkeit sind rund 300 km/h konzipiert.

Der ‚Transrapid' ist ein neues Verkehrssystem zwischen Eisenbahn und Flugzeug. Die Fahrzeit Hamburg/Berlin soll unter einer Stunde liegen.

Der verkehrliche Nutzen des ,Transrapid' in der BRD ist vermutlich sehr begrenzt. Er wird flächendeckend nicht neben einem Schnellbahnnetz der Eisenbahn entstehen können; dafür sind in der Bundesrepublik keine Flächen mehr verfügbar. Auch als Alternative – etwa bei einer Abschaffung des Schnellbahnnetzes – ist er ungeeignet, da er konstruktionsbedingt (der ganze Zug muß vom Magnetfeld angehoben werden) keine Güter transportieren kann.

Weitere Probleme bringt die Geräuschentwicklung des vom ,Motor' her leisen Fahrzeuges mit sich. Bei hohen Fahrgeschwindigkeiten entstehen Windgeräusche, die wesentliche lauter sind als die Motor- und Rollgeräusche langsamerer Fahrzeuge. Ungeklärt sind auch die landschaftliche Einbindung des Fahrweges (Fahrbalken) und die innerstädtische Anbindung der ,Transrapid'-Bahnhöfe.

Das Projekt ,Swissmetro' (Studie im Auftrag der Schweizer Bundesregierung) sieht eine unterirdische Magnetschwebebahn in Ost-West-Richtung (Genf-Lausanne-Bern-Luzern-Zürich-St.Gallen) und in Nord-Süd-Richtung (Basel-Luzern-Bellinzona) vor. Eine private Investorengruppe plant, das Projekt in 25 Jahren Bauzeit zu verwirklichen.

Im Eisenbahnnetz befinden sich die sogenannten Neigezüge bereits im Einsatz, deren Wagenaufbauten sich in Kurven zur Innenseite neigen (z. B. aus Italien: ,Pendolino'; aus Schweden: Hochgeschwindigkeitszug ,X 2000'). Dadurch sind im Gegensatz zu konventionellen Hochgeschwindigkeitszügen (ICE, TGV) auf kurvenreichen Strecken höhere Geschwindigkeiten ohne teure Streckenbegradigungen möglich (,Pendolino': 20 Prozent Fahrzeiteinsparung). Der ,X 2000' ermöglicht eine Neigung bis zu 8 Prozent; dadurch sind etwa 35 Prozent schnellere Kurvenfahrten möglich.

Im öffentlichen Nahverkehr könnte die ,M-Bahn' eine Rolle spielen, wie der ,Transrapid' eine Magnetbahn, die allerdings für eine Höchstgeschwindigkeit von etwa 80 km/h konzipiert ist. Im Gegensatz zum ,Transrapid' ist sie wegen der niedrigen Geschwindigkeiten fast geräuschlos. Die Führung der Fahrzeuge erfolgt auf einem separaten Fahrweg, in der Regel aufgeständert, in oder auf einem Fahrbalken. Eine Erprobungsstrecke in Berlin hat sich bewährt. Der Betrieb wird automatisch und ohne Fahrer geregelt (dies gibt es aber auch schon bei konventionellen U-Bahn-Systemen, z. B. in Lille/Frankreich).

Für den Einsatz bieten sich mittelgroße Kabinen an (z. B. 12,00 m Länge mit etwa 120 Fahrgastplätzen). Taktzeiten von 60 Sekunden sind möglich und damit eine Leistungsfähigkeit von maximal 7.000 Personen pro Stunde und Richtung. Frühere Überlegungen zum Einsatz von Kleinkabinen (fünf Plätze) und einer individualverkehrsmittelähnlichen Nutzung haben sich als zu aufwendig (verzweigtes Netz) und zu wenig leistungsfähig (höchstens 1.800 Personen pro Stunde und Richtung) herausgestellt. In Frankfurt am Main ist der Bau eines Ringes um die Stadt in Diskussion, der die Umlandgemeinden verbinden und den Anschluß an die bestehenden ÖV-Linien zur Stadtmitte bieten soll.

Bei den Individualverkehrsmitteln wird die Entwicklung zum *Ökomobil* fortschreiten. Es sind auch muskelkraftbetriebene Leichtfahrzeuge mit Zusatzantrieb (Elektromotor mit Solarstromversorgung) denkbar. Der Weg zum Ökomobil geht vom leichten und kompakten Pkw mit Katalysator, mäßiger Höchstgeschwindigkeit (120 – 140 km/h) und geringem Spritverbrauch (4 bis 5 l/100 km) über das leise und abgasarme – aber wegen der Stromversorgung aus dem öffentlichen Netz energieaufwendige – Elektroauto zum Hybridfahrzeug, das sowohl Verbrennungsmotor als auch Elektromotor besitzt und die Vorteile beider Antriebe zu nutzen sucht. Bei reinen Elektrofahrzeugen ist das Gewicht der Batterien ein großes Problem, bei den Hybridfahrzeugen das zusätzliche Gewicht des zweiten Motors. Bei Hybridfahrzeugen wird innerstädtisch mit dem Elektromotor gefahren, außerorts mit dem Verbrennungsmotor. Dabei können die Batterien zumindest teilweise wieder aufgeladen werden. Statt Verbrennungsmotoren (Benzin- oder Dieselbetrieb) sind auch Gasturbinen möglich. Hybridfahrzeuge verbrauchen etwas weniger Energie als konventionelle Fahrzeuge. Deutliche Verbesserungen wären möglich, wenn die Batterien mit Solarzellen (Solarmobil) oder häuslichen Wärmekraftsystemen aufgeladen würden. Die Entwicklung kostengünstiger Solarzellen macht große Fortschritte. Die Umrüstung häuslicher Heizungssysteme auf Wärmekraftkopplung (bei der Erzeugung von Strom wird die Abwärme – rund 70 Prozent – für Heizzwecke und Warmwasseraufbereitung genutzt) ist technisch kaum ein Problem, allerdings oft deren rechtliche und organisatorische Abwicklung (Energiemonopol der Elektrizitätsversorgungsunternehmen). Hybridfahrzeuge können zusätzlich mit einem Schwungrad als Kurzzeitspeicher (‚Gyro') versehen werden. Diese Schwungradspeicher werden in einigen Bussen getestet und könnten noch etwas zur Energieverbrauchsminimierung beitragen.

Wirklich effektiv werden diese alternativen Antriebe erst, wenn die Fahrzeuge und deren Einsatz anders als bisher konzipiert sind. Dazu müssen die Fahrzeuge u.a.

- leise und abgasfrei (Elektromotor oder Muskelantrieb) sowie recycelbar sein,
- die Energieversorgung integrieren (z. B. Solarpaneele),

- für Stadtgeschwindigkeiten (30 – 50 km/h) entworfen werden (leicht, energiesparend und aktiv sicher),
- für regionale Reichweiten (60 km) ausgelegt sein (Minimierung der schweren Batterien),
- kurz sein, um quer einparken und quer auf die Bahn verladen werden zu können,
- für vier Personen und Einkauf bzw. Ausflugsgepäck Platz bieten,
- bequem und sicher, leicht zu handhaben sowie ansprechend gestaltet sein.

Dies wären wichtige Kriterien, die ein Fahrzeug zum Ökomobil werden lassen. Als erste Beispiele für Ökomobile können das ‚Hotzenblitz-Mobil' (Hersteller: Hotzenblitz GmbH) und das ‚Smart-Auto' (Hersteller: ‚Swatch'-Produzent SMH und Daimler-Benz AG) gelten, die jeweils allerdings für Geschwindigkeiten von über 100 km/h entworfen sind. Sofern es in Zukunft gelingt, eine Stromversorgung weitgehend vom öffentlichen Netz unabhängig zu machen, wäre ein Energieverbrauch von etwa 1l Dieseläquivalent/100 km denkbar. Darüber hinaus wird es wichtig sein, Ökomobile sinnvoll in ein Gesamtverkehrssystem einzubinden. Hier ist dann nicht mehr der Fahrzeugbau, sondern die Verkehrsplanung gefragt.

Wir haben uns nun von der Seite des Kraftfahrzeugs dem Ökomobil genähert; denkbar ist aber auch die Weiterentwicklung des Fahrrades zum Miniökomobil. An der ETH-Zürich ist das ‚Twike-Hybrid-Mobil' entwickelt worden, ein formschönes Zweipersonentretfahrzeug mit Elektrozusatzmotor (Höchstgeschwindigkeit 60 km/h).

Mit der folgenden Tabelle seien die wichtigsten Verkehrssysteme – vom Fußverkehr bis zum Flugverkehr – zusammenfassend beschrieben und bewertet.

Verkehrssysteme										
Verkehrs-mittel	Transport-system	Verfügbarkeit	Reichweite [km]	Reisege-schwindigkeit [km/h]	Erschlies-sungsdichte	Theoretische Leistungs-fähigkeit [Pers./Rtg · h]	Fahrtakt [min.]	Energie-verbrauch [l–Dieseläquiv. / 100 km · Pers.]	Umweltbe-lastungszahl [Bewertung]	Fahrweg-kosten [Faktor]
Füße	Nahrung Muskeln Füße Weg	IV 100 %	0 – 1	4	1 m	4.000	–	0	5	1
Fahrrad	Nahrung Muskeln Rad Weg	IV 60 %	0 – 5	10	2 m	2.000	–	0	5	1
Ökomobil	Batterie Motor Rad Straße	IV/ÖV	1 – 50	15	50 m	1.500	–	3	6	2
Pkw (Stadt)	Benzin Motor Rad Straße	IV 50 %	1 – 50	15	50 m	1.500	–	6	21	5
Pkw (Land)	Benzin Motor Rad Autobahn	IV 50 %	50 – 1.000	80	15 km	1.500	–	6	21	10
Sammeltaxe	Benzin Motor Rad Straße	ÖV/IV	1 – 15	10	250 m	3.000	–	4	8	5
Bus (Stadt)	Diesel Motor Rad Straße	ÖV	1 – 10	10	500 m	6.000	1	2	3	5
Bus (Land)	Diesel Motor Rad Straße	ÖV/IV	50 – 500	80	15 km	6.000	–	1	3	10
Straßen-bahn	Stromleitung Motor Rad Schiene/Str.	ÖV	1 – 10	15	500 m	12.000	1	4	2,5	5
Stadtbahn	Stromleitung Motor Rad Schiene	ÖV	1 – 20	20	500 m	20.000	1,5	4	2,5	20
U-Bahn	Stromschiene Motor Rad Schiene	ÖV	1 – 20	20	1.000 m	35.000	1,5	4	2,5	160
S-Bahn	Stromleitung Motor Rad Schiene	ÖV	5 – 50	40	5 km	40.000	1,5	4	2,5	15
Eisenbahn	Stromleitung Motor Rad Schiene	ÖV	50 – 1.000	100	25 km	10.000	10	2	2,5	15
ICE	Stromleitung Motor Rad Schiene	ÖV	100 – 1.500	125	100 km	10.000	10	2	3,5	20
Transrapid	Stromschiene Magnetfeld Magnetkissen Schiene	ÖV	150 – 1.000	200	100 km	2.500	10	2	5	20
Flugzeug	Kerosin Triebwerk	ÖV	500 – 20.000	400	500 km	[2.500]	10	9	12	–

Erläuterungen zu Tabelle S. 54

Pkw-Verkehr und Busverkehr sind nach Stadt- und Landverkehr unterschieden. Im städtischen Verkehr werden vor allem angebaute Hauptstraßen genutzt; der ‚Über-Land-Verkehr' findet meistens auf Autobahnen statt. Mit den unterschiedlichen Fahrwegen ergeben sich unterschiedliche Reichweiten und Reisegeschwindigkeiten.

Beim Transportsystem wird aufgeführt, mit welcher Energiezufuhr und mit welchem Umwandlungssystem die Antriebskraft erzeugt und mit welcher Verbindung diese dann auf den ‚Boden' gebracht wird. Die nächste Systemfrage betrifft die Ausgestaltung des Bodens zum Fahrweg. So empfängt etwa die Straßenbahn ihre Energie über eine Stromleitung, ein (Elektro-)Motor wandelt elektrische Energie in mechanische um und treibt damit die Antriebsräder an. Die Verbindung zum Boden erfolgt über den Kontakt Rad/Schiene, die Schienen liegen bei der Straßenbahn im Fahrweg Straße, während alle anderen schienengebundenen Verkehrsmittel separate Trassen oder Fahrkörper haben.

IV heißt Individualverkehr und bedeutet, daß man über das Verkehrsmittel individuell und damit jederzeit und allein nach seiner persönlichen Zeiteinteilung verfügen kann. Ebenso kann man den Fahrweg und in bestimmten Grenzen auch die Fortbewegungsgeschwindigkeit frei wählen. ÖV meint den öffentlichen Verkehr, der in der Regel an Fahrpläne und festgelegte Fahrstrecken gebunden ist. Bei den individuellen Verkehrsmitteln können etwa 50 Prozent der Bevölkerung über einen Kraftwagen verfügen (Pkw- und Führerscheinbesitz sind vorhanden), etwa 60 Prozent haben ein eigenes Fahrrad. Sammeltaxen liegen im Übergangsbereich von IV zu ÖV; auch für Ökomobile sind ÖV-ähnliche Verkehrsstrukturen denkbar.

Bei der Reichweite der Verkehrsmittel sind durchschnittliche Werte angegeben. So kann man etwa zu Fuß weit größere Entfernungen als einen Kilometer zurücklegen; dies ist beim Spazierengehen und Wandern ja auch die Regel, ist aber im normalen Stadtverkehr selten. Ähnliches gilt auch für den Radverkehr und andere Verkehrsmittel. Bei den Reichweiten zeichnen sich vier Bereiche ab:

- *Stadtteilbereich:* vorwiegend für den Fuß- und Radverkehr,
- *Stadtbereich:* vorwiegend für Pkw, Ökomobil oder öffentlichen Personennahverkehr von der Sammeltaxe bis zur S-Bahn,
- *Über-Land-Bereich:* hauptsächlich für Pkw und den Schienenfernverkehr,
- *Fernbereich:* von mehreren 1.000 km an fast nur noch Flugverkehr.

Die Reisegeschwindigkeiten sind als durchschnittliche Geschwindigkeiten von Haustür (Start) zu Haustür (Ziel) angesetzt; sie sind deutlich niedriger als die möglichen Höchstgeschwindigkeiten der Verkehrsmittel und auch niedriger als die Beförderungsgeschwindigkeiten zwischen Start- und Zielbahnhof. Die Reisegeschwindigkeiten berücksichtigen die Wege zur Haltestelle, die Zeiten für das Suchen von Parkplätzen, die Zeit im Stau ebenso wie die Anreise zu Flugplätzen und Zeiten fürs Einchecken.

Die Erschließungsdichte gibt die durchschnittliche Dichte der Verkehrsnetze an. Man kann sich die Netze als Raster über einen Stadtplan oder eine Landkarte vorstellen. Das am dichtesten geknüpfte Netz ist das Fußwegenetz; zu Fuß kommt man fast überall hin, und wenn auch nur über einen Trampelpfad. Der Autoverkehr ist auf Straßen angewiesen, der öffentliche Verkehr zusätzlich auf Haltestellen und Bahnhöfe. Für den Über-Land-Verkehr mit Kraftfahrzeugen haben wir das Autobahnnetz (einschließlich vierspurig ausgebauter Landstraßen) angesetzt. Das Flugverkehrsnetz ist durch die Entfernungen zwischen den internationalen Flugplätzen bestimmt.

Abschätzung der Umweltbelastung						
	Fuß-Verkehr	Rad-Verkehr	Pkw-Verkehr	Bus-Verkehr	Bahn-Verkehr	Flug-Verkehr
Eigene Verkehrssicherheit	5	4	1	0	0	0
Gefährdung anderer	0	0,5	5	0,5	0	1
Flächenverbrauch	0	0,5	5	0,5	0,5	0
Lärmbelastung	0	0	5	1	1	1
Abgasbelastung	0	0	2	0	0	5
Energieverbrauch	0	0	3	1	1	5
Summe der Belastungspunkte: Umweltbelastungszahl	5	5	21	3	2,5	12

Die theoretische Leistungsfähigkeit gibt an, wieviele Personen maximal auf einer Spur des betreffenden Verkehrsmittels in der Stunde transportiert werden können. Beim Fuß- und Radverkehr haben wir 3,00 m breite Spuren angesetzt, also ungefähr die Breite, die eine Auto- oder Bahnspur hat. So sind die Leistungen besser zu vergleichen. Beim Fuß- und Radverkehr sind zwei Verkehrsteilnehmer, die nebeneinander gehen bzw. fahren angesetzt. In den heute vorhandenen Netzen werden die Transportleistungen im Pkw-Verkehr oft erreicht, die Leistungsgrenze des schienengebundenen Nahverkehrs wird in Mitteleuropa jedoch nur selten ausgeschöpft; daher sind die hier angegebenen Leistungen auch höher als die üblichen Leistungen. Der Schienenfernverkehr hat allerdings auf manchen Strecken Kapazitätsprobleme, da sich verschiedene – und unterschiedlich schnelle – Züge eine Strecke teilen müssen. Der Flugverkehr hat durch begrenzte Luftkorridore und auf einigen internationalen Flughäfen Kapazitätsprobleme.

Der Energieverbrauch der Verkehrsmittel wurde in Liter Dieseläquivalent pro 100 km Transport einer Person umgerechnet.

Die Umweltbelastung der Verkehrsmittel wurde mittels einer Umweltbelastungszahl abgeschätzt. Die Tabelle (S. 54) zeigt die Vorgehensweise. Die Abschätzungen orientieren sich an Dieter Teufels *Volkswirtschaftlich-ökologischer Gesamtvergleich öffentlicher und privater Verkehrsmittel.* Das Kriterium Lärm wurde zusätzlich aufgenommen.

Die letzte Spalte der Tabelle: ‚Verkehrssysteme' gibt die Fahrwegkosten an, die Kosten, die beim Bau von Straßen- und Schienenwegen anfallen, wiederum durchschnittliche Betrachtungen; je nach Gelände und Bodenbeschaffenheit sind die Kosten auch mal halb oder doppelt so hoch. Darüber hinaus ist zu beachten, daß besonders beim Straßenbahn-, S-Bahn- und Eisenbahnverkehr fast immer schon Wege und Trassen vorhanden sind. Damit sind die anfallenden Baukosten meist eine Mischung der sehr unterschiedlichen Kosten von Neubau-, Ausbau- und anderen, eher verkehrstechnischen Beschleunigungsmaßnahmen (bevorzugte Signalisierung des Straßenbahnverkehrs). In der Tabelle sind Faktorpunkte angegeben, wobei ein Faktorpunkt den Kosten des Fuß-/Radwegebaus entspricht; für 1995 darf man als groben Anhalt 500 DM/m Fahrspur als Kosten für einen Faktorpunkt annehmen. Geh- und Radweg sind dabei wie die Wege der anderen Verkehrsmittel auf 3,00 m Breite je Spur angesetzt.

Als Resümee unserer Betrachtung der Verkehrsmittel und ihrer Verkehrssysteme läßt sich festhalten:

1. Der Pkw ist das einzige Verkehrsmittel, das für nahezu den gesamten Bereich der Reichweiten geeignet ist. Auf Stadtteilebene sind allerdings Fuß- und Radverkehr unschlagbar.
2. Bei großen Reiseweiten ist der Schienenfernverkehr schneller als der Pkw-Verkehr. In Stadtregionen sind Stadt-, U-Bahn und S-Bahn besonders schnell.
3. Abseits der Hauptstrecken tritt im öffentlichen Verkehr das Problem des Umsteigens auf. Hier verliert der öffentliche Verkehr schnell an Boden. Im Nahbereich kann das Ökomobil oder die Kombination von Bahn und Rad zu einer Alternativen werden. Im Fernverkehr sind Kombinationen von Bahn/Ökomobil und Bahn/Rad denkbar. Dazu müssen Verlade- und/oder Ausleihsysteme entwickelt bzw. verbessert werden.
4. Auf stark frequentierten Strecken ist der öffentliche Verkehr um ein Vielfaches leistungsfähiger als der Pkw-Verkehr. In dicht besiedelten Ballungszentren und Metropolen ist der Pkw in den Hauptverkehrszeiten kein geeignetes Verkehrsmittel mehr.
5. Flugverkehr und Pkw-Verkehr verbrauchen am meisten Energie.
6. Die Umweltbelastungen durch den Pkw-Verkehr liegen um ein Vielfaches höher als die aller öffentlichen Verkehrsmittel. Auch der Flugverkehr ist schlecht zu bewerten.

7. Radwegebau ist kostengünstiger als Straßenbau, Straßenbau zunächst billiger als der Bau von Schienenwegen. Unter Beachtung der Leistungsfähigkeit zeigen sich jedoch die Vorzüge des Schienenverkehrs. Der Bau von U-Bahnen und anderen Tunnelsystemen ist unverhältnismäßig teuer.

Umweltbelastungen

Im folgenden geht es um aus dem Autoverkehr resultierende Umweltbelastungen. Wir setzen dabei den Schwerpunkt auf Lärm und Abgase; auf andere Belastungen wie etwa Gefährdung von Verkehrsteilnehmern und Flächenverbrauch sei aber noch einmal hingewiesen. Auch die Belastung von Boden und Grundwasser durch Schadstoffeintragung sind nicht zu vernachlässigen. Der private Autoverkehr ist der Hauptproduzent dieser Beeinträchtigung; Fuß- und Radverkehr sind offensichtlich umweltfreundlich, der öffentliche Verkehr nur deshalb, weil der Transport effektiver läuft – ein Bus mit 50 bis 150 Fahrgästen oder eine S-Bahn mit bis zu 2.000 Fahrgästen erzeugen pro beförderter Person weniger Schadstoffe als das Individualverkehrsmittel Auto mit statistisch durchschnittlich 1,2 bis 1,5 Fahrgästen an Bord.

Lärm

70 Prozent der Bevölkerung der Bundesrepublik fühlen sich durch Lärmbelastungen des Straßenverkehrs gestört, knapp 25 Prozent sogar in starkem Maße. Lärm ist jedes störende Geräusch und kann individuell unterschiedlich belastend empfunden werden. Die einen sind lärmempfindlich, andere weniger. Gemessen wird die physikalische Wirkung von Geräuschen durch die Änderung des Luftdrucks infolge eines Schallereignisses. Dieser Schalldruck wird in Dezibel (dB) ausgedrückt. Die dB-Skala ist logarithmisch (10-Logarithmus) aufgebaut: Eine Pegelerhöhung (also eine Erhöhung des Schalldruckwertes) von 10 dB entspricht einer Verdopplung des realen Schalldrucks. Die zur Messung der Lärmbelastung verwendete dB(A)-Skala bewertet den Schalldruck entsprechend der Empfindlichkeitskurve des menschlichen Ohres, das hohe Töne lauter empfindet als tiefe. Der Mittelwert des Schallpegels über eine Zeitspanne wird Mittelungspegel genannt; dieser wird zur Beurteilung der Lärmbelastungen des Straßenverkehrs herangezogen. Man geht davon aus, daß bis etwa 30 dB(A) (dies entspricht ungefähr dem Ticken eines Weckers) ungestörter Schlaf möglich ist; eine entspannte Unterhaltung ist in Innenräu-

men bei 35 dB(A) Innenraumpegel möglich – gesprochen wird dann mit ungefähr 50 dB(A). Akzeptable Außenraumpegel liegen bei 50 dB(A); ab 65 dB(A) treten gesundheitliche Langzeitschäden (erhöhtes Herzinfarktrisiko), ab 90 dB(A) Gehörschädigungen auf.

Lärmbelastungen aus dem Straßenverkehr können berechnet werden. Dies geschieht nach den Verfahren der *Richtlinien für den Lärmschutz an Straßen (RLS-90).* Die Berechnung erfolgt auf der Basis durchschnittlicher Verkehrsstärken (genannt M in Kfz/h, also keine Spitzenstundenwerte!). Weiter gehen in die Berechnung ein: zulässige Höchstgeschwindigkeit, Art der Fahrbahnoberfläche, Lkw-Belastungen, Steigungen, Kreuzungen, Abstände der Bebauung zur Fahrbahn und Geschlossenheit der Bebauung. Damit ergeben sich in durchschnittlichen städtischen Hauptverkehrsstraßen Lärmbelastungen von gut 70 dB(A) (bei 1.000 Kfz/h, 50 km/h, Asphaltfahrbahn, 10 Prozent Lkw-Anteil, 25 m Baufluchtabstand und geschlossener Bebauung). Somit werden an all diesen Straßen die erträglichen Lärmbelastungen im Straßenraum und auch in den anliegenden Innenräumen überschritten (bei teilweise geöffneten Fenstern: Abnahme der Lärmbelastungen ungefähr 10 dB(A), bei geschlossenen Fenstern: etwa 30 dB(A)).

Die Tabelle zeigt auch, daß eine Halbierung der Verkehrsstärke zu einer Abnahme der Lärmbelastung um rund 3 dB(A) führt. Die gleiche Abnahme kann auch durch eine Verringerung der zulässigen Höchstgeschwindigkeit von 50 km/h auf 30 km/h bzw. durch eine Verlagerung des Lkw-Verkehrs erreicht werden. Bei 50 bis 60 km/h erhöhen Pflasterbeläge die Lärmbelastung deutlich: Betonpflaster um ungefähr 3 dB(A), Natursteinpflaster um nahezu 6

Überschlägliche Ermittlung der Lärmbelastung

Zahl der Kraftfahrzeuge pro Stunde	Mittelungspegel in dB(A) bei Baufluchtabstand von [m]			
	40	30	20	10
250	60	63	66	70
500	64	67	70	74
1.000	67	70	73	77
2.000	70	73	76	–
4.000	73	76	–	–

Straßenoberfläche: nicht geriffelter Gußasphalt; freie Schallausbreitung; zulässige Geschwindigkeit maximal 50 km/h; Lkw-Anteil 10 Prozent; beidseitig geschlossene Bebauung von zwei und mehr Geschossen; am Gebäude gemessen dB(A). Diese Erhöhung der Lärmbelastung findet bei niedrigen Geschwindigkeiten nicht statt. Bis 50 km/h sind nämlich vor allem die Motorgeräusche, die von der Motordrehzahl abhängen, für die Lärmentwicklung verantwortlich. Deshalb ist es wichtig, Verkehrsplanung, Fahrzeugtechnik und Fahrverhalten auf eine langsame, aber zügige und niedertourige Fahrweise auszurichten. Erst ab 45 bis 55 km/h spielen Rollgeräusche (Reifen-Fahrbahn-Geräusche), die von der Fahrgeschwindigkeit und dem Bodenbelag abhängen, eine dominante Rolle.

Für die Einhaltung verträglicher Verkehrslärmbelastungen gibt es nur wenige rechtliche Grundlagen, aus denen Betroffene Ansprüche ableiten können. Dies ist ja auch verständlich, da ansonsten unübersehbare Kosten für eine Lärmsanierung auf die öffentliche Hand zukämen. So müßte entweder der Autoverkehr drastisch reduziert, oder es müßten fast alle Hauptstraßen mit mehr oder weniger häßlichen Lärmschutzwänden oder ähnlichem ausgestaltet werden.

Das *Bundes-Imissionsschutzgesetz* sieht für den Lärmschutz Maßnahmen vor:
- Lärmvermeidung durch Trassierung (sinnvolle Ortsumgehung statt Ortsdurchfahrt)
- aktive Lärmschutzvorkehrungen (Lärmschutzwände, -wälle)
- passive Lärmschutzmaßnahmen (etwa Schallschutzfenster)

Auf der Grundlage dieses Gesetzes wurde 1990 die *Verkehrslärmschutzverordnung* erlassen, die zumindest für Straßenneubauten (oder wesentliche Änderungen von Straßen) akzeptable Grenzwerte der Lärmbelastung festlegt (*Lärmvorsorge*). Werden diese Werte überschritten, sind Lärmschutzmaßnahmen notwendig und müssen vom Baulastträger der Straße finanziert werden. Eine Änderung ist wesentlich, wenn eine Straße zusätzliche Fahrstreifen erhält, wenn durch eine bauliche Veränderung der Verkehrslärm um mindestens 3 dB(A) steigt oder 70 dB(A) am Tage (60 dB(A) in der Nacht) überschritten werden.

Immission ist das, was an einem festgelegten Ort (etwa Hausfassade) ankommt; Emission das, was von einer Quelle (beispielsweise Kfz) ausgeht. Die Gebietsbezeichnungen der folgenden Tabelle entsprechen denen der *Baunutzungsverordnung*. Kerngebiete sind die städtischen Citygebiete mit überwiegender Geschäftsnutzung; Mischgebiete die mit Geschäften, Wohnungen und vereinzelten, weniger störenden Gewerbebetrieben, Wohngebiete die mit fast ausschließlicher Wohnnutzung.

Immissionsgrenzwerte der Lärmvorsorge		
Nutzungen	Tag [dB(A)]	Nacht [dB(A)]
Krankenhäuser, Schulen, Kurheime, Altenheime	57	47
Wohngebiete, Kleinsiedlungsgebiete	59	49
Kerngebiete, Mischgebiete, Dorfgebiete	64	54
Gewerbegebiete	69	59

Lärmsanierung (im Gegensatz zur Lärmvorsorge) ist eine freiwillige Leistung der Straßenbaulastträger im Rahmen ihrer verfügbaren Finanzmittel und gilt für bereits bestehende Straßen. Lärmsanierung kommt bei sehr hohen Belastungen in Betracht, wenn Tageswerte 70 dB(A) in Wohngebieten bzw. 72 dB(A) in Misch-, Kern- und Dorfgebieten überschreiten.

Städtebaulich und architektonisch wirkt sich eine geschlossene Blockbebauung positiv auf ruhiges Wohnen aus. Geschlossene Blöcke schützen Innenhöfe vor Straßenverkehrslärm: Die einzelnen Räume der Wohnungen sind so orientiert, daß ruhebedürftige Nutzungen dem Hof zugeordnet sind. So kann innerstädtisches Wohnen lärmgeschützter sein als Wohnen auf dem Lande, wo sich der Schall entlang einer Hauptverkehrsstraße weit ausbreiten kann.

Bepflanzungsmaßnahmen bremsen die Schallausbreitung dann, wenn sie dicht sind und mindestens 50 m Bewuchstiefe aufweisen. Auch verkehrsregelnde Maßnahmen können der Lärmsanierung dienen (etwa Geschwindigkeitsbegrenzung, Lkw-Fahrverbot, Nachtfahrverbot, Verkehrslenkung). Rechtliche Grundlage bietet Paragraph 45 (1) Punkt 3 der StVO.

Wir haben darauf hingewiesen, daß innerhalb gewisser Grenzen Lärmbelastungen unterschiedlich störend empfunden werden. Sogenannte *kompensatorische Ansätze* machen sich diesen Sachverhalt bei der Umgestaltung städtischer Hauptstraßen zunutze. Eine ansprechend gestaltete Straße mit breiten Gehwegen und Baumbepflanzung wird bei sonst gleichen Randbedingungen (Verkehrsbelastung, Höchstgeschwindigkeit, Straßenraumbreite) von den Anwohnern weniger laut empfunden als eine autogerechte Asphaltpiste.

Luftschadstoffe

Während die Luftbelastungen aus Kraftwerken, Industrie und privaten Heizungen (sogenannter Hausbrand) infolge verbesserter Verbrennungsanlagen und installierter Schadstoffilter abnehmen, steigen die Belastungen aus dem Autoverkehr an. Dies trotz sparsamer Motoren und Katalysatoren, vor allem deshalb, weil jede technische Schadstoffverminderung durch ein Mehr an Autofahrten wieder aufgefüllt wird. Damit ist in den Ballungszentren das Auto zum maßgebenden Schadstoffproduzenten geworden. Welche Schadstoffe fallen nun durch den Autoverkehr an? Vor allem sind Stickoxide (und die dadurch initiierte Sommersmog-Ozon-Belastung), Kohlenwasserstoffe (vor allem Benzol), Kohlenmonoxid, Kohlendioxid, Blei und Ruß zu nennen.

Stickoxide (NO_X)

Stickoxide wirken sich negativ auf die Atmung aus, initiieren die oberflächennahe Ozonbildung und tragen zum Waldsterben bei. Stickoxide entstehen bei hohen Verbrennungstemperaturen (Otto-Motor = Benzin-Motor im Gegensatz zum Dieselmotor) und steigen bei höheren Geschwindigkeiten und hochtouriger Fahrweise. Katalysatoren reduzieren im Neuzustand ungefähr 80 Prozent der Stickoxidbelastungen (1996 waren fast 70 Prozent der Pkw mit geregelten Dreiwegekatalysatoren ausgerüstet). Hauptbestandteil der Stickoxide NOX sind Stickstoffdioxid (NO_2) und in geringerer Menge Stickstoffoxid (NO). Grenzwerte für NO_2-Immissionen sind nach der *23. Bundesimmissionsschutzverordnung* (23. BImSchV) 160 $\mu g/m^3$ als 98-Perzentil (Meßwert, der von 98 Prozent aller Einzelmeßwerte nicht überschritten wird) im Meßzeitraum von einem Jahr. Nach den Richtlinien des Vereins Deutscher Ingenieure (VDI) gilt als Grenze ein Tagesdurchschnittswert von 100 $\mu g/m^3$.

Ozon (O_3)

Ozon ist das drei-atomige Molekül des Sauerstoffs und ein starkes Oxidationsmittel. Es ist in höheren Konzentrationen giftig und wird als Bleich- und Desinfektionsmittel eingesetzt.

An der Erdoberfläche entsteht an sonnigen Tagen Ozon (Sommersmog). Stickoxide werden zu Stickstoffmonoxid reduziert; das freiwerdende Sauerstoffatom reagiert dann mit zweiatomigen Sauerstoffmolekülen zu Ozon. Der erhöhte Ozongehalt der Luft hat ätzende Wirkung auf die Atemwege und wirkt sich negativ auf den Pflanzenwuchs aus (etwa Verätzung der Blätter). Im ländlichen Raum sind die Ozongehalte oft besonders hoch; dies liegt unter anderem daran, daß der Ozonaufbau – ein mehrphasiger und wesentlich komplexerer Vorgang als hier vereinfacht dargestellt – eine längere Reaktionszeit benötigt. Während dieser Zeit werden durch den Luftaustausch die Belastungen aus den Ballungsräumen in die ländlichen Räume getragen.

Ozon entsteht auch in 20 bis 30 km Höhe in der Ozonschicht der Erde, und zwar durch die Energiezufuhr der UV-Strahlung der Sonne, indem Sauerstoffatome aus zweiatomigen Sauerstoffmolekülen freigesetzt werden und diese Atome mit anderen zweiatomigen Sauerstoffmolekülen reagieren. Das Ozon zerfällt sofort wieder; das freiwerdende Sauerstoffatom lagert sich aber wieder an andere Moleküle an. So entsteht ein Gleichgewichtszustand zwischen dem Aufbau und dem Abbau von Ozon. Der Ozongürtel hält den Großteil der UV-Strahlung der Sonne zurück. Ein kleiner Teil der Strahlung dringt bis zur Erdoberfläche durch und ist für das menschliche Leben – etwa zum Aufbau von Vitamin D im menschlichen Körper – notwendig.

1985 wurde das ‚Ozonloch', ein Dünnerwerden der Ozonschicht, über der Antarktis entdeckt; inzwischen ist auch die nördliche Erdhalbkugel betroffen. Die UV-Strahlung kann von dieser Schicht nicht mehr im notwendigen Maße absorbiert werden, gelangt zur Erdoberfläche und führt zu einer Zunahme der Hautkrebserkrankungen und zu Pflanzenschäden. Vor allem die Fluorkohlenwasserstoffe (FCKW), die z.B. als Kühlmittel Verwendung finden, aber auch – allerdings in deutlich geringerem Maße – Lachgas (N_2O, Freisetzung durch den vermehrten Einsatz von Abgaskatalysatoren) werden für den Abbau der Ozonschutzschicht verantwortlich gemacht.

Grenzwerte für O_3-Immissionen sind als Tageshöchstwert 150 – 200 $\mu g/m^3$ (Einstundenwert). Diese Werte werden bei sonnigem Sommerwetter in der Regel überschritten. Das Bundesgesetz zur Bekämpfung von Sommersmog sieht ein Fahrverbot (mit Ausnahmen) für Autos ohne Katalysator bei Werten von über 240 $\mu g/m^3$ (Einstundenwert) vor.

Waldsterben

Seit den siebziger Jahren werden vor allem in Europa und den USA großflächige Walderkrankungen festgestellt. 25 Prozent der Waldfläche der Bundesrepublik weisen bereits deutliche Schäden auf. Volkswirtschaftliche Schäden von über 10 Mrd. DM pro Jahr sind dadurch zu verzeichnen. Als wesentliche Ursache für diese Schäden hat sich das Zusammenwirken verschiedener Luftschadstoffe erwiesen, die über den Regen ('Saurer Regen') eingetragen werden und die Nährstoffversorgung und das Wurzelwachstum der Bäume beeinträchtigen. Der Kraftfahrzeugverkehr ist vor allem durch die Emission von Stickoxiden daran beteiligt. Aus Stickoxiden entsteht im Regen dann Salpetersäure. Die andere maßgebende Komponente des sauren Regens ist Schwefelsäure, die sich aus Schwefeldioxid bilden kann, das vor allem aus privaten Heizungen und Kohle- bzw. Ölkraftwerken stammt.

Kohlenwasserstoffe (C_XH_X)

Kohlenwasserstoffe sind Bestandteile der Motorkraftstoffe und geraten durch unvollständige Verbrennung bzw. durch Verdunstung in die Luft. Problematisch sind vor allem krebserzeugende Stoffe wie etwa Benzol (C_6H_6), das zu 3 – 5 % im Benzin enthalten ist. Abgaskatalysatoren reduzieren Kohlenwasserstoffemissionen deutlich. Der Grenzwert für Benzol-Immissionen liegt bei 10 $\mu g/m^3$ als Jahresmittelwert.

Kohlenmonoxid (CO)

Kohlenmonoxid entsteht bei der unvollständigen Verbrennung organischer Verbindungen. Eingeatmetes CO blockiert die Sauerstoffaufnahme im Blut. Durch hohe Konzentrationen sind vor allem Herz-/Kreislaufkranke gefährdet. Grenzwerte für CO-Immissionen sind 10 mg/m^3 als Tagesdurchschnittswert und 50 mg/m^3 als Tageshöchstwert (Halbstundenwert). Abgaskatalysatoren reduzieren Kohlenmonoxidemissionen deutlich.

Kohlendioxid (CO_2)

Kohlendioxid ist ungiftig und entsteht bei allen Verbrennungsprozessen. Kohlendioxid ist allerdings maßgeblich für den Treibhauseffekt verantwortlich. Abgaskatalysatoren können CO_2-Emissionen nicht reduzieren, sie wandeln vielmehr CO in CO_2 um; Einsparungen sind nur durch weniger Energieverbrauch möglich.

Treibhauseffekt

Mit der Verbrennung fossiler Brennstoffe ist die Produktion von Kohlendioxid (CO_2) verbunden. Der vermehrte Kohlendioxidgehalt der Atmosphäre (und die Wirkung weiterer Gase: FCKW, Methan aus Reisfeldern und Mülldeponien u. a.) verhindert das Abstrahlen von Energie in bisherigem Maße ins Weltall. Dadurch soll eine Temperaturerhöhung der Erdoberfläche um etwa 2 °C im Verlauf des nächsten Jahrhunderts stattfinden. Dies soll zum Abschmelzen großer Teile der Polkappen führen und verheerende Auswirkungen auf die Ernährungssituation sowie die Ökosysteme der Erde haben.

Kohlendioxid macht etwa 50 Prozent des Treibhauseffektes aus, FCKW ca. 20 Prozent und Methan ungefähr 15 Prozent.

Blei (Pb)

Blei ist ein giftiges Schwermetall und wurde als Antiklopfmittel in größeren Mengen dem Benzin zugesetzt. Seitdem der Bleigehalt im Benzin stark gesenkt wurde (Benzin-Blei-Gesetz), sind die Bleibelastungen an Straßen stark zurückgegangen. Allerdings führen die neuen Treibstoffzusammensetzungen zu neuen Problemen (erhöhter Anteil an krebserzeugenden Kohlenwasserstoffen).

Ruß

Fahrzeuge mit Dieselmotoren erzeugen erheblich weniger CO, NO_X und C_XH_X als katalysatorlose Fahrzeuge mit Benzinmotoren. Die Abgase von Dieselfahrzeugen enthalten jedoch mehr Festpartikel (Ruß). Diese Festpartikel sind Trägersubstanzen für krebserzeugende Kohlenwasserstoffe (z. B. Benzo(a)-pyren). Grenzwert für Ruß ist 8 $\mu g/m^3$ (Jahresmittelwert).

Grenzwerte für Luftschadstoffe [$\mu g/m^3$] (maximale Immissionskonzentrationswerte an Straßen)			
Schadstoff	Tagesdurchschnittswert	Tageshöchtswert	Quelle
NO_2	Jahresmittelwert 160		23. BlmSchV
O_3		150 – 200	WHO 1987, EG 1991
C_6H_6	Jahresmittelwert 10		23. BlmSchV
CO	10.000	50.000	VDI 1974
Ruß	Jahresmittelwert 8		23. BlmSchV
VDI = Verein Deutscher Ingenieure, WHO = World Health Organisation, EG = Europäische Gemeinschaft			

In der Schweiz gelten strengere Grenzwerte, die verbindlich eingehalten werden müssen. In der BRD sind die Grenzwerte nach der *23. Bundesimmissionsschutzverordnung* (23. BImSchV), bei deren Überschreitung Verkehrssperren angeordnet werden müssen, umstritten. Die angegebenen Werte für Benzol und Ruß gelten erst ab dem 1.7.1998, bis dahin sind höhere Werte zulässig. Für den Schadstoff Ozon wurde 1995 als Sonderregelung das *Bundesgesetz zur Bekämpfung von Sommersmog* erlassen, dessen Grenzwerte bei weitem zu hoch angesetzt sind.

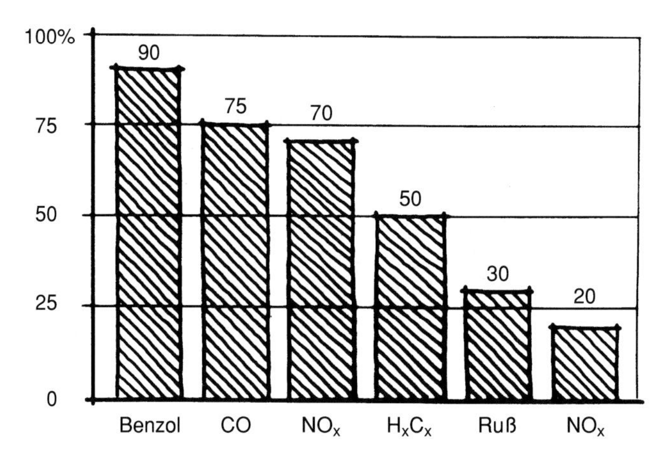

6 Schadstoffemissionen des Verkehrs

Die Anteile des Verkehrs (im wesentlichen Autoverkehr) an den gesamten Schadstoffemissionen der BRD sind beträchtlich.

Überschläglich kann davon ausgegangen werden, daß an stark belasteten städtischen Haupt(verkehrs)straßen (4 bis 5 geschossige geschlossene Bebauung, Spitzenstundenbelastungen von 2.500 bis 3.000 Kfz/h, vier Spuren, 25 m Baufluchtabstand) Abgasimmissionen in folgender Größenordnung entstehen:

Benzol: 10 µg/m^3 (Jahresmittelwert)
NO_2: 50 µg/m^3 (maximaler Tagesdurchschnittswert)
CO: 10 mg/m^3 (maximaler Tagesdurchschnittswert)

Hierzu müssen Grundbelastungen gerechnet werden, die aus anderen Straßenräumen eintragen werden, und zwar:

Benzol: 3 – 7 µg/m^3
NO_2: 30 – 80 µg/m^3
CO: 1 – 2 mg/m^3

Es zeigt sich, daß an diesen Durchschnittsstraßen die CO-Grenzwerte in der Regel eingehalten, die NO_2-Grenzwerte oft erreicht werden und die Benzol-Grenzwerte meist überschritten werden. Dramatisch wird die örtliche Situation, wenn die Straßenräume enger werden (15 bis 20 m). Vollbelastete Straßen (2.000 Kfz, zweispurig) erreichen dann oft doppelt so hohe Werte wie oben angegeben, und dies zusätzlich zur Grundbelastung.

Schadstoffbelastungen können gemessen oder berechnet werden. Die Berechnungsverfahren sind noch in der Entwicklungsphase. Zur Zeit geht der Trend zu Emissionsmodellen, die in Abhängigkeit von der Verkehrsbelastung, vom Fahrzeugmix und vom Fahrmodus (beispielsweise unterschieden nach flüssigem und stockendem Stadtverkehr) Emissionen ermitteln. Diese können dann mit sogenannten Canyon-Modellen (Straßenschluchtmodellen), die Belüftung und Schadstoffausbreitung berücksichtigen, in Immissionen umgerechnet werden.

Welche Lösungsansätze bieten sich für dieses Schadstoffproblem an?

1. Weniger Autoverkehr durch Zugangssperren stark belasteter Bereiche (‚autoarme Innenstädte') und Verlagerung auf andere Verkehrsmittel (wirkt positiv auf die Reduzierung aller Schadstoffe).
2. Einbau von Katalysatoren in alle Kraftfahrzeuge (wirkt positiv auf die Komponenten CO, NO_X, C_XH_X, Ruß).
3. Entwicklung energiesparender Fahrzeuge und Motoren (wirkt auf alle Schadstoffkomponenten).
4. Konsequente Tempobegrenzung – Autobahnen 120 km/h, Landstraßen 80 km/h, normale Stadtstraßen 30 km/h – (wirkt vor allem auf die NO_X-Belastungen).
5. Kurzfristige Verkehrsbeschränkungen bei der Überschreitung von Grenzwerten.

Die Wirksamkeit der einzelnen Maßnahmen kann wie folgt eingeschätzt werden:

Abschätzung der Wirksamkeit abgasverringernder Maßnahmen	
Maßnahme	Verminderung der Schadstoffbelastung [Prozent]
Verkehrsplanung (Innenstädte)	50 in der Innenstadt
Katalysatoren	30
Energiesparende Fahrzeuge	20
Tempobegrenzung 120 – 80 – 30	15
Verkehrsplanung (allgemein)	10
Städtebau (bessere Durchlüftung und Begrünung)	5

Umweltkosten

Nach Seifried und eigenen Berechnungen fallen im Pkw-Verkehr je gefahrenen Personenkilometer ungefähr 15 Pfennig Umweltkosten (Kosten, die der Besitzer bzw. Betreiber nicht bezahlt) an, im Bahnverkehr hingegen nur 6 Pfennig.

Damit wird der Autoverkehr durch die öffentliche Hand deutlich höher subventioniert als die Bahn bzw. andere öffentliche Verkehrsmittel. Bei einer Verkehrsleistung von etwa 600 Mrd. Personenkilometer in der BRD (1991) ergeben sich an jährlichen Umweltkosten durch den Pkw-Verkehr 90 Mrd. DM.

Kosten je Personenkilometer [in DM] (Datenstand 1991)				
	Fixe Kosten	Variable Kosten	Umwelt-kosten	Σ
Bahn	DB-Preis (2. Klasse) 0,21		0,06	0,27
Pkw Mittelklassewagen 10.000 km/Jahr Besetzungsgrad: 1,33	0,19	0,18	0,15	0,52
Fixe Kosten: Anschaffungspreis, Steuer, Versicherung Variable Kosten: Benzin, Verschleiß, Reparaturen Umweltkosten: Umweltschäden, Unfallkosten, Bahndefizit				

Diese Zahl ist – wegen der vielen Vereinfachungen – natürlich mit Vorsicht zu genießen, beschreibt in der Größenordnung aber korrekt die heutige Situation.

Die Tabelle zeigt noch weiteres, das für die Kostenabschätzung der Verbraucher von Interesse sein dürfte. Die dabei eingesetzten Geldbeträge sollten als Beispiel gesehen werden. Die Grundaussage bleibt auch bei – im üblichen Rahmen – steigenden Kosten erhalten.

1. Bahnfahren ist auch für den privaten Haushalt kostengünstiger als Autofahren (0,21 DM gegenüber 0,37 DM).
2. Wenn man schon ein eigenes Auto (Mittelklasse) besitzt, ist das Autofahren etwas günstiger als die Bahnfahrt (0,18 DM gegenüber 0,21 DM).
3. Dies ändert sich beim Kauf einer BahnCard, die den Fahrpreis der Bahn unter Berücksichtigung der Kosten der Karte selbst nahezu halbiert (Bahn: 0,13 DM gegenüber Pkw: 0,18 DM).

4. Erst wenn man einen Pkw (Mittelklasse, 10.000 km/Jahr Fahrleistung) anschafft und ihn mit einem Besetzungsgrad von 2 (üblicher Durchschnittswert: 1,2 bis 1,5) ausnutzt, wird Autofahren kostengünstiger als Fahren mit der BahnCard (0,37 · 1,33 / 2 = 0,25 DM < 0,13 · 2 = 0,26 DM).
   1996 liegt der DB-Preis (2. Klasse) bei knapp 0,26 DM pro Personenkilometer, die Kosten für einen Personenkilometer im Pkw sind geringer angestiegen.

Leistungsfähigkeit und Verträglichkeit

Wir sprechen davon, daß wir in einer Leistungsgesellschaft leben. Leistung soll unseren Stand und unseren Verdienst in der Gesellschaft begründen. Leistung entscheidet über unseren Vorsprung vor anderen bzw. über unser Mithaltenkönnen auf wirtschaftlichen und persönlichen Märkten. Diese Einstellung treibt unser System an, erfordert ein ständiges Fortschreiten und ein permanentes Wirtschaftswachstum. Für dieses ‚immer höher Schrauben' in der Leistungsspirale müssen wir bezahlen, wir werden gleich sehen, womit.

Wir definieren Leistung (L) im allgemeinen als Arbeit (A) durch Zeit (t):

$$L = \frac{A}{t}$$

Voraussetzung dafür ist, daß die Arbeit gut gelungen und ein gutes Arbeitsprodukt entstanden ist, das erfolgreich vermarktet werden kann. Schauen wir uns diese Gleichung aber einmal genauer an. Wir haben ein Produkt hergestellt und dafür Zeit aufgewendet. Unser Bestreben ist den Zeiteinsatz zu minimieren, denn jede zusätzliche Sekunde würde unsere Leistung schmälern. Egal, wie weit wir den Zeiteinsatz herunterschrauben können, es bleibt lästiger Aufwand, verlorene Zeit, verlorene Lebenszeit. Das Denken in dieser kleinen Formel treibt viele an. Aber es ist nur eine Formel, ein Modell, eine Sichtweise, mit der wir die Welt betrachten können. Es gibt auch andere Sichtweisen, die andere Erfahrungen ermöglichen. Man könnte Leistung zum Beispiel wie folgt definieren:

$$L = A + t$$

Leistung ist Arbeit plus Zeit. Man stellt ein Produkt her und gewinnt zusätzlich Zeit. Die eingesetzte Zeit vermindert nicht mehr die Leistung, sondern steht als gut verbrachte Zeit, gewonnene Erfahrung, persönliche Reifung auf der Habenseite. Auch hier gibt es Voraussetzungen, unter denen diese Gleichung funktioniert: Wie zuvor muß das Arbeitsprodukt gelungen sein, es kann vermarktet werden, muß es aber nicht. Schon allein, daß es hergestellt wurde und gut ist, gibt ihm seinen Wert. Für die Zeit gilt, daß sie in Anwesenheit und Zuwendung bei der Herstellung des Werkes verwendet wurde (‚Mit Liebe gemacht'); liebloser und desinteressierter Umgang führt zu keinem Zeitgewinn.

Leistungsfähigkeit von Straßen

Die Leistungsfähigkeit von Straßen beschreibt, wieviel Fahrzeuge von einem Streckenabschnitt oder Knotenpunkt bewältigt werden können.

Leistungsfähigkeit auf der Strecke ist abhängig von der Anzahl der Fahrspuren, der Geschwindigkeit der Fahrzeuge, den Sicherheitsabständen zwischen den Fahrzeugen und den Störungen im Verkehrsfluß. Üblicherweise wird die Leistungsfähigkeit in Kfz/h oder Kfz/d (DTV = durchschnittliche tägliche Verkehrsstärke) ausgedrückt.

Betrachten wir nun eine Fahrspur mit gleichmäßig schnell fahrendem Pkw-Verkehr. Bei einer Geschwindigkeit von 50 km/h (50.000 m/h) könnten 10.000 Pkw mit einer Länge von 5,00 m, Stoßstange an Stoßstange, passieren. Wir müssen jetzt allerdings noch die Sicherheitsabstände zwischen den Fahrzeugen betrachten. Diese Sicherheitsabstände sind vom Bremsweg der Fahrzeuge abhängig, der mit zunehmender Geschwindigkeit im Quadrat steigt. Die Zeit für den gesamten Bremsvorgang setzt sich aus Reaktionszeit und Bremszeit zusammen. Der Anhalteweg ist dann:

$$S = \underbrace{\frac{v}{3,6} \cdot t}_{\text{Reaktionsweg}} + \underbrace{\frac{v_2}{3,6^2 \cdot 2 \cdot b}}_{\text{Bremsweg}}$$

S Anhalteweg [m]
v Geschwindigkeit des Pkw [km/h]
t Reaktionszeit, im Mittel 1 sek.
b Bremsverzögerung: Normalbremsung 3,00 m/s^2, Notbremsung 6,00 m/s^2

Diese Werte gelten für trockene und ebene Fahrbahnen. Die folgende Tabelle zeigt die Länge der Anhaltewege in Abhängigkeit von der Fahrgeschwindigkeit; der Anhalteweg entspricht einem absolut sicheren Abstand (bei trockener Fahrbahn).

Fahrgeschwindigkeit und Anhalteweg			
Geschwindigkeit [km/h]	Reaktionsweg [m]	Bremsweg (Notbremsung) [m]	Anhalteweg [m]
20	5,60	2,60	8,20
30	8,30	5,80	14,10
50	13,80	16,10	30,00
70	19,40	31,50	50,90
100	27,80	64,30	92,10
120	33,30	92,60	125,90

Damit ergibt sich die theoretische Leistungsfähigkeit einer Fahrspur, indem die Anzahl der Fahrzeuge (Stoßstange/Stoßstange) durch den Anhalteweg (+ Pkw-Länge) geteilt wird.

Theoretische Leistungsfähigkeit bei absolut sicherem Abstand (trockene Fahrbahn)			
Geschwindigkeit [km/h]	Fahrzeuge Stoßstange/Stoßstange	Anhalteweg + Pkw-Länge [m]	Leistungsfähigkeit [Kfz/h]
20	20.000	13	1.538
30	30.000	19	1.579
50	50.000	35	1.429
70	70.000	56	1.250
100	100.000	97	1.031
120	120.000	131	916

Es zeigt sich, daß bei 30 km/h die Leistungsfähigkeit theoretisch am größten ist, bei niedrigeren Geschwindigkeiten fällt sie wieder etwas ab. Dies stimmt – soweit es die Geschwindigkeit betrifft – für angebaute städtische Hauptstraßen mit der Realität gut überein. Jeder kann sich davon überzeugen, der zur Hauptverkehrszeit eine stark belastete, aber noch im Verkehrsfluß befindliche Straße beobachtet. Diese Verkehrsmengen sind nur bei ungefähr 30 km/h zu bewältigen; würde schneller gefahren, bräche der Verkehr schnell zusammen.

Für nicht angebaute Straßen und Autobahnen ergeben sich in der Realität die höchsten Leistungsfähigkeiten bei höheren Geschwindigkeiten (70 bis 90 km/h), was daran liegt, daß mit geringeren Sicherheitsabständen gefahren wird. Dies ist vertretbar, da weniger Ablenkungen des Fahrers und weniger Störungen des Verkehrsflusses stattfinden. So ist es durchaus vertretbar, den Bremsweg des vorausfahrenden Wagen vom Sicherheitsabstand abzuziehen. Allerdings sind unterschiedliche Bremsverzögerungen zu berücksichtigen. Bei diesen reduzierten Sicherheitsabständen steigt die theoretische Leistungsfähigkeit an (≈ 1.800 Kfz/h).

Diesen ‚relativ sicheren' Abstand kann man mit dem halben Tachostand (in Metern) ansetzen. Bis etwa 120 km/h funktioniert diese Abschätzung recht gut, bei höheren Geschwindigkeiten nur, wenn die Bremsen der Fahrzeuge in besonders gutem Zustand sind. Der ‚relativ sichere' Abstand gibt allerdings keine Reserven für Unaufmerksamkeiten; unter schlechten Sichtbedingungen und bei nicht trockener Fahrbahn muß der ‚absolut sichere' Abstand eingehalten werden. Die hohen praktischen und realen Leistungsfähigkeiten auf Stadtautobahnen sind auch nur mit nahezu perfekten und hochkonzentrierten Kraftfahrern zu erreichen. Bei schlechten Sichtverhältnissen führt die Gewöhnung der Autofahrer an den ‚relativ sicheren' Abstand auf Autobahnen immer wieder zu Massenverkehrsunfällen.

Praktische Leistungsfähigkeit einer Fahrspur [Kfz/h]	
Hauptverkehrsstraße, angebaut, Parken + Liefern	800 – 1.000
Hauptverkehrsstraße, angebaut, Halteverbot	1.000 – 1.200
Hauptverkehrsstraße, anbaufrei, Halteverbot	1.200 – 1.500
(Stadt)autobahn	1.500 – 1.800

Die Leistungsfähigkeit einer Straße kann durch die Addition der Leistungsfähigkeit der einzelnen Spuren ermittelt werden (beispielsweise zweispurige Stadtstraße: 1.600 Kfz/h; vierspurige Stadtautobahn: 6.000 Kfz/h).

Offensichtlich reduzieren Störungen im Verkehrsfluß die Leistungsfähigkeit einer Straße. Störungen sind vor allem zu langsame, zu schnelle sowie ein- und ausfahrende Fahrzeuge. Die optimale Leistungsfähigkeit kann nur bei einem gleichmäßigen Verkehrsfluß erzielt werden. Für Autobahnen hieße dies: Lkw-Überholverbot, Tempobegrenzung auf 120 – 130 km/h, Zulassungsbeschränkung langsamer bzw. schwach motorisierter Fahrzeuge. Eine solche Harmonisierung des Verkehrsflusses kann die Leistungsfähigkeit um 15 bis 25 Prozent steigern (vgl. Piper). Mit diesen einfachen, gesetzlich festlegbaren Maßnah-

Verkehrsqualität und Durchschnittsgeschwindigkeit [km/h]		
	C	D
Autobahn (4spurig)	90 – 110	70 – 90
Landstraße (2spurig)	60 – 70	50 – 60
Stadtstraße (2spurig)	30 – 40	20 – 30

men ließe sich die Effektivität des Autobahnnetzes wirksamer verbessern als mit den aufwendigen Einrichtungen der Telematik. Die absolute Leistungsgrenze von Autobahnen liegt bei der bereits angegebenen praktischen Leistungsfähigkeit von Stadtautobahnen, auf denen ein gleichmäßiger Verkehrsfluß durch das optimierte Verhalten der Kraftfahrer bereits heute erreicht wird.

In Anlehnung an das amerikanische ‚Highway Capacity Manual' (HCM, 1985) kann die Leistungsfähigkeit auch in Abhängigkeit von der Verkehrsqualität (Level Of Service) definiert werden, die sehr gute (A) bis ungenügende (F) Verkehrsqualitäten definiert.

Die von uns vorgestellten praktischen Leistungsfähigkeiten liegen zwischen befriedigenden (C) und ausreichenden (D) Verkehrsqualitäten, die Höchstwerte können aber auch den Bereich des mangelhaften (E) Verkehrsablaufs (Verkehrsablauf zunehmend gestört) erreichen.

An lichtsignalisierten Knotenpunkten (vgl. S. 152 ff.) hat eine Fahrspur eine Leistungsfähigkeit von ungefähr 1.500 Kfz pro Stunde Grünzeit. Damit ergeben sich auf Hauptstraßen an Knotenpunkten mit niedrig belasteten Seitenstraßen Leistungsfähigkeiten von rund 1.000 Kfz/Spur, an Kreuzungen mit stark belasteten Seitenstraßen Leistungsfähigkeiten von ungefähr 750 Kfz/Spur. In der Regel sind es daher die Knotenpunkte und nicht die Strecken, die die Leistungsfähigkeit von Verkehrsnetzen bestimmen.

Verträglichkeit von Kraftfahrzeugbelastungen

Die Erfahrungen der letzten dreißig Jahre haben gezeigt, daß zu hohe Verkehrsbelastungen (im besonderen Autoverkehrsbelastungen) mit Wohnnutzungen und Geschäftsnutzungen nicht verträglich sind. Ehemalige Anwohner stark belasteter Hauptverkehrsstraßen flüchten ins Häuschen im Grünen, Geschäftsstraßen mit zuviel Autoverkehr veröden – die Menschen kaufen lieber in Fußgängerzonen oder Einkaufsmärkten ein.

Im folgenden seien typische Straßenräume und deren Umfelder unter dem Gesichtspunkt betrachtet, wieviel Autoverkehr ihnen zuträglich ist. Es geht dabei nicht um gesamtstädtische oder gar regionale Betrachtungen verkehrsabhängiger Schadstoffeinträge, sondern allein um einzelne Straßenräume und deren Umfelder. Wir machen damit keine Aussage – und trauen uns diese auch nicht zu – darüber, ob und inwiefern der Verkehr größeren Ökosystemen zuträglich ist. Wir schätzen nur ab, ob Schadstoffeinträge mit bestimmten lokalen Umfeldnutzungen verträglich sind. Dabei wird sich zeigen, daß – unsere bisherigen Ausführungen zu Lärm und Abgasen legen dies ja schon nahe – verträgliche Verkehrsbelastungen deutlich niedriger sind als technisch mögliche Verkehrsbelastungen (vgl. Leistungsfähigkeit von Straßen). Es wird sich darüber hinaus herausstellen, daß unter den heutigen Randbedingungen eigentlich überhaupt keine verträglichen Belastungen erzielt werden können; dies ist nur möglich, wenn wir kompensatorische Effekte berücksichtigen, d.h., wenn wir Straßen so ‚schön' gestalten, daß die Menschen sich in ihnen so wohl fühlen, daß sie die höhere Belastungen ertragen können. Mörner, Müller und Topp haben diese kompensatorischen Effekte in Untersuchungen zu innerörtlichen Hauptstraßen handhabbar gemacht.

In der folgende Tabelle sind die wichtigsten Kriterien der Verträglichkeit zusammengestellt. Sie bewertet unterschiedliche Kraftfahrzeugbelastungen und Geschwindigkeiten. Die Tabelle ist geeignet, vorhandene Straßenräume – beispielsweise im Rahmen einer Bestandsaufnahme – zu bewerten. Je nach Fragestellung wäre zusätzlich die Parkraumsituation zu bewerten.

Zu den Kriterien der Tabelle einige Erläuterungen und Hypothesen:

- Geschwindigkeiten: Entsprechen den zulässigen Höchstgeschwindigkeiten. Bei 50 km/h halten fast alle Kraftfahrer diese Geschwindigkeit ein, bei 30 km/h beachten zumindest fast alle die 40 km/h.
- Belastungen: Bis 500 Kfz/h im wesentlichen Pkw-Belastungen. Bei 1.000 Kfz/Sp.h wurden rund 5 Prozent Schwerverkehrsanteil, bei 2.000 Kfz/Sp.h ungefähr 10 Prozent Schwerverkehrsanteil angesetzt.
- Verkehrssicherheit: Bei niedrigen Geschwindigkeiten ist die Verkehrssicherheit hoch, da Unfälle wegen der niedrigeren Aufprallenergie ‚glimpflich' ausgehen. Bei höheren Verkehrsbelastungen steigt die Wahrscheinlichkeit von Konflikten. Radverkehrsanlagen und Querungshilfen schützen Radfahrer und Fußgänger.
- Lärmbelastung: Die Lärmbelastung steigt in engen Straßenräumen und bei hohen Geschwindigkeiten. Mit Straßenbreite ist der Abstand von Fassade zu Fassade gemeint.

- Abgasbelastung: Die Abgasbelastung steigt in engen Straßenräumen und bei hohen Geschwindigkeiten.
- Querbarkeit: Stärker belastete Straßen (ab 700 – 800 Kfz/h) erschweren Fußgängerquerungen. Vierspurige Straßen sind aufgrund ihrer Breite besonders schwer zu überschreiten. Langsame Geschwindigkeiten erleichtern das Überqueren von Straßen. Querungshilfen (vor allem Mittelinseln) wirken sehr positiv, da sie den Querungsvorgang in zwei Abschnitte aufteilen, in denen jeweils nur auf eine Fahrtrichtung geachtet werden muß. Sie verdoppeln nahezu den Querungskomfort.
- Flächenaufteilung: Ein ausgewogenes Verhältnis zwischen der Breite der Gehwegflächen (g) und der Fahrbahnflächen (f) wird als positiv empfunden. Negativ wirkt sich aus, wenn Gehwege verhältnismäßig schmal sind und Fußgänger sowie Anwohner sich an den Rand gedrängt fühlen. Breite Kraftfahrzeugfahrbahnen verführen Kraftfahrer zu hohen Geschwindigkeiten und geringer Aufmerksamkeit gegenüber Fußgängern.
- Gestaltung: Bäume und Vorgärten wirken sich positiv auf das Wohlbefinden der Straßennutzer aus. Straßen mit Bäumen und Gärten werden als schön empfunden und geben zusätzlich eine Distanz zu den Belastungen des Autoverkehrs.

Kriterien zur Verträglichkeit (Mischgebiete, Schulnotenbewertung)									
		30 km/h				50 km/h			
		Belastung Kfz/Sp.h				Belastung Kfz/Sp.h			
		250	500	1000	2000	250	500	1000	2000
Verkehrssicherheit	Einfache Ausstattung	1	2	3	4	3	4	5	6
	Radverkehrsanlage	1	2	2	3	2	3	4	5
	Querungshilfen (QH)	1	1	2	3	2	3	4	5
Lärmbelastung	10 m Straßenbreite	4	5	6	6	5	6	6	6
	20 m Straßenbreite	2	4	5	6	4	5	6	6
	30 m Straßenbreite	1	2	4	5	2	4	5	6
Abgasbelastung	10 m Straßenbreite	3	4	5	6	4	5	6	6
	20 m Straßenbreite	1	2	3	4	2	3	4	5
	30 m Straßenbreite	1	1	2	3	1	2	3	4
Querbarkeit	zweispurige Fahrbahn	1	2	4	6	2	3	5	6
	vierspurige Fahrbahn	2	3	5	6	3	4	6	6
	zweispurig + QH	1	1	3	4	1	2	4	5
	vierspurig + QH	1	2	4	5	2	3	4	5
Flächenaufteilung	g/f > 0,75	1	1	1	1	2	2	2	2
	g/f = 0,35 – 0,75	3	3	3	3	4	4	4	4
	g/f < 0,35	5	5	5	5	6	6	6	6
Gestaltung	Einfache Ausstattung	2	3	4	5	2	3	5	6
	Bäume	1	2	2	3	1	2	3	4
	Bäume + Vorgärten	1	1	2	2	1	1	2	3

Mit 4 sind noch gerade akzeptable Situationen bezeichnet. Die Bewertungen zeigen, daß das Kriterium Lärm die geringsten Verkehrsbelastungen zuläßt. Wenn allerdings die anderen Kriterien besonders gut erfüllt werden, dürfen wir kompensatorische Effekte ansetzen und beim Kriterium Lärm noch Mängel hinnehmen (Note 5). Dies führt zusammenfassend zu folgenden verträglichen Belastungen für Straßenräume (vgl. Tabelle ‚Verträgliche Verkehrsbelastungen'). In Wohngebieten sind geringere Belastungen verträglich als in Mischgebieten, bzw. müssen intensivere kompensatorische Maßnahmen ergriffen werden. In Gewerbegebieten sind höhere Belastungen möglich: Kompensatorische Maßnahmen können hier sparsamer ausfallen.

Verträgliche Verkehrsbelastungen				
Straßentyp und Umfeldtyp	Geschwindigkeit [km/h]	Straßenraumbreite [m]	Kfz-Belastung ohne Kompensation [Kfz/Sp.h]	Kfz-Belastung mit Kompensation [Kfz/Sp.h]
Hauptstraße im Misch- oder Kerngebiet	50	30	500	1.000
	30		1.000	2.000
	50	20	250	500
	30		500	1.000
Nebenstraße im Wohngebiet	50	20	125	250
	30		250	500
	50	10	60	125
	30		125	250

Verträgliche Situationen lassen sich unter den heutigen Randbedingungen in vielen Straßen erreichen, wenn das Geschwindigkeitsniveau niedrig und eine ansprechende Gestaltung des Straßenraumes vorhanden ist. Problemfelder sind vierspurige Straßen mit höheren Verkehrsbelastungen (> 2.000 Kfz/Sp.h) und enge Nebenstraßen etwa in stadtkernnahen Altbaugebieten. Diese Schwierigkeiten lassen sich in den meisten Fällen nicht durch Maßnahmen im Straßenraum lösen. Es werden gesamtstädtische Betrachtungen und Lösungen notwendig, die dazu führen müssen, den Kraftfahrzeugverkehr auf verträgliche Mengen zu reduzieren. Wie die Herleitung verträglicher Belastungen gezeigt hat, sind die Belastungsmöglichkeiten bereits sehr weit ausgereizt. Die Nichteinhaltung dieser Werte wird sicher langfristig zu großen Schäden für Mensch und Umwelt führen; die Einhaltung, die ja sehr an den heutigen Möglichkeiten orientiert ist, garantiert aber noch keine belastungs- und sorgenfreie Zukunft. In einigen Jahren muß erneut – allerdings auch unter Berücksichtigung neuer und umweltfreundlicher Fahrzeugtechnik – über diese Grenzen nachgedacht werden.

Verkehr und Nutzung: Wie entsteht Verkehr, wie können wir ihn bewältigen?

Wie eigentlich entsteht Verkehr? Warum werden die Verkehrsbelastungen immer größer – selbst in Europa, wo die Bevölkerungsentwicklung stagniert? Können Autoverkehrsbelastungen reduziert werden?

Verkehr entsteht, um von einem Ort zum anderen zu gelangen. Dies scheint zunächst banal, weist aber schon darauf hin, daß der Lage der ‚Orte' im Raum eine besondere Bedeutung zukommt. Sind die ‚Orte', die wir besuchen wollen, zahlreich und weit auseinander, entsteht viel Verkehr – sind sie weniger zahlreich oder liegen gar unter einem Dach, entsteht kaum Verkehr.

Geschichte und Entwicklung der Menschheit sind auch eine Geschichte der fortschreitenden Arbeitsteilung. In einfachen Gesellschaften beschränken sich die meisten Aktivitäten auf einen Ort. Die Menschen sind noch keine Spezialisten und produzieren das, was sie zum Leben brauchen, selbst. Das Wohnhaus ist zugleich Arbeitsstätte, die Felder und Weiden liegen unmittelbar am Dorfrand; Erholung findet in den eigenen vier Wänden, im Garten, vor der Haustür, auf dem Dorfplatz statt; gelernt wird durch Beobachten der Erwachsenen oder in der Dorfschule. In diesen Nutzungsstrukturen entsteht kaum Verkehr, zumindest kaum Verkehr über größere Entfernungen.

In modernen Gesellschaften ist die Arbeitsteilung weit fortgeschritten – Menschen, Güter, Informationen müssen ständig hin- und herbewegt werden. Produktionsbetriebe liegen an einem Stadtrand, Wohnviertel am anderen, Zulieferbetriebe Hunderte von Kilometern entfernt. Die Innenstädte dienen vorwiegend dem Handel und der Verwaltung; Lebensmittel werden im- und exportiert, Rohstoffe eingeführt und Fertigprodukte ausgeführt, ganze Produktionsschritte gar nach Übersee verlagert. Weiterführende Schulen und Universitäten werden besucht, oftmals an einem anderen als dem Wohnstandort. In der Freizeit fährt man in Erholungsgebiete oder Weltstädte, den Urlaub verbringt man an weit entfernten Stränden.

Nutzungen

Den wichtigsten Nutzungen einer Stadt oder Region sind die Aktivitäten bzw. Funktionen Wohnen, Arbeiten, Einkaufen, Bilden und Erholen zugeordnet, die durch Verkehr verbunden werden.

Das *Baugesetzbuch* schreibt den Städten und Gemeinden vor, ‚Flächennutzungspläne' aufzustellen, in denen eine sinnvolle Zuordnung der Nutzungen festgelegt wird, z.B. indem Industriegebiete (Aktivität Arbeiten) Wohngebiete wenig stören und Verkehrswege nicht unnötig lang werden. In ‚Bebauungsplänen' werden diese Zuordnungen dann bis auf die Gebäudeebene konkretisiert.

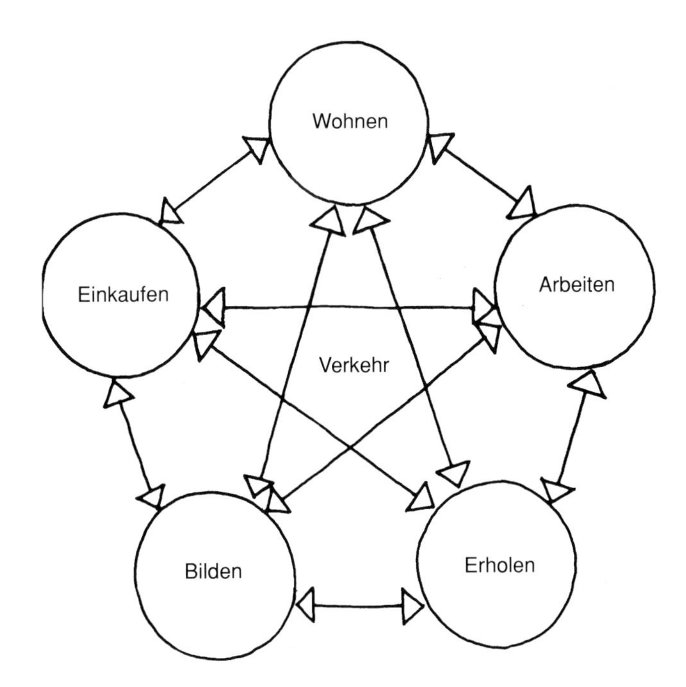

7 Funktionen der Stadt

In der folgenden Nutzungsskizze fallen drei Bereiche mit den Aktivitäten Arbeiten auf. Man spricht auch von den drei *Sektoren der Wirtschaft:* Im Primären Sektor (Land- und Forstwirtschaft, Bergbau) sind heute knapp 5 Prozent der Erwerbstätigen der BRD beschäftigt, im Sekundären Sektor (Produzierendes

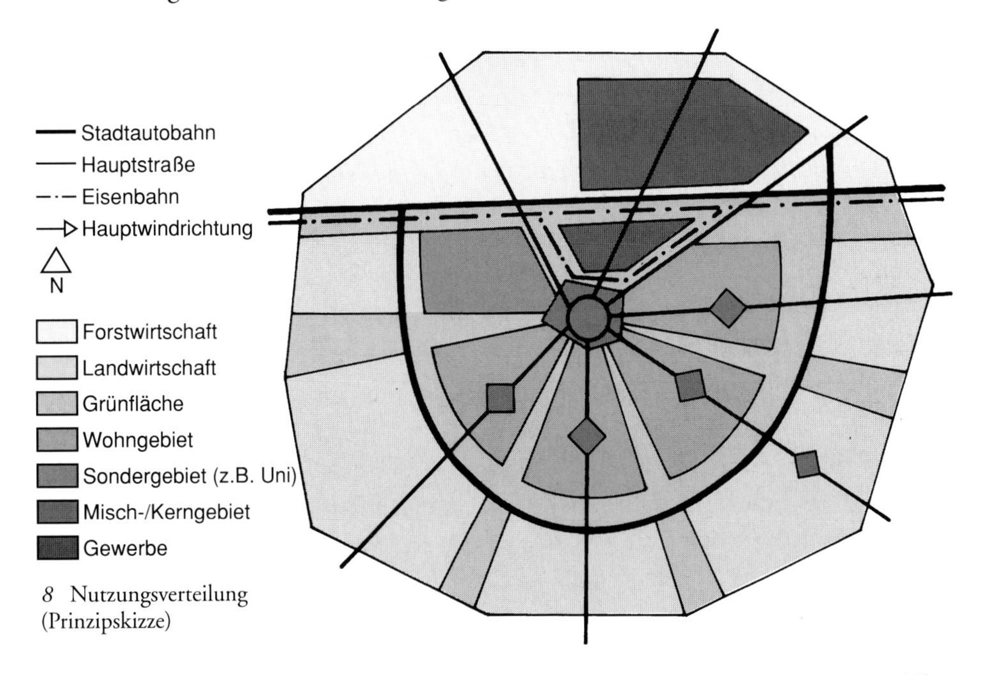

8 Nutzungsverteilung (Prinzipskizze)

Gewerbe, Bauwirtschaft) rund 40 Prozent und im Tertiären Sektor (Handel, Verkehr und Dienstleistung) etwa 55 Prozent. 1950 waren noch 20 Prozent der Arbeitsplätze dem Primären, 45 Prozent dem Sekundären und 35 Prozent dem Tertiären Sektor zuzuordnen. Seit den frühen siebziger Jahren sind Handel, Verkehr und Dienstleistung der bedeutendste Wirtschaftsbereich.

Rund 40 Prozent der Einwohner der BRD sind erwerbstätig. Die Hausarbeit ist dabei nicht eingerechnet. *Erwerbstätige,* die ihren Arbeitsplatz nicht an ihrem Wohnort haben, pendeln zu Arbeitsplätzen in andere Gemeinden aus (*Auspendler*). Vom Standpunkt der Stadt, in der sie ihren Arbeitsplatz finden, werden sie *Einpendler* genannt.

Mobilität

Heute ist der Durchschnittsdeutsche ungefähr 15.000 km im Jahr unterwegs; knapp ein Drittel davon im Urlaubsverkehr und Geschäftsfernverkehr, gut ein Drittel im Freizeitverkehr (Feierabend- und Wochenendverkehr); das letzte Drittel teilen sich vor allem Einkaufs- und Berufsverkehr. Seit 1950 hat sich die Kilometermobilität nahezu verdreifacht, die Zuwächse sind vor allem auf ein Anwachsen des Freizeit- und des Urlaubverkehrs zurückzuführen. Beim Urlaubsverkehr sind neben privatem Pkw Flugzeug und Eisenbahn von Bedeutung; beim Einkaufs- und Berufsverkehr Busse und Bahnen. Der Freizeitverkehr wird fast nur mit dem Auto abgewickelt.

Im folgenden seien einige wichtige ‚Reinheitskriterien' vorgestellt, die zu beachten sind, um Mobilitätsstatistiken vergleichen und interpretieren zu können.

1. Die *Kilometermobilität* muß von der *Wegemobilität* unterschieden werden. Bei der Kilometermobilität ist der Autoverkehr von großer Bedeutung, während bei der Wegemobilität der Fußverkehr sehr wichtig wird. Dies liegt daran, daß die zurückgelegten Fußwege viel kürzer sind als Autofahrten.
2. Die Wegemobilität muß von der *Fahrtenmobilität* unterschieden werden. Die Verkehrsplanung der sechziger und siebziger Jahre betrachtete oftmals nur die Fahrten (vom Pkw-Verkehr und vom öffentlichen Personenverkehr), Fußwege und Radwege ließ man unter den Tisch fallen und kam daher oftmals zu schiefen Betrachtungen des Verkehrsgeschehens. Die Wegemobilität erfaßt die Wege aller Verkehrsmittel (zu Fuß, per Rad, mit dem Pkw, mit Bus und Bahn).
3. Es können nur Mobilitätsdaten gleicher Verkehrsbereiche miteinander verglichen werden. Es ist der *werktägliche Verkehr* (Montag bis Samstag) vom

Gesamtverkehr (Montag bis Sonntag) zu unterscheiden, ebenso wie der Verkehr eines Gebietes (etwa Stadt A) von dem einer Personengruppe (beispielsweise Stadtbewohner der Stadt A). Des weiteren können sich Betrachtungen auf einzelne *Verkehrszwecke* (in Anlehnung an die Aktivitäten: Berufsverkehr, Einkaufsverkehr usw.) oder besondere Fragestellungen (etwa Durchgangsverkehr, Binnenverkehr, Quellverkehr, Zielverkehr) beziehen.

Das folgende Zahlenmaterial beschreibt die Mobilitätssituation des Personenverkehrs der BRD in groben Zügen. Die erste Abbildung zeigt die Entwick-

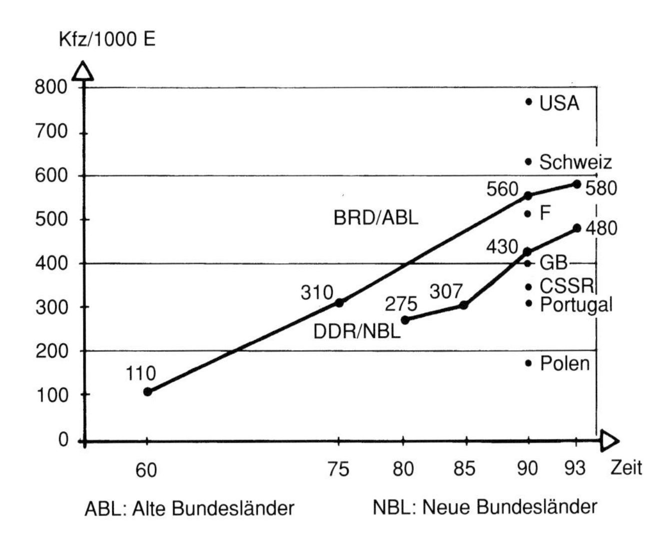

9 Motorisierung

lung der Motorisierung (Autobesitz) in der BRD und den Vergleich mit den aktuellen Daten einiger Vergleichsstaaten. Die Motorisierung ist in Kfz/1.000 E (Kraftfahrzeuge pro 1.000 Einwohner) ausgedrückt. Motorisierungskennziffern in Pkw/1.000 E sind um rund 15 Prozent niedriger, da Lastkraftfahrwagen, Zugmaschinen und Motorräder nicht berücksichtigt werden.

Die Motorisierungsgrade der westlichen europäischen Länder liegen durchwegs in der gleichen Größenordnung (Schweiz allerdings etwas höher; Großbritannien und Spanien niedriger, Portugal und Griechenland noch niedriger). Der Kraftfahrzeugbesitz der ehemaligen DDR ist seit Öffnung der Grenzen rasant gestiegen; ähnliches würde in anderen ehemaligen Ostblockstaaten (z. B. Polen) geschehen, wenn die dort privat verfügbaren Finanzmittel nicht sehr begrenzt wären (Ausnahme: ehemalige Tschechoslowakei mit schon immer recht hoher und heute relativ stabiler Motorisierung).

Eine weitere Abbildung zeigt die Entwicklung der Fahrleistungen in der BRD. Fahrleistungen beschreiben die Kilometermobilität aller Kraftfahrzeuginsassen. 1996 liegen die Fahrleistungen der BRD bei rund 950 Mrd. Perso-

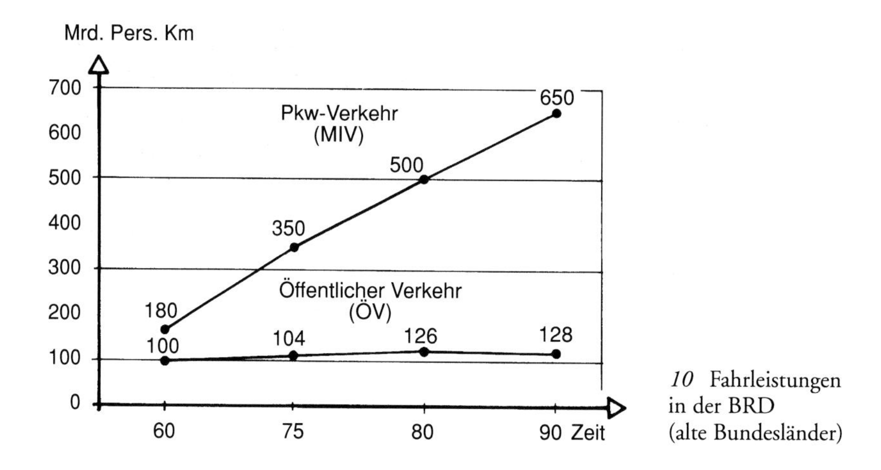

10 Fahrleistungen in der BRD (alte Bundesländer)

nenkilometer (alte Bundesländer etwa 800 Mrd. Personenkilometer, neue Bundesländer 150 Mrd. Personenkilometer).

Die Verteilung der Fahrleistungen auf die verschiedenen Aktivitäten bzw. Fahrzwecke wird in der nächsten Grafik dargestellt (MIV = motorisierter In-

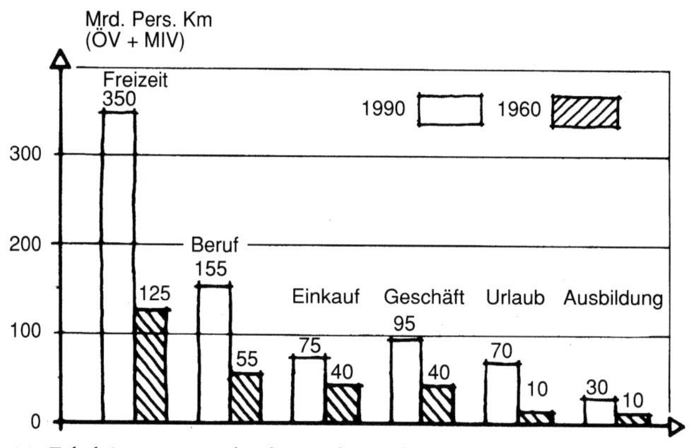

11 Fahrleistungen und Fahrzwecke in der BRD (alte Bundesländer)

dividualverkehr entspricht im wesentlichen dem Pkw-Verkehr, ÖV = öffentlicher Verkehr).

Die Grafik betrachtet das Gebiet der alten Bundesrepublik; grenzüberschreitender Pkw-, Bahn- und Flugverkehr sind nicht berücksichtigt – daher fallen die Kilometerleistungen im Urlaubs- und Geschäftsverkehr niedrig aus.

In Städten und Regionen stellen wir fest, daß die durchschnittliche Wegemobilität drei Wege/Einwohner und Tag beträgt und diese drei Wege ungefähr eine Stunde Zeit pro Tag in Anspruch nehmen. Dies hat sich seit dreißig Jahren nicht wesentlich verändert und manche Autoren meinen, daß diese Mobilitätskennzahl seit dem Entstehen der ersten Städte konstant geblieben ist. Was sich allerdings geändert hat, sind die Verkehrsmittel, deren Geschwindigkeit und die zurückgelegten Kilometer. Während 1960 der Wege-Anteil des Autoverkehrs vielleicht bei 20 Prozent lag, ist er heute auf 30 bis über 60 Prozent angestiegen. Die regionalen Unterschiede sind auffällig, wie die folgende Tabelle zeigt (Daten: 1990). Innerstädtisch entspricht der ÖV-Anteil ungefähr dem ÖPNV-Anteil, der öffentliche Verkehr ist hier vor allem öffentlicher Personennahverkehr.

Verkehrsmittelwahl [Prozent aller werktäglichen Wege]					
Stadt/Region	Einwohner	MIV	ÖV	Radverkehr	Fußverkehr
Ruhrgebiet	5,2 Mio.	51	13	8	28
Wien	1,5 Mio.	37	37	4	22
München	1,3 Mio.	40	24	12	24
Amsterdam	700.000	31	23	23	23
Leipzig	500.000	32	24	9	35
Zürich	360.000	29	42	4	25
Münster	250.000	38	7	34	21
Aachen	230.000	52	10	10	28
Freiburg	180.000	44	16	18	22
Delft	90.000	27	7	46	20
Gladbeck	80.000	53	7	14	26
Region Saar	ländlicher Raum	66	8	3	23

Abgesehen davon, daß größere Städte in der Regel höhere Verkehrsanteile im ÖV haben und kleine Städte besonders erfolgreich im Radverkehrsbereich sein können, zeigen die vorgestellten Städte und Regionen sehr deutlich die Auswirkungen örtlicher Besonderheiten und verkehrsplanerischer Maßnahmen.

- Ruhrgebiet: Intensiver Stadtautobahnbau, starke ‚emotionale' Bindung ans Auto, wenige städtüberschreitende ÖV-Verbindungen, teilweise ‚schmuddelige' Atmosphäre im ÖV
- Wien: Wenig Straßenbau, altes und dichtes Straßenbahnnetz, kein Radwegebau
- Amsterdam: Parkraumbeschränkungen in der Innenstadt, ÖV-gerechte Siedlungspolitik, intensive Radverkehrsförderung

- Leipzig: 1990 noch recht ausgewogene Verkehrsmittelwahl, nicht unähnlich der von Wien. Durch die Förderung des Straßenbaus in den neuen Bundesländern wird der bestehende Trend zur Pkw-Nutzung gefördert und nimmt der ÖV-Anteil dramatisch ab. (1987: 35 %, 1994: 20 %)
- Zürich: Starke Beschränkungen für den Pkw-Verkehr, intensive ÖV-Förderung
- Münster: Intensive Radverkehrsförderung
- Freiburg: Sperrung der Innenstadt für den MIV. ÖV- und Radverkehrsförderung
- Delft: Flächendeckende Verkehrsberuhigung, intensive Radverkehrsförderung

Städte, die in der Verkehrspolitik relativ erfolgreich waren und die hohen MIV-Anteile in einem einigermaßen erträglichen Rahmen halten konnten, sind seit mindestens fünfzehn Jahren in diesem Sinne aktiv. Andere, etwa die in der Tabelle aufgeführten Städte Aachen und Gladbeck sowie die Region Saar, haben erst vor wenigen Jahren angefangen, ihre Verkehrsprobleme anzupacken; es wird noch einige Zeit vergehen, bis sich auch dort deutlich erkennbare Veränderungen im Mobilitätsverhalten zeigen.

Verkehrsmodelle und Verkehrsprognose

Verkehrsmodelle beschreiben die Entstehung des Verkehrs und dessen Verteilung auf das Straßen- und Wegenetz. Man bedient sich dabei mathematischer Formeln, die in Analogie zu Fließvorgängen in Leitungen oder zum Anziehungsverhalten zwischen Himmelskörpern entwickelt wurden. Der fließende Verkehr wird mit Strom oder Wasser verglichen, die Kraft, die den Verkehr zum Fließen bringt (die Anziehungskraft zwischen den Nutzungen), mit der Gravitationskraft. Bevor wir uns diesen Modellen zuwenden, seien zuvor noch einige Begriffe der Verkehrsplanung dargestellt.

- *Verkehrsarten: Binnenverkehr* ist Verkehr innerhalb eines Gebietes. *Quellverkehr* beginnt in diesem Gebiet und überschreitet dessen Grenze zu außerhalb liegenden Zielen. *Zielverkehr* strömt von außerhalb in ein betrachtetes Gebiet ein. Der *Durchgangsverkehr* durchquert ein Gebiet, seine Quelle und seine Ziele liegen außerhalb des betreffenden Gebietes. Je größer ein Gebiet ist, um so größer ist der prozentuale Anteil des Binnenverkehrs und um so kleiner der prozentuale Anteil des Durchgangsverkehrs.

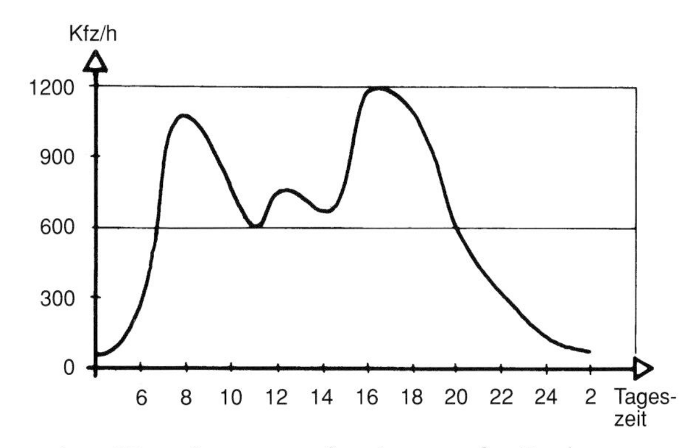

12 Tagesganglinien einer zweispurigen Hauptstraße

Für ein kleines Dorf kann eine Umgehungsstraße eine große Entlastung, für eine Stadt gegebenenfalls unwirksam sein.

- *Verkehrsmengen (Verkehrsbelastung, Verkehrsstärke):* Um aktuelle Verkehrsmengen zu ermitteln, zählt man das Verkehrsaufkommen. Der Verkehr schwankt jedoch tages-, wochentages- und jahreszeitlich. Man muß günstige Zählzeitpunkte wählen und Umrechnungsfaktoren zwischen unterschiedlich ausgeführten Zählungen, die man vergleichen will, ermitteln. Üblicherweise gilt der Dienstag (außerhalb der Ferienzeit) als akzeptabler Zähltag für den werktäglichen Verkehr.

Eine wichtige Kenngröße ist der *DTV*, die durchschnittliche tägliche Verkehrsstärke. Überschlagsmäßig kann man aus ihr die ,Spitzenstundengruppenbelastung' (in der Regel 16 – 19 Uhr) bzw. die ,Spitzenstundenbelastung' (meistens 16 – 17 Uhr) ermitteln.

DTV [Kfz/Tag] : 4 = Spitzenstundengruppenbelastung [Kfz/16–19 Uhr]
DTV [Kfz/Tag] : 10 = Spitzenstundenbelastung [Kfz/16–17 Uhr]

Betrachtet man nur den Pkw-Verkehr, ergeben sich die gleichen Zusammenhänge, da der Pkw-Verkehr den überwiegenden Teil des Kfz-Verkehrs ausmacht (80 bis 100 Prozent). Der Lkw-Verkehr erlebt seine Spitze eher in den späten Vormittagsstunden. Die höchsten Fußgängerbelastungen treten meist zu Einkaufszeiten (später Vormittag, später Nachmittag) und zu Schulbeginn bzw. Schulschluß auf; ähnliches gilt für den Radverkehr.

- *Höchstgeschwindigkeit, Beförderungsgeschwindigkeit, Reisegeschwindigkeit:* Die verschiedenen Begriffe sollen am Beispiel einer Stadtbahn erklärt werden. Die *zulässige Höchstgeschwindigkeit* (innerorts meist 50 km/h, in Tempo-30-Zonen: 30 km/h) muß von der Bahn eingehalten werden, sofern sie im Straßenraum fährt. Die Höchstgeschwindigkeit wäre etwa 50 km/h. Berück-

sichtigt man die Wartezeiten an Ampeln, Haltestellen sowie die Brems- und Beschleunigungsvorgänge, kommt man zur *Beförderungsgeschwindigkeit* (etwa 25 km/h). Berücksichtigt man zusätzlich die Zeit für Zuwegung und Abwegung zu/von den Haltestellen, erhält man die Reisegeschwindigkeit (etwa 18 km/h).
- *Reisezeit:* Zeitspanne, die man von der Haustür (einer Nutzung) zu Haustür (einer anderen Nutzung) unterwegs ist.

Kommen wir wieder zu den Verkehrsmodellen, vier Teilmodelle werden zu einem Gesamtmodell verknüpft (Algorithmus der Verkehrsprognose).

- Modell 1, *Verkehrserzeugung* beschreibt, in welchem Maße aus den Nutzungen Verkehr entsteht.
- Modell 2, *Verkehrsverteilung* zeigt auf, wohin sich dieser Verkehr bewegt.
- Modell 3, *Verkehrsmittelwahl* (oder *Modal Split*) splittet diesen Verkehr unter den verschiedenen Verkehrsmitteln (oft nur MIV und ÖV) auf.
- Modell 4, *Verkehrsumlegung* legt diese Verkehrsarten auf einzelne Straßenzüge bzw. Wegestrecken und berechnet damit die Belastungen einzelner Straßenräume.

Verkehrserzeugung

Ein Siedlungsgebiet wird in Teilgebiete (Verkehrszellen) unterteilt, für die statistische Angaben vorliegen oder aufgenommen werden müssen. Von Bedeutung sind vor allem die Einwohnerzahl, die Zahl der Arbeitsplätze, die Anzahl der Plätze in Bildungseinrichtungen und ähnliches. Aus diesen Strukturdaten kann auf die Größe des Quellverkehrs aus einer Verkehrszelle und die Größe des Zielverkehrs in eine Verkehrszelle geschlossen werden. In der Regel sind die dazu verwendeten analytischen Modelle sehr einfach und berechnen die Verkehrsmengen über die Multiplikation der Strukturdaten mit konstanten Faktoren, über die Erfahrungswerte vorliegen. Beispiel: Quellverkehr Q eines Wohngebietes (7 – 8 Uhr, alle Verkehrsarten):

Q [Personen/h] : 0,25 bis 0,45 · Einwohnerzahl

Mit einer weiteren Überschlagsformel läßt sich in Wohngebieten in Stadtrandlage und mit schlechtem ÖV-Anschluß der Pkw-Quellverkehr Q_{Pkw} einschätzen:

Q_{Pkw} [Pkw/morgendliche Spitzenstunde] : 0,35 · Pkw-Bestand

Verkehrsverteilung

Verkehrsverteilungsmodelle ermitteln die Verkehrsbeziehungen zwischen einzelnen Verkehrszellen bzw. wieviele Fahrten (oder Wege) in einer Zeiteinheit von der Verkehrszelle 1 zur Verkehrszelle 2, von der Verkehrszelle 1 zur Verkehrszelle 3 usw. stattfinden. Diese Modelle sind in aller Regel ‚Gravitationsmodelle', die die Anziehungskraft der Verkehrszellen untereinander mit dem Abstand ihrer zeitlichen Entfernung schrumpfen lassen:

$$F = a \cdot \frac{Q \cdot Z}{t^b}$$

F	Fahrten zwischen zwei Zellen
Q	Quellverkehr einer Zelle
Z	Zielverkehr der anderen Zelle
t	Reisezeit zwischen den beiden Zellen
a,b	Konstanten, über die Erfahrungswerte vorliegen

Verkehrsmittelwahl (Modal Split)

Üblicherweise werden in der Verkehrsprognose nur Fahrten im MIV und ÖV betrachtet. Es können aber auch Fahrten im Radverkehr und Fußwege berücksichtigt werden. Die Fahrten (F) zwischen zwei Verkehrszellen teilen sich entsprechend dem Verhältnis der Reisezeiten von öffentlichem Verkehr und motorisiertem Individualverkehr auf. So könnten etwa bei gleichlangen Reisezeiten ebenso viele Fahrten mit Bus und Bahn wie mit dem Pkw erfolgen. Bei zunehmender Beschleunigung eines Verkehrsmittels steigt dann dessen Verkehrsanteil bis zum einem Maximalwert, der dadurch bedingt ist, daß ein Teil der Verkehrsteilnehmer auf jeden Fall mit dem anderen Verkehrsmittel fahren wird.

Nach Durchrechnung des Modells Verkehrsmittelwahl liegt als Ergebnis eine Matrix vor, die die Anzahl der Fahrten eines Verkehrsmittels von jeder Zelle zu jeder Zelle angibt:

MIV werktags		nach			
16 – 17 Uhr		1	2	3	ΣQ
von	1	–	F_{12}	F_{13}	Q_1
	2	F_{21}	–	F_{23}	Q_2
	3	F_{31}	F_{32}	–	Q_3
	ΣZ	Z_1	Z_2	Z_3	–

1,2,3 Verkehrszellen
F Anzahl der Fahrten von Zelle zu Zelle
Z Zielverkehre
Q Quellverkehre
Σ Summe

Verkehrsumlegung

Die Modelle der Verkehrsumlegung haben die Aufgabe, die Anzahl der Fahrten (F) oder Wege auf das reale – oder auch geplante – Straßennetz zu legen. So gelangt man zu Belastungsgrößen für einzelne Straßenabschnitte.

Wenn es nur eine Verbindung (Route) zwischen zwei Zellen gibt, fahren alle Fahrzeuge auf dieser Streckenfolge. Bei mehreren Alternativen verteilen sich die Verkehre entsprechend der Reisezeiten. Bei geringen Verkehrsbelastungen fahren alle Fahrzeuge auf der schnellsten Strecke; wenn diese jedoch stärker belastet wird, erhöht sich deren Reisezeit, und ein Teil der Fahrzeuge weicht auf andere, nunmehr ähnlich schnelle Routen aus. Die Verteilung des Verkehrs auf einzelne Routen läßt sich analog zum Gesetz der Stromverteilung (Kirchhoffsches Gesetz) berechnen.

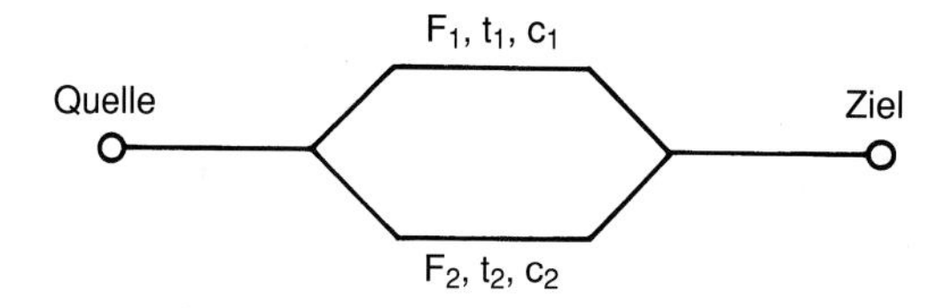

F Gesamtbelastung
F_1, F_2 Belastungen der Alternativrouten
t_1, t_2 Reisezeiten der Alternativrouten
c_1, c_2 Belastungsanteile [%] der Alternativrouten
a Konstante

1. Formel: $F_1 = c_1 \cdot F; F_2 = c_2 \cdot F$

2. Formel: $$c_1 = \left(\frac{t_2}{t_1 + t_2}\right)^a$$

$$c_2 = \left(\frac{t_1}{t_1 + t_2}\right)^a$$

Die Verkehrsumlegung wird in einem ersten Rechengang mit einer geschätzten Konstanten a durchgeführt. Es ergeben sich für die einzelnen Abschnitte des Verkehrsnetzes Belastungen; diese werden mit gezählten realen Belastungen verglichen. Bei Nichtübereinstimmung wird die Konstante a geändert und der Rechengang erneut durchgeführt. Dieses Verfahren wird iterativ so oft wiederholt, bis das Umlegungsmodell durch die Bestimmung der Konstanten a auf den sogenannten Analyse-0-Fall geeicht ist, d.h. bis Modell und Realität ausreichend genau übereinstimmen.

Verkehrsprognose

Nachdem die einzelnen Modelle des Algorithmus geeicht sind, kann mit diesem eine Verkehrsprognose durchgeführt werden. Die Auswirkungen von Siedlungsveränderungen, Beschleunigungs- und Beruhigungsmaßnahmen, die Wirkungen von Streckenneubauten und Netzunterbrechungen lassen sich errechnen.

13 Verkehrsprognose
Der durchschnittliche Besetzungsgrad eines Pkw ist mit 1,5 Personen angesetzt

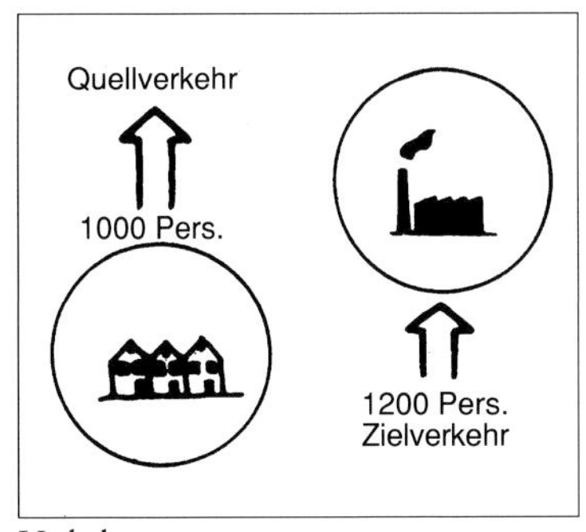

Verkehrserzeugung

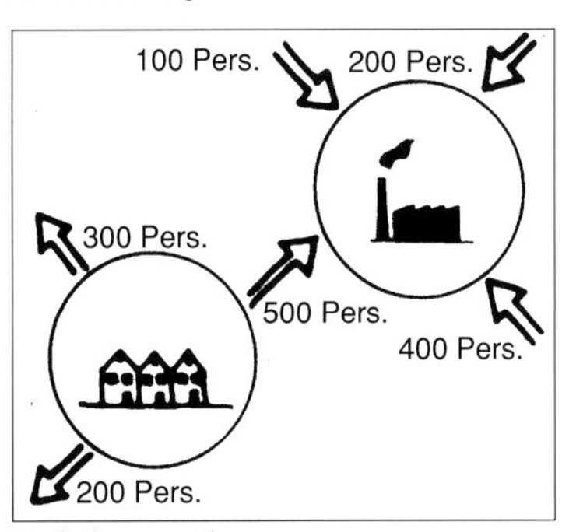

Verkehrsverteilung

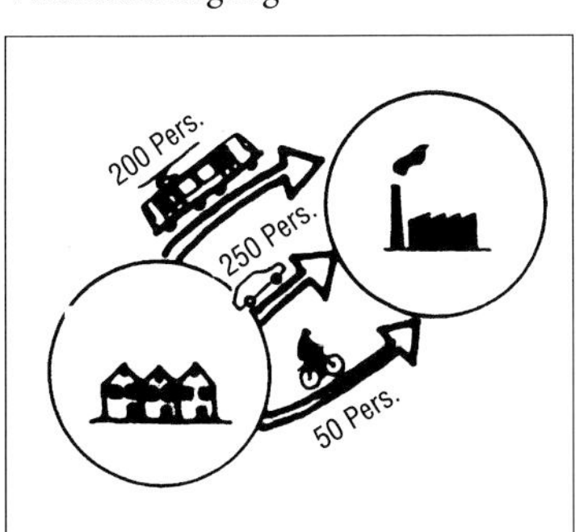

Modal-Split

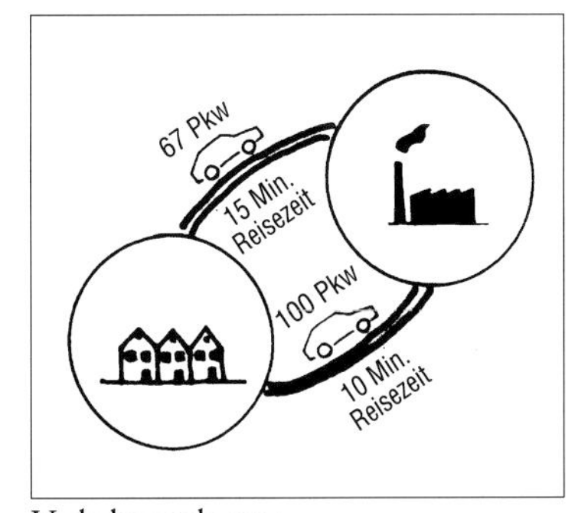

Verkehrsumlegung

Das Verkehrsverhalten der Verkehrsteilnehmer fließt über die verschiedenen Konstanten in die Modelle ein. Verhaltensänderungen können nur abgeschätzt werden. Damit bleibt die Festlegung der Konstanten immer ein wenig spekulativ. Wenn auch durch nachfolgende exakte Rechengänge zunächst eindeutig erscheinendes Zahlenmaterial ermittelt wird, darf dies nicht darüber hinwegtäuschen, daß die Modelle, mit denen diese Rechengänge durchgeführt werden, nur mehr oder weniger gute Annäherungen an die Wirklichkeit sind. Damit ist die Verkehrsprognose ein Verfahren zur Abschätzung der Auswirkungen möglicher Verkehrsentwicklungen, kein getreuliches Abbild der Wirklichkeit.

Verkehrspläne

In den sechziger Jahren begann man, die Methoden der Verkehrsprognose in Verkehrskonzepte umzusetzen. Man prognostizierte ein Einwohner- und Wirtschaftswachstum, aber vor allem ein Ansteigen der Motorisierung, von der man eine ähnliche Entwicklung wie in den USA erwartete. Allerdings ging man noch von einem Grenzwert von 400 – 500 Pkw/1.000 Einwohner aus, der heute in den USA schon lange und inzwischen auch in vielen anderen hochtechnisierten Ländern überschritten ist.

In ‚Generalverkehrsplänen' berechnete man die zukünftigen Verkehrsmengen und konzipierte für diese neue Straßen. Dies geschah für fast alle deutschen Städte, aber auch für Regionen, Bundesländer und schließlich für die gesamte Bundesrepublik. Der ‚Algorithmus der Verkehrsprognose' diente dazu, die Notwendigkeit von Straßenbaumaßnahmen zu beweisen; die schnell wieder überfüllten Umgehungsstraßen schienen diesem Ansatz recht zu geben. Nur wenige Wissenschaftler wiesen auf die teilweise vagen Annahmen der Prognose hin und auf die Möglichkeit, planerisch lenkend einzugreifen, anstatt mehr oder weniger blindlings dem Trend zu folgen. Es gelang auch nicht, der wachsenden Verkehrsmengen Herr zu werden – jede neue Straße war schnell wieder überfüllt und erforderte sehr bald eine weitere Umgehung. Der selbe Prozeß läuft heute in den neuen Bundesländern ab, nicht ganz so blind wie früher im Westen, aber dennoch kurzsichtig genug: kurzsichtig, weil sich irgendwann fast jede neue Straße mit Verkehr füllt.

Generalverkehrspläne bestanden im wesentlichen aus Verkehrsprognosen, Vorschläge für Straßenneubauten und Verkehrsführungen in Innenstädten (etwa Einbahnstraßen-Systeme). Zusätzlich wurden meist Aussagen zum Parkverkehr (Parkhausstandorte) und zum öffentlichen Verkehr (beispielsweise Linienführung) gemacht.

Erst als für Straßenneubau kaum noch Flächen zur Verfügung standen – die gesamte alte Bundesrepublik war schließlich von einem Straßennetz bedeckt und neue Straßen gerieten in Konkurrenz zu Landschaftsschutz, Wohnnutzung und Wasserwirtschaft –, besann man sich auf eine andere Vorgehensweise. In den achtziger Jahren entstand das Konzept der ‚Verkehrsentwicklungsplanung'. Man sah die Notwendigkeit, in die Verkehrsentwicklung regelnd einzugreifen und nicht mehr dem Trend hinterherzulaufen. Dabei stellte sich die Frage, ob es überhaupt möglich sei, Verkehrsentwicklung zu beeinflussen.

Jedes System wächst, solange es ausreichend gefüttert wird, bis zu einer wachstumsbeschränkenden Grenze. Tierpopulationen wachsen solange, bis das Nahrungsangebot knapp wird oder Raubtiere sie dezimieren. Es entsteht ein dynamisches Jäger-Opfer-Gleichgewicht (Prozeß der negativen Rückkopplung). Sind ausreichend Mohrrüben da, wächst die Hasenpopulation. Damit gibt es genug Futter für Füchse, und deren Population wächst. Indem sich die Füchse den Magen vollgeschlagen, verringert sich die Anzahl der Hasen derart, daß für die Raubtiere ein Nahrungsmangel entsteht und deren Population damit wieder abnimmt. Damit fehlt den Hasen der Feind und deren Population beginnt zu wachsen. Es entsteht ein Gleichgewicht, das verhindert, daß eine Population bis ins Unendliche wächst.

Ähnliches gilt für den Straßenverkehr. Grenzen für den Pkw-Gebrauch sind auf der einen Seite hohe Fahrzeugkosten, hohe Treibstoffkosten, fehlender Führerscheinbesitz und Staubildungen im Straßennetz – auf der anderen Seite auch die Qualität alternativer Verkehrsangebote. Fehlen die Begrenzungen, kann die Motorisierung soweit ansteigen, bis nahezu jeder Erwachsene im Besitz zumindest eines Pkw ist (≈ 750 Pkw/1.000 E). Die Generalverkehrsplanung hat alles dazu getan, diese Grenzen immer weiter hinauszuschieben, während die Verkehrsentwicklungsplanung versucht, sinnvolle Begrenzungen einzuführen. Daß die Grenzen eines gesunden Wachstums schon lange überschritten sind, haben bereits die Ausführungen auf den Seiten 58 ff. gezeigt.

Wie geht die Verkehrsentwicklungsplanung vor? Aus der Analyse der Belastbarkeit von Straßenumfeldern erfolgt eine Festsetzung verträglicher Kfz-Verkehrsbelastungen. Im Güterverkehr werden Konzepte entwickelt, die ein Zuviel an Kfz-Verkehr auf Bahn und Schiff, im Personenverkehr auf den sogenannten Umweltverbund (Bahn, Bus, Rad, Fußverkehr) legen. Dabei hat sich gezeigt, daß nur Konzepte funktionieren, die zugleich den Autoverkehr beschränken und den Umweltverbund fördern (‚Push and Pull'). Ohne eine Beschränkung des Autoverkehrs ist der Umweltverbund nicht konkurrenzfähig, ohne einen guten Standard im Umweltverbund ist eine Einschränkung des Autoverkehrs Schikane und führt zu Wirtschafts-, Wohlstands- und Kulturabbau.

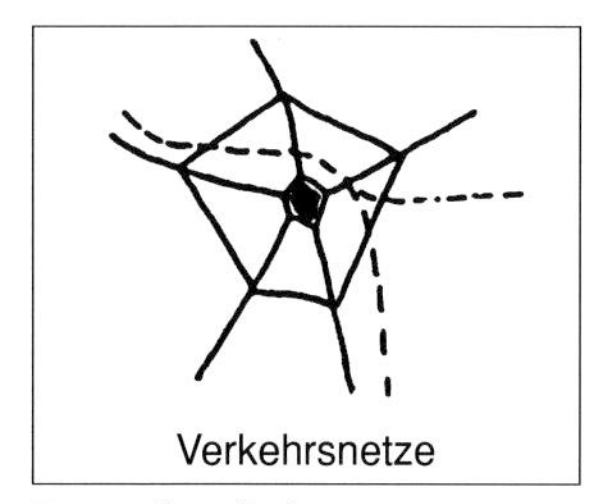

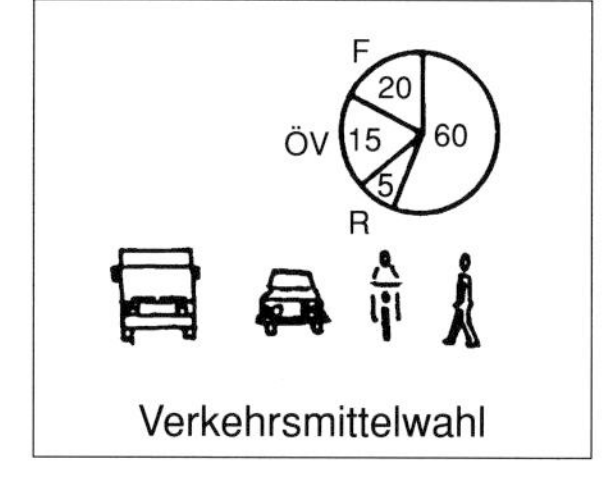

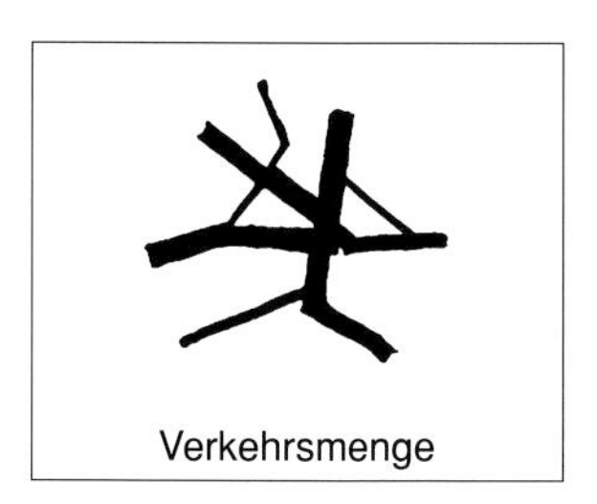

Bestandsaufnahme

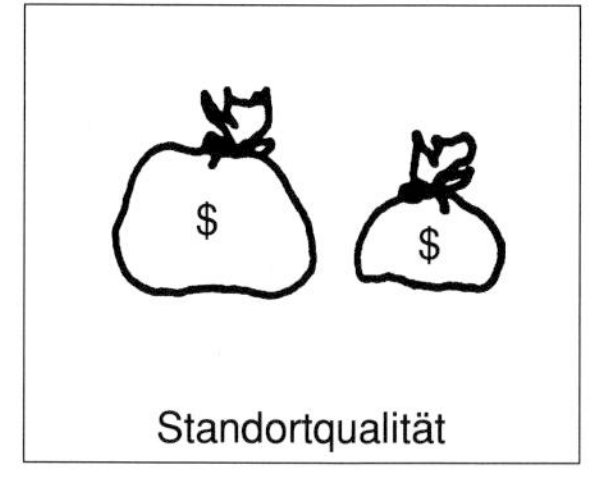

Bestandsanalyse

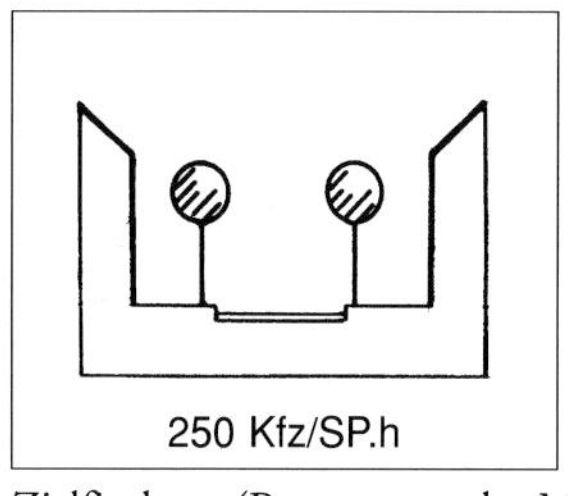

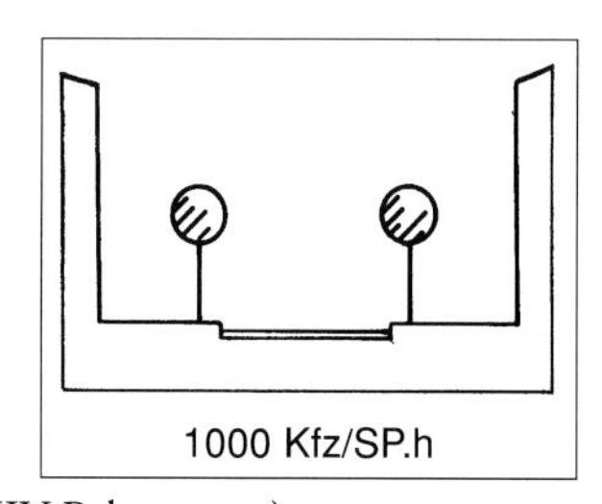

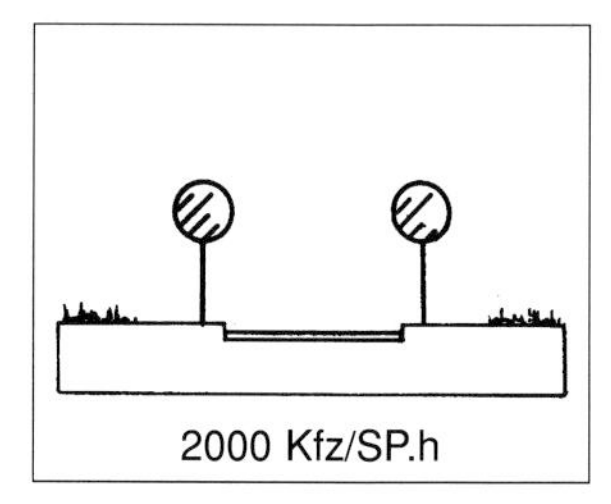

Zielfindung (Begrenzung der MIV-Belastungen)

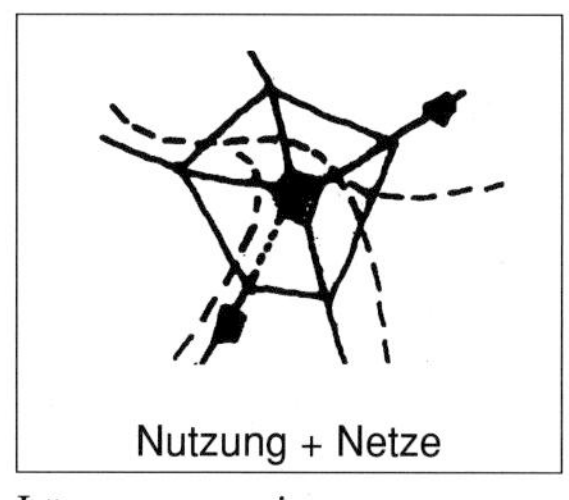

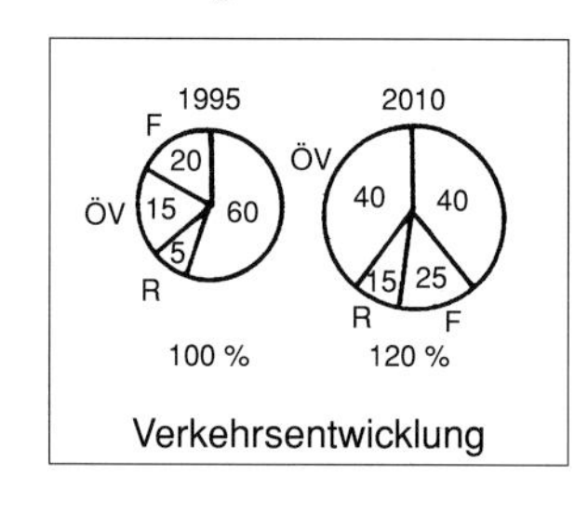

Lösungsstrategien

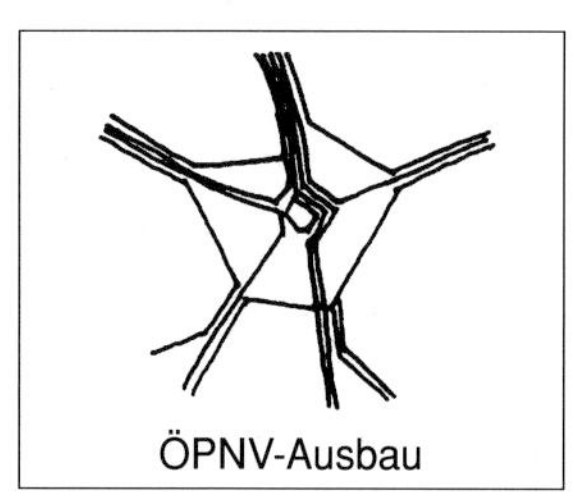

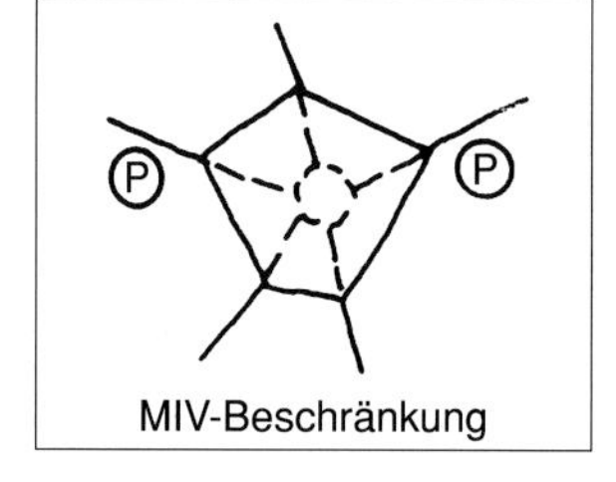

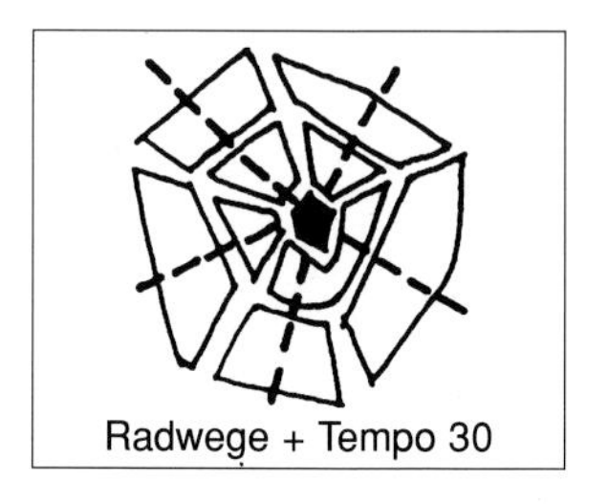

Verkehrskonzept

Drei wichtige Charakteristika des Verkehrsgeschehens – wir betrachten zunächst nur den Pkw-Verkehr – machen eine Verkehrsumschichtung möglich:

1. Etwa 50 Prozent aller Pkw-Fahrten sind kürzer als 5 km, eine Entfernung, die gut mit dem Fahrrad zu bewältigen ist.
2. In Großstädten ist zur Hauptverkehrszeit die Reisezeit mit dem Fahrrad bis zu einer Entfernung von 3 – 4 km geringer als mit dem Pkw.
3. Bei Fahrten zwischen Zentren oder entlang von Hauptverkehrsachsen ist ein gut ausgebauter Bahnverkehr schneller als der Pkw-Verkehr.

Unschlagbar ist der Pkw-Verkehr allerdings im ländlichen Raum und in dünn besiedelten Stadtrandlagen, bei besonderen Aufgaben des Materialtransports, bei Fahrten mit ‚Kind und Kegel' oder bei komplizierten Wegeketten. Alles in allem kann man wohl davon ausgehen, daß gut 30 Prozent des Pkw-Verkehrs (in Wegen gerechnet) substituierbar sind, d.h., auf den Umweltverbund verlagert werden können. Je dichter ein Gebiet besiedelt ist, um so höher können und dürfen diese Verlagerungspotentiale angesetzt werden. So werden die fußläufigen Bereiche von Innenstädten in Zukunft immer mehr für den allgemeinen Autoverkehr gesperrt.

Neben Verkehrsberuhigung, Parkraumbewirtschaftung und Ausbau des Radverkehrs- sowie ÖPNV-Netzes werden auch Maßnahmen wie etwa *Road Pricing* und *HOV-Spuren* (High-Occupied-Vehicles) zur Erzielung von Verkehrsverlagerungen diskutiert. Beim Road Pricing werden Straßenbenutzungsgebühren erhoben, die den knappen Verkehrsraum, im besonderen in Spitzenzeiten, verteuern. Road Pricing dient nicht in erster Linie der Finanzierung von Straßenbauprojekten (wie etwa Maut- oder Autobahngebühren), sondern vorwiegend der Entzerrung extrem hoher Verkehrsmengen (Veränderung des Modal Split und zeitliche Streckung der Autoverkehrsbelastungen). Vor allem Singapore (2,6 Mio. Einwohner) hat mit Road Pricing gute Erfolge erzielt: Zu den Hauptverkehrszeiten konnten die Verkehrsbelastungen auf ein Drittel reduziert werden. In Singapore erfolgt die Überwachung durch Personal, das an den Windschutzscheiben angebrachte Plaketten kontrolliert. In der BRD sind die technischen Voraussetzungen für eine vereinfachte automatische Gebührenerfassung weitgehend gelöst. Auf unerwünschte Verlagerungseffekte etwa von Stadtautobahnen auf städtische Hauptverkehrsstraßen muß allerdings besonders geachtet werden. Im Transit- und Fernverkehr sind derartige Effekte kaum zu befürchten.

HOV-Spuren sind Fahrspuren, die nur von Fahrzeugen mit mehr als drei Fahrgästen benutzt werden dürfen. Vor allem im außereuropäischen Ausland wurden Erfahrungen gemacht, ein Pilotprojekt wird in den Niederlanden bei Amsterdam durchgeführt.

Was sollte eine umfassende Verkehrsentwicklungsplanung berücksichtigen?

Inhalte der Verkehrsentwicklungsplanung	
Planungsablauf	Planungsinhalte
1. Bestandsaufnahme	Stadt- und Landschaftsstruktur, Wirtschafts- und Sozialstruktur, Verkehrsstruktur, Verkehrsnetze
2. Bestandsanalyse	Lebensqualität, Umweltqualität, Standortqualität
3. Zielfindung	Festlegung verträglicher Kfz-Belastungen
4. Lösungsstrategien	Standortprogramm: Sinnvolle Zuordnung der Flächennutzungen Abschätzung des zukünftig notwendigen Verkehrsaufkommens im Kfz-Verkehr Ermittlung der zukünftig gewünschten Fuß-, Rad- und ÖV-Verkehrsmengen
5. Verkehrskonzepte	Ausbauprogramm für den Fuß-, Rad- und öffentlichen Verkehr Beschränkungsprogramm für den Pkw-Verkehr Güterverkehrskonzept Freizeitverkehrskonzept Verkehrssicherheitskonzept
6. Umsetzung	Kostenschätzung Dringlichkeitsreihung Finanzierung Zeitplanung Öffentlichkeitsarbeit Erfolgskontrolle

Verkehr darf nicht isoliert betrachtet werden. Jede Stadt, Gemeinde oder Region hat ihre wirtschaftlichen, strukturellen und kulturellen Besonderheiten. Daher können Verkehrsentwicklungskonzepte nur im Zusammenwirken mit ökonomisch-sozialen und städtebaulichen Überlegungen entwickelt werden. In einer Stadt kann der Autoverkehr sehr stark reduziert werden, in einer anderen weniger; in einer Gemeinde macht die Förderung des Radverkehrs besonderen Sinn, in einer anderen Region der Ausbau der Stadtbahn.

Viele Städte haben bereits *Verkehrsentwicklungspläne* unterschiedlichen Umfangs bearbeiten lassen. Wenige Städte setzen diese Vorschläge konsequent um. Bei den wenigen, die dies seit einigen Jahren tun, zeigen sich erste Erfolge. Bei

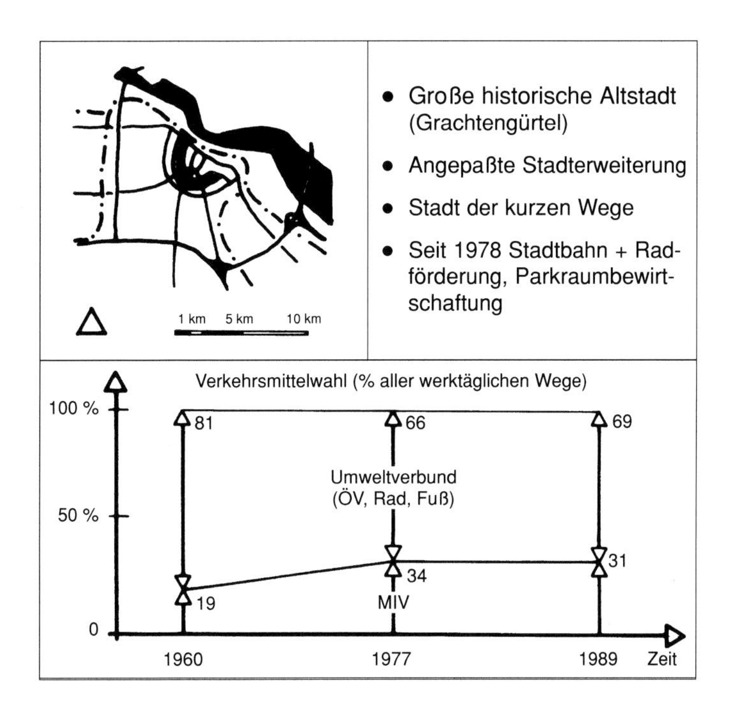

15 Verkehrsentwicklung Amsterdam

Städten, die schon viele Jahre und intensiv an ihrer Verkehrsentwicklung arbeiten, sind die Erfolge deutlich (Amsterdam, Zürich).

Die Nahverkehrsgesetze der Bundesländer verpflichten die Träger des öffentlichen Personennahverkehrs *Nahverkehrspläne* aufzustellen (vgl. S. 205).

6 Verkehrsverhalten: Warum wir so viel und so schnell unterwegs sind und wie wir das ändern können

Das Phänomen Verkehr läßt sich von drei Standpunkten aus betrachten, die zusammengenommen vielleicht eine recht akzeptable Beschreibung des Verkehrsgeschehens liefern. Den Standpunkt der Verkehrsmittel und ihrer Wege (biophysikalische Gesichtspunkte) haben wir im Kapitel 4 beschrieben, den Standpunkt des Raumes und seiner Nutzungen (geographische Gesichtspunkte) im Kapitel 5. In diesem Kapitel widmen wir uns den Menschen und ihrem Verkehrsverhalten (psychosoziale Gesichtspunkte), den Größen also, die schließlich darüber entscheiden, ob und wie Verkehrsmittel genutzt werden – ob, wo und wie Nutzungen im Raum entstehen.

Wahrnehmung

Auch wenn wir uns im folgenden der visuellen Wahrnehmung widmen, gelten viele Aussagen generell für Kommunikationsprozesse, Prozesse also, in denen Informationen übermittelt oder ausgetauscht werden. Visuelle Wahrnehmung ist an den Austausch von Zeichen gebunden, die Information tragen. Die Zeichentheorie (Semiotik) unterscheidet *Signale* und *Zeichen:* Signale sind Zeichenträger, Zeichen haben Bedeutung. Das rote Licht einer Ampel ist – ohne Kenntnis dessen Bedeutung – ein Signal, erst bei Kenntnis der gesellschaftlichen Konvention (hier: Straßenverkehrsordnung) gewinnt es an Bedeutung und wird zum Zeichen mit dem Inhalt ‚Halt'.

Ein Zeichen ist das, was zum Zeichen erklärt wird, dessen Inhalt die Menschen verstehen und gegebenenfalls akzeptieren. Einige Verkehrszeichen (etwa Verkehrsberuhigter Bereich) entwickeln sich in diesem Sinne erst zu Zeichen, da ihr Bedeutungsgehalt von vielen Verkehrsteilnehmern noch nicht voll erfaßt wird. Verkehrsplanungen, mit denen der Planer ein bestimmtes Verkehrsverhalten erzielen will und die von den Verkehrsteilnehmern nicht verstanden oder akzeptiert werden, sind in diesem Sinne auch eher Signal als Zeichen.

Damit Zeichen auffallen, müssen sie sich aus ihrer Umgebung, von ihrem Hintergrund abheben. Es bildet sich eine *Gestalt.* Dabei ist diese Gestaltwahrnehmung nicht unabhängig vom Betrachter und dessen Erwartung, etwas Bestimmtes zu sehen.

Es ist Aufgabe der Wahrnehmung, aus der Vielzahl der Umweltinformationen die für den Betrachter notwendigen herauszufiltern und zu sinnvollen Gestalten zu ordnen. So wird das nächtliche Flackern von Lichtern geordnet in: Scheinwerferlicht, Rücklicht, Bremslicht, Blinker, Straßenlaternen, Werbeschriftzüge, Wohnungsbeleuchtung, Zigarettenglühen, Sterne. Nur so gewinnt die Umwelt Bedeutung in einem zunächst verwirrenden Chaos von Informa-

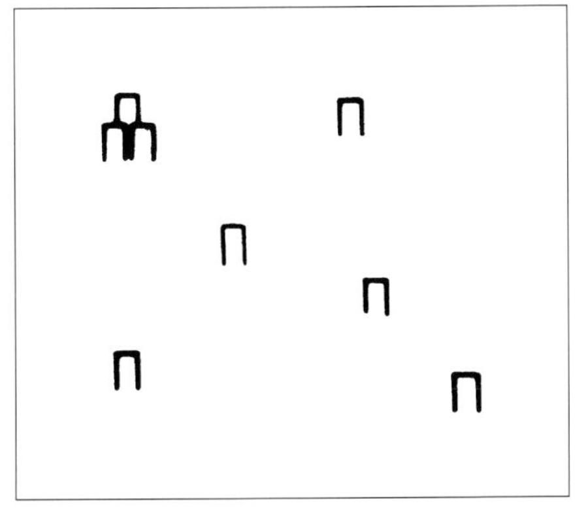

Räumliche Nähe

Ähnliche Form

Symmetrie

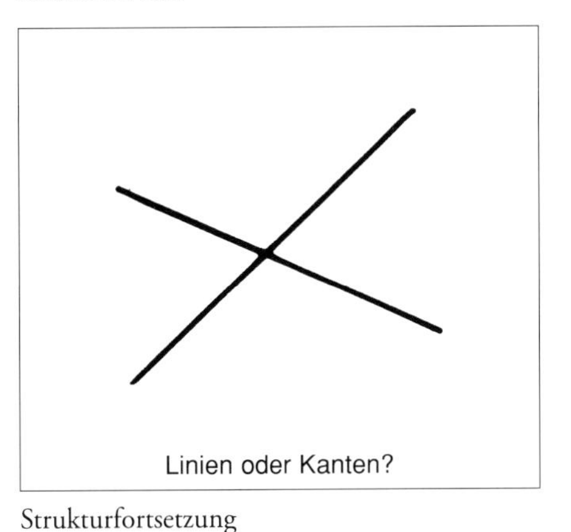

Strukturfortsetzung

16 Gestaltgesetze

tionen. Die Gestaltgesetze zeigen Bedingungen auf, unter denen sich Gestalten bilden. Dies sind vor allem:

- räumliche Nähe,
- gleiche oder ähnliche Form,
- symmetrische Anordnung,
- Strukturfortsetzung.

Wie die Beachtung der Gestaltgesetze Einfluß auf den Entwurf von verkehrlichen Anlagen hat, wollen wir am Beispiel einer Mittelinsel, die als Fußgänger-Querungshilfe dienen soll, zeigen.

Dabei suchen wir nach einer Gestalt, die einerseits den Kraftfahrer zur Vorsicht mahnt, andererseits dem Fußgänger keinen Vortritt oder ein nachlässiges Sicherungs- und Querungsverhalten suggeriert.

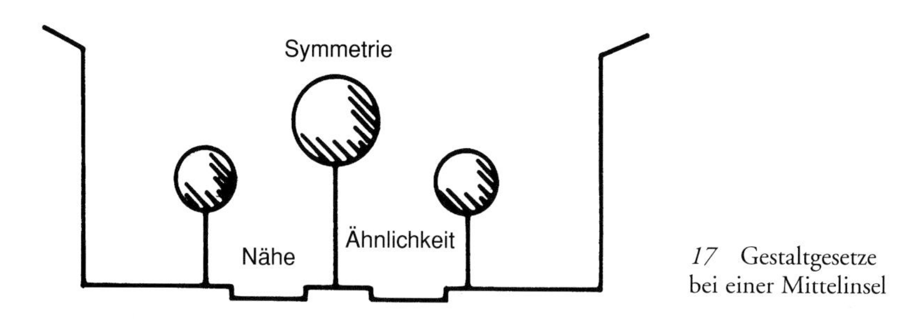

17 Gestaltgesetze bei einer Mittelinsel

Eine Querungshilfe ist gut gestaltet, wenn sie als Einheit wahrgenommen wird und sich damit

- sowohl als Ganzheit aus dem übrigen Straßenraum (Fahrbahn und Gehweg) heraushebt,
- als auch die Verbindung der beiden Straßenseiten mittels ihrer Gestalt schafft, ohne dem Fußgänger einen Vorrang vorzuspielen.

Bei den meisten Querungshilfen ist dies offensichtlich nicht der Fall. Mittelinseln werden vom Kraftfahrer nur als Insel in der Fahrbahnmitte erkannt, in der Regel ohne jeden Bezug zu den beiden Straßenufern.

Durch vertikale Elemente ähnlicher Art in räumlicher Nähe und am besten in symmetrischer Anordnung werden Querungshilfen als Ganzheit empfunden. Aus der Sicht des Kraftfahrers muß darüber hinaus die Tendenz der Strukturfortsetzung (durchlaufende Asphaltfahrbahn) unterbrochen werden; aus der Sicht des Fußgängers darf die Tendenz zur Strukturfortsetzung des Gehweges nicht betont werden. Die Querungshilfe muß sich als neue Gestalt aus beiden Strukturen hervorheben:

Der Querungsbereich kann gepflastert werden, dies unterbricht die Struktur der Fahrbahn. Er sollte aber außerhalb verkehrsberuhigter Bereiche nicht rot angelegt werden, da diese Farbe den Fußgängern Vorrang suggerieren könnte. Zwischen Gehweg und Querungsbereich sollte ein deutlich wahrnehmbares Bord ausgeführt werden (etwa ein auf 2 cm abgesenkter Bordstein). Damit wird eine klare Grenze zwischen Gehweg und Querungsbereich gesetzt.

Querungshilfen sind aus Sicht des Kraftfahrers erst einmal Hindernisse im Straßenraum. Ein positiver Sinn und Zweck wird erst in einem intellektuellen Verarbeitungsprozeß verständlich. Die Form Querungshilfe repräsentiert heute selten mehr als eine negativ belegte Störung des Verkehrsflusses, ihr positiver Sinn kann erst in der Erinnerung an wirksam gewordene Erklärungen der Öffentlichkeitsarbeit erfaßt werden. Wenn es überhaupt gelingt, dauert es von der Signalwahrnehmung bis zu einem angemessenen Verhalten (etwa Geschwindigkeit senken) lange.

Aufgabe einer guten Gestaltung sollte es daher sein, eine Form für Querungshilfen zu finden, deren Sinn auch intuitiv erfaßt werden kann. Der intuitive Verarbeitungsprozeß läuft wesentlicher schneller als der intellektuelle und fördert damit ein frühzeitiges Verstehen der Situationsänderung. Die Form soll eine assoziative Verbindung mit einem wohlvertrauten, lang bekannten Urbild schaffen, dessen Inhalt intuitiv als sinnvoll (im Gegensatz zu einem bloßen Hindernis) erkannt wird. Sinnvolle Urbilder stehen in direktem Zusammenhang einerseits mit den Begriffen Straße/Weg und andererseits mit einer seit Jahrhunderten immer wieder auftauchenden Unterbrechung dieses Weges, etwa:

Stadteingang, Dorfeingang, Stadtmauer
Tor, Torwächter, Schranke
Vorspringende Bebauung, Brücke
Wegekreuzung, Allee
Chaussee mit Mittenbäumen
Eingangsschmuck, Girlanden, Fahnen
Oberflächenwechsel, Beleuchtungswechsel
Kreisplatz mit Denkmal, Verladerampe, Brückenkopf
Furt, Steg
Raststelle, Wegebaustelle

Die Aufnahmekapazität des Menschen ist begrenzt, die maximale Zuflußkapazität des Kurzzeitgedächtnisses beträgt etwa 16 bit/s (16 ‚Informationseinheiten'). Das Auge hingegen kann 200 Mio. bit/s aufnehmen. Damit besteht die Hauptaufgabe der Wahrnehmung in der Filterung und zusammenfassenden Ordnung der Informationsmenge.

Um aber überhaupt Informationen aufnehmen zu können, ist ein gewisses Maß an Aufmerksamkeit notwendig. Anhaltende größtmögliche Aufmerksamkeit ist wohl kaum möglich, Spannungs- und Entspannungszustände wechseln sich ab. Abwechslungsreich gestaltete Wege erleichtern es den Verkehrsteilnehmern, aufmerksam zu sein. Abwechslung meint ein gutes Maß zwischen Chaos und Monotonie.

Zusammenfassend und ausblickend läßt sich festhalten: Jeder Planer muß sich im Planungsprozeß Gedanken über das Zusammenspiel von Form und Inhalt der von ihm geplanten Objekte machen. Eine gute Form ist die, die den ihr inneliegenden Inhalt verständlich repräsentiert und zu in diesem Sinne sinnvollen Handlungen einlädt. Straßeneinbauten müssen als Verkehrsberuhigung und nicht als Schikane aufgefaßt werden. Dies ist aber nur möglich, wenn entsprechend gestaltet und informiert wird. Beschilderungswälder und komplizierte Verkehrslenkungen sind nicht sinnvoll, sie können vom Verbraucher nicht erfaßt werden – sinnvolles und kooperatives Verhalten ist dann erschwert.

Weitere Informationen zur Gestaltung von Querungshilfen findet man in *Sicherheitsbewertung von Querungshilfen für den Fußgängerverkehr*, Ausführungen unter anderem zur psychologischen Wirkung von Fahrbahnmarkierungen und Verkehrszeichen in Verkehrspsychologie, einen Überblick über Informationsübermittlung und Zeichentheorie sowie deren Anwendung auf Gestaltung und Anordnung von Verkehrszeichen in *Grundlagen der Beschilderung*.

Psychosoziale Beweggründe für Automobilität

„Eben weil der Mensch der westlichen Industriegesellschaft in einer so langjährigen und häufig als schmerzhaft erlebten Abhängigkeit von seinen Eltern und Erziehern bleibt, gibt es auf der anderen Seite ein entsprechendes Bedürfnis nach Unabhängigkeit. Dieser Wunsch nach Selbständigkeit steht oftmals in direktem Verhältnis zu erlebten Abhängigkeit. Und wo diese Autonomie dem Ich nicht möglich scheint, sind zumindest Autonomiebeweise oder Demonstrationen eigener Autarkie von um so größerer Bedeutung. [...]

Der komplizierte Individuationsprozeß ist allerdings nicht identisch mit der motorischen Entwicklung. Die räumliche Fortbewegung von den Erzeugern ist zwar die sichtbarste, nicht aber unbedingt dauerhafteste und folgenreichste Trennung. Denn neben den motorischen Möglichkeiten wächst zugleich die geistige Flexibilität, also die Fähigkeit, sich innerlich von den Eltern zu entfernen, indem nicht alle Werte und Verhaltensweisen einfach übernommen werden. Diese innere Ablösung ist viel schmerzhafter und ängstigender als die räumliche Fortbewegung, von der es, im Gegensatz zum Ausflug mit dem Dreirad, kein Zurück mehr gibt. Dies verweist auf die verlockende Möglichkeit, die innere Loslösung auf eine ‚bloß' äußere zu verschieben: Wo die innere Ablösung zu gefährlich erscheint, bleibt der Ausweg, sich etwas Bewegungsraum über die motorische Flexibilität zu erlauben. [...]

Der kollektive Automobilmißbrauch gründet auf der Verknüpfung von Selbst- und Identitätsentwicklung mit der Entwicklung des Bewegungsapparates und seiner Hilfsmittel (Auto). Ein Teil der großen Affektivität im Straßenverkehr wird so verständlicher: Es geht eben nicht nur um ein paar Meter oder wenige Sekunden Vorsprung, sondern auch um ein Stück Identität, welches sich potentiell bedroht fühlt.

Diese bedrohte Identität ist häufig genug männlich: Alle bisherigen Untersuchungen belegen, daß Frauen verhaltener, rücksichtsvoller und sanfter fahren. Männer benötigen das Auto allzuoft als Potenzbeweis, wo sonst augenscheinlich andere Potenzen zu versagen drohen." (Hilgers, 39 – 41)

Zusammenfassend und ergänzend können folgende psychosozialen Beweggründe für die Benutzung – und die Art und Weise der Benutzung – eines Automobils genannt werden:

- Die Idee von der Autonomie einer Persönlichkeit wird an die Möglichkeit zur Fortbewegung geknüpft. Entwicklungsdefizite werden durch Unterwegssein kompensiert.
- Seit der kindlichen Entwicklung ist das Selbstwertgefühl stark mit Fortbewegung verknüpft.
- Auto, Motorrad und auch Mountainbike ermöglichen Nervenkitzel, Größenphantasien können ausgelebt werden.
- Das Auto kompensiert illusionär sozioökonomische und psychosoziale Schwäche. Gegen die Einschränkungen der Gesellschaft hat die Straße eine Nischenfunktion, die den Autofahrern oft einen als rechtsfrei empfundenen Raum bieten.
- Das Auto erscheint als hervorragende Möglichkeit, sich und andere zu definieren. Darüber hinaus ist es als Symbol für Lebensfreude und soziale Errungenschaften bestens geeignet.
- Das Auto gewährt Distanz zu sozialen Realitäten und Bedrohungen der Gesellschaft. Autofahrer sitzen im sicheren, umhüllenden Raum und behalten das Steuer in der Hand.
- Starke Beschleunigungen und Richtungsänderungen bewegen die Körper der Fahrzeuginsassen (Ruck). Dies kann auch im Zusammenwirken mit Fahrzeugvibrationen Lust erzeugen.
- Auto, Motorrad und Mountainbike werden oftmals auch im öffentlichen Straßenverkehr für Wettkampf- und Geschicklichkeitsspiele genutzt.
- Als erfolgreich gilt, wer viel schnell schafft. Dies überträgt sich auf den Verkehr. Dieser Leistungsdruck mag auch mit dafür verantwortlich sein, daß viele Kraftfahrer einen ‚Überholzwang' gegenüber nur geringfügig langsameren Fahrzeugen verspüren und einige unbedingt als erste in eine Engstelle hineinfahren müssen und dabei sogar den Zusammenstoß mit einem entgegenkommenden Fahrzeug riskieren.

Wer erfolgreich Verkehrsplanung betreiben will, muß psychologische Faktoren beachten. Setzt sich Verkehrsplanung etwa die Aufgabe, Verkehrsverlagerungen vom Pkw auf den Umweltverbund zu erzielen, müssen neben ‚harten' materiellen Maßnahmen (Verkehrslenkung, Verkehrsberuhigung, Angebotserweiterungen im Umweltverbund) auch die ‚weichen' – einerseits die Eindämmung unangemessener sozio-psychologischer Vorteile des Autofahrens, andererseits die Entwicklung und Förderung der Vorzüge des Umweltverbundes – berücksichtigt werden.

Für den Autoverkehr heißt das etwa: Geschwindigkeitsübertretungen, aggressives Verhalten und Gefährdungen müssen konsequent und wirksam geahndet werden. Während leichte Beeinträchtigungen anderer Verkehrsteilnehmer in unserem komplexen Verkehrssystem hingenommen werden müssen, ist die Grenze dort zu ziehen, wo Verkehrsteilnehmer über andere Macht ausüben und ‚Schwächeren' nur die Möglichkeit bleibt, sich der Gewalt zu beugen.

Der öffentliche Verkehr verfügt in Verkehrsmitteln und Bahnhöfen über Räume, die einen guten Rahmen geben für Kommunikation im weitesten Sinne, für Handel, Kultur und persönliche Kontakte. Bahnhöfe und Haltestellen sind ideale Standorte für Infrastruktureinrichtungen, und auch Fahrzeuge bieten Raum für Bewirtung, Bildung, Unterhaltung und Telekommunikation. Während sich viele Hauptbahnhöfe und die Verkehrsangebote ICE, IC und IR um die Ausschöpfung dieses Potentials bemühen, sind oftmals kleinere Bahnhöfe und Haltepunkte sowie Züge und Bahnen des Regional- und Nahverkehrs in Erscheinungsbild, Ausstattung und Ausstrahlung von sozialer Sicherheit desolat. In diesen Bereichen sind erhebliche Anstrengungen nötig, um das Image des öffentlichen Verkehrs aufzuwerten.

Beim nicht motorisierten Verkehr hat sich in den letzten Jahren viel getan. Fahrräder, Radfahrerkleidung und Fahrradzubehör haben parallel zu technischen Neuerungen ein Design bekommen, das vom Markt gut angenommen wird und so zu einer Aufwertung des Radfahrens vor allem im Freizeitverkehr führt. Defizite bestehen vor allem im Bereich des Alltagsradverkehrs, wo häufig Infrastruktureinrichtungen (komfortable Wege, sichere Abstellanlagen, Servicestationen) fehlen und das Rad damit als unterprivilegiertes Verkehrsmittel erscheinen lassen.

Flanieren und Bummeln in ansprechend gestalteten Innenstädten ist beliebt. Für Fußgänger gibt es Probleme bei der Zuwegung zu Innenstädten, entlang und bei der Querung stark belasteter Hauptverkehrsstraßen sowie in Umfeldern, die weniger attraktiv oder gar sozial unsicher erscheinen. Gehwege gelten als interessant und sozial sicher, wenn sie durch belebte Straßen oder Grünanlagen führen. Wichtig ist, daß es etwas zu sehen gibt, und daß Menschen auf Wege und Straßen schauen. Eine Abstufung vom öffentlichen Raum (Straßen und Wege) über den halböffentlichen (Vorgärten, Schaufensterbereiche) zum privaten (Wohnungen, teilweise auch Geschäfte) wirkt positiv, ebenso wie nicht verdeckende Bepflanzung und gute Ausleuchtung der Gehbereiche.

Im nächsten Abschnitt werden wir intensiver auf das Problem überhöhter Geschwindigkeiten eingehen. Wenn es gelingt, Geschwindigkeiten im Straßenverkehr auf ein verträgliches Maß zu reduzieren oder gar ein entspanntes und kooperatives Verkehrsverhalten zu initiieren, bleiben einige Bedürfnisse, wie etwa Nervenkitzel, Lust am Ruck und Spieltrieb, unbefriedigt. Zur Kompensation müssen andere Arenen gefunden werden, vielleicht auch ‚Tempodrome', Sport- und Kampfstätten für Fahrzeugführer und deren Fahrzeuge, die jedermann zum Vergnügen, zur Ablenkung und zum Risiko offenstehen.

Unfälle, Geschwindigkeit und Verkehrssicherheit

Unfälle

1994 sind in der BRD 516.415 Menschen im Straßenverkehr verletzt, 9.814 getötet worden. Im Laufe der Zeit hat sich bei der Unfallentwicklung viel getan. Wir können daraus Rückschlüsse für eine sichere Verkehrsplanung ziehen; bemerkenswert ist vor allem:

1. Seit 1970 ist die Anzahl der Verletzten leicht zurückgegangen.
2. Seit 1970 ist die Anzahl der Getöteten stark zurückgegangen (Gebiet der heutigen BRD: 21.332 → 9.814).
3. Seit dem Beitritt der neuen Bundesländer sind in deren Gebiet sowohl die Anzahl der Verletzten als auch die der Getöteten rapide angestiegen (Getötete: 1989: 1.784; 1991: 3.759; 1994: 3.014).

Trotz steigender Motorisierung und steigender Verkehrsleistung konnten in der alten Bundesrepublik die Gefährdungen durch den Straßenverkehr reduziert werden. Der starke Rückgang der Unfallschwere (Getötete) läßt vermuten, daß die Erfolge weniger auf angemessenes Verkehrsverhalten als auf sekundäre Maßnahmen wie Gurtanschnallpflicht, verbessertes Rettungswesen, verbesserte Intensivmedizin u.ä. zurückzuführen sind. Wir werden später noch zeigen, daß innerorts auch Maßnahmen zum Schutz der Fußgänger sehr erfolgreich waren. Die Zahlen in den neuen Bundesländern zeigen deutlich die

Folgen des Kraftfahrzeugmißbrauchs durch hohe Geschwindigkeiten und rücksichtsloses Verkehrsverhalten. Mit Trabis, engen Verkehrsregeln und strenger Verkehrspolizei ließen sich eben nicht so viele Menschen wie heute totfahren; die ,freie Fahrt für freie Bürger' hat ihren Preis.

Für weitere Betrachtungen des Unfallgeschehens sei als Kenngröße die Unfallrate verwendet, die die Anzahl der Opfer auf die Verkehrsleistung bezieht (Getötete pro 1 Mrd. Fahrzeugkilometer).

Verkehrstote im internationalen Vergleich Unfallraten [Getötete / 1 Mrd. Fzg km] 1989			
	Alle Straßen	Außerorts	Autobahn
BRD (West)	18,2	17,9	6,0
BRD (Ost) 1991	53,4	–	–
Frankreich	28,4	–	10,4
Großbritannien	13,3	13,0	3,8
Niederlande	14,7	–	3,2
Österreich	29,4	30,7	15,7
Spanien	88,0	–	61,0
Schweiz	16,5	15,5	4,9
USA	13,5	15,9	6,9

Die Tabelle zeigt, daß der Westteil der BRD im internationalen Vergleich nicht schlecht dasteht; auch in den neuen Bundesländern wird sich der Zustand langsam normalisieren. Die Niederlande, Großbritannien und die USA sind beispielhaft für vorbildliches Verkehrsverhalten. Weiter fällt auf, daß die Verkehrssicherheit auf Autobahnen in der Regel deutlich höher ist als auf Stadt- und Landstraßen.

Außerorts ereignen sich die meisten Unfälle durch zu dichtes Auffahren, durch Verlust der Fahrzeugkontrolle infolge übermäßiger Geschwindigkeit und durch falsches Überholen, innerorts durch zu spätes Bremsen und Anhalten infolge übermäßiger Geschwindigkeit sowie durch Nichtbeachten der Vorfahrt. Außerorts kommen zumeist Insassen von Kraftfahrzeugen zu Schaden, innerorts Fußgänger und Insassen in gleichem Maße. Innerorts passieren die meisten Unfälle an Hauptverkehrsstraßen, vor allem an deren Knotenpunkten. In Nebenstraßen fallen Unfälle mit Kindern auf.

Das Risiko, mit einem Motorrad in einen schweren Unfall verwickelt zu werden, ist um ein Vielfaches höher als mit anderen Verkehrsmitteln. Dies liegt einerseits an dem hohen Geschwindigkeits- und Beschleunigungspotential der Maschinen, andererseits an deren fehlenden Schutzhüllen. Verschärfend wirkt sich die sehr hohe Risikobereitschaft junger Kraftfahrer aus, die die Hauptnutzer dieses Verkehrsmittels sind.

Bei der Betrachtung der Autobahnen gehen bei weitem die meisten Unfälle auf nicht angepaßte Geschwindigkeiten und unzureichende Sicherheitsabstände zurück. Jeder fünfte Pkw-Fahrer unterschreitet auf den Autobahnen der BRD (Ballungsgebiete) den sehr gefährlichen Un-Sicherheitsabstand von einem viertel Tachostand (in Frankreich, Belgien, Italien sogar jeder dritte Pkw-Fahrer). Bei den Getöteten auf Autobahnen fällt die hohe Anzahl an Unfällen durch Einschlafen (oder Suizid) auf. Die relative Sicherheit von Autobahnen ist dem einfachen, um viele Konfliktmöglichkeiten entschärften, Verkehrsablauf zu verdanken.

Geschwindigkeit

Die wirkungsvollste Maßnahme zur Erhöhung der Verkehrssicherheit wäre die Reduzierung der Fahrgeschwindigkeiten. Dies zeigen vor allem die positiven Erfahrungen in Großbritannien, in den Niederlanden, den USA und in der ehemaligen DDR – alles Länder, in denen entweder aus Einsicht oder durch strenge Überwachung Geschwindigkeitslimits auf Autobahnen, Landstraßen und Stadtstraßen eingehalten werden bzw. wurden. Es ist fachlich unhaltbar und zumindest grob fahrlässig, dem Autofahrer, der sich ja oft in eine triebgesteuerte Kampfmaschine verwandelt, eine zu große Freiheit in der Geschwindigkeitswahl zu lassen. Daher ist es notwendig, auch in der Bundesrepublik – wie in allen anderen europäischen Ländern – ein Geschwindigkeitslimit auf Autobahnen auszusprechen (etwa 120 km/h) und streng zu überwachen.

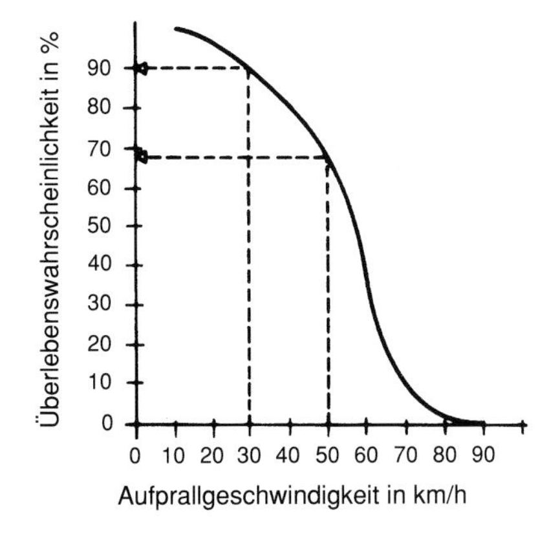

18 Unfallschwere und Geschwindigkeit

Innerorts sollte die Höchstgeschwindigkeit grundsätzlich 30 km/h betragen; Hauptstraßen können durch Beschilderung (z. B. 50 km/h) davon ausgenommen werden. Es ist unverständlich, daß die Regelung heute umgekehrt ist, daß generell 50 km/h gelten und jede Tempo-30-Zone gesondert und kostenaufwendig eingerichtet werden muß. Erfahrungen mit Tempo 30 haben – etwa in Hamburg – gezeigt, daß die schweren Unfälle (Schwerverletzte und Getötete) in 30er-Gebieten um nahezu 30 Prozent zurückgehen, obwohl die Geschwindigkeitsreduzierung (meist auf $v_m \approx 40$ km/h) bei weitem noch nicht optimal ist. Eine ernsthafte Überwachung der zulässigen Höchstgeschwindigkeit von 30 km/h würde mit Sicherheit einen weiteren starken Rückgang der Unfälle und vor allem der Unfallschwere mit sich bringen.

Geschwindigkeitsschalter für Kraftfahrzeuge sind in der Erprobung. Je nach Schalterstellung wird Tempo 30 oder Tempo 50 nicht mehr überschritten. Gleichzeitig werden Höchstdrehzahl und Beschleunigung auf das im Stadtverkehr notwendige Maß beschränkt (etwa 2.300 U/min. und 1,0 m/s^2).

Wer ist für das Nichthandeln oder Zuwenighandeln bei der Einhaltung angemessener Geschwindigkeiten verantwortlich?

1. der Gesetzgeber, der versäumt, weitergehende Geschwindigkeitsbegrenzungen auszusprechen; dies könnte in der StVO, etwa durch eine Festsetzung der zulässigen Innerortsgeschwindigkeit auf 30 km/h, der Außerortsgeschwindigkeit auf 80 km/h und der Autobahngeschwindigkeit auf 120 km/h geschehen, ebenso wie in der StVZO, etwa durch Bauvorschriften, die Höchstgeschwindigkeit (z. B. 140 km/h) und Beschleunigungswerte für Kraftfahrzeuge begrenzen;
2. die Automobilindustrie, die schnelle anstatt (aktiv) sichere Fahrzeuge herstellt;
3. Stadt- und Gemeindeparlamente, sofern sie sich scheuen, notwendige flächendeckende Geschwindigkeitsbegrenzungen zu beschließen;
4. Verwaltungen und Überwachungsbehörden, die Begrenzungen halbherzig anordnen und unzureichend überwachen;
5. Planer und Bauämter, die Raserstrecken bauen;
6. Autofahrer, die angemessene Geschwindigkeiten nicht einhalten.

Wen wundert es da eigentlich noch, daß die Paragraphen 1 und 3(1) der StVO so selten eingehalten werden?

„Paragraph 1. Grundregeln
(1) Die Teilnahme am Straßenverkehr erfordert ständige Vorsicht und gegenseitige Rücksicht.

(2) Jeder Verkehrsteilnehmer hat sich so zu verhalten, daß kein Anderer geschädigt, gefährdet oder mehr, als nach den Umständen unvermeidbar, behindert oder belästigt wird.
Paragraph 3. Geschwindigkeit
(1) Der Fahrzeugführer darf nur so schnell fahren, daß er sein Fahrzeug ständig beherrscht. Er hat seine Geschwindigkeit insbesondere den Straßen-, Verkehrs-, Sicht- und Wetterverhältnissen sowie seinen persönlichen Fähigkeiten und Eigenschaften von Fahrzeug und Ladung anzupassen. Er darf nur so schnell fahren, daß er innerhalb der übersehbaren Strecke halten kann. Auf Fahrbahnen, die so schmal sind, daß dort entgegenkommende Fahrzeuge gefährdet werden könnten, muß er jedoch so langsam fahren, daß er mindestens innerhalb der Hälfte der übersehbaren Strecke halten kann."

Verkehrssicherheit

Weitere, häufig vorkommende Unfallursachen sind vor allem Einschränkungen der Fahrtüchtigkeit durch Alkohol, Medikamente oder andere Drogen sowie Unaufmerksamkeit oder Abgelenktsein.

Verkehrssicherheitsarbeit betätigt sich in den verschiedenen Bereichen des Verkehrssystems Verkehrsnetz-Straße-Fahrzeug-Fahrer. Sie ist durchaus erfolgreich, auch wenn die Versäumnisse des Gesetzgebers und der Automobilindustrie gravierend sind. Verkehrssicherheit zu gewährleisten, ist die erste Aufgabe des Verkehrsplaners/Verkehrsingenieurs; erst danach kommen Aspekte wie Leistungsfähigkeit, Komfort, Ästhetik zum Tragen. Verkehrssicherheitsarbeit versucht, die Folgen der Versäumnisse unserer Gesellschaft zu minimieren, kann die Probleme aber nicht grundsätzlich lösen. Sie wirkt ‚trotz allem', und zwar durch

verkehrsplanerische Maßnahmen der Geschwindigkeitsreduzierung:
- Geschwindigkeitsbegrenzungen,
- Tempo-30-Zonen,
- flächenhafte Verkehrsberuhigung,
- Rückbau von Hauptverkehrsstraßen;

Separation von Verkehrsarten:
- Geh- und Radwege,
- Fußgängerzonen;

bauliche und verkehrstechnische Maßnahmen in Straßen:
- verständliche Verkehrs- und Straßenführung,
- Mittelinseln und Leitplanken,
- Lichtsignalisierung,
- Zebrastreifen und andere Querungshilfen für Fußgänger;

passive Schutzmaßnahmen im Fahrzeug und für Fahrer:
– Knautschzone und Kfz-Sicherheitszelle,
– Sicherheitsgurte und Airbag,
– Helmpflicht bzw. -empfehlung für Zweiradfahrer;
Maßnahmen zur Kompetenzerhöhung der Verkehrsteilnehmer:
– Verkehrsunterricht in Kindergärten und Schulen,
– Schulwegsicherung und Schulwegempfehlungen,
– Führerscheinausbildung, Führerschein auf Probe, Nachschulung,
– Öffentlichkeitsarbeit;
Qualitätskontrollen und Weiterentwicklung der Verkehrssicherheit:
– Verkehrssicherheitsforschung,
– technische Überwachung von Fahrzeugen (TÜV, DEKRA u.a.),
– Verkehrsüberwachung (Verkehrspolizei),
– Überwachung des Straßenzustandes (Bauämter, Autobahnmeisterei),
– Verkehrskommissionen.
Bundeseinheitlich nimmt die Polizei bei Unfällen Verkehrsunfallanzeigen auf (nicht bei ‚Bagatell'unfällen, in der Regel Unfälle mit geringem Sachschaden). Diese werden ausgewertet und in *Unfalltypensteckkarten* zusammengestellt. Dabei werden die Orte aller aufgenommenen Unfälle mit Nadeln auf einer Straßenkarte markiert. Die Farbe der Nadelköpfe gibt den Unfalltyp an, die Dicke der Nadelköpfe die Schwere der Unfallfolgen. Für Stellen, an denen besonders viele Unfälle geschehen, werden *Unfalldiagramme* erstellt, die in einem Grundrißplan mittels einer besonderen Signatur den Verlauf der einzelnen Unfälle darstellen. Fallen dabei typische, sich wiederholende Unfallabläufe auf, können wichtige Rückschlüsse auf notwendige Verbesserungsmaßnahmen gezogen werden. Verkehrskommissionen, deren Mitglieder in der Regel Vertreter der Polizei, der Straßenbau- und Verkehrsbehörden sowie der Stadtregierung sind, begutachten regelmäßig diese *Unfallhäufungsstellen* und suchen Maßnahmen zur Verbesserung örtlicher Gefahrensituationen.

Apel, Kolleck und Lehmbrock vergleichen die Unfallbelastungen mittelgroßer Städte und stellen fest: „Eine räumliche kompakte Stadt mit kurzen Wegen, mäßigem Ausbaugrad des Hauptverkehrsstraßennetzes, verbunden mit einer Eindämmung des Pkw-Verkehrs schafft Voraussetzungen für eine geringe Unfallbelastung. [...] Kurzfristig verspricht eine Dämpfung der vielerorts nicht angepaßten Geschwindigkeiten den größten Sicherheitsgewinn, wie es auch die Erfahrungen mit flächenhafter Verkehrsberuhigung gelehrt haben. Größere Aufmerksamkeit muß hier vor allem den Hauptverkehrsstraßen gewidmet werden," (Apel, 1988. 18 – 19). Unter anderen werden Delft (NL), Uppsala (S) und Erlangen (BRD) als positive Beispiele genannt.

7 Verkehrsplanung: Das Handwerkszeug der Verkehrsplaner

Der Angriff der Geschwindigkeit auf Zeit und Raum

Man kann sich fragen, welches Produkt ein Verkehrsplaner eigentlich produzieren und verkaufen will. Cerwenka hat sicherlich nicht ganz unrichtig das Produkt ‚Geschwindigkeit' genannt.

Unsere Welt wächst beständig zusammen; was vor Jahrzehnten noch unerreichbar in der Ferne lag, wird heute Jahr für Jahr als Urlaubstrip gebucht. Städte und Regionen, die mit der Verkehrserschließung nicht mithalten, fallen zurück, gegebenenfalls sogar in die Bedeutungslosigkeit. Eine Stadt, die im letzten Jahrhundert an keiner Bahnlinie lag, wurde für die Industrie- und Bevölkerungsentwicklung unbedeutend. Ähnlich wird es in Zukunft Städten gehen, die wegen zunehmender Staus ihren Autoerschließungsvorteil verlieren und an keiner kompensierenden TGV- oder ICE-Linie liegen.

Die französische Stadt Lille hat sich als Knotenpunkt europäischer Schnellzüge gleichsam zum Vorort Londons entwickelt. Die Fahrzeit nach London schrumpft dank TGV und Eurotunnel (Eisenbahntunnel unter dem Ärmelkanal) von sieben auf zwei Stunden, nach Paris von zweieinhalb auf eine Stunde und nach Brüssel von einer Stunde auf dreißig Minuten. Im Zuge dieser Verkehrsentwicklung wird eine halbe Stadt umgebaut, am neuen TGV-Bahnhof entsteht ein neuer Stadtteil – ein riesiges Kommerz- und Verwaltungszentrum dergestalt, daß der nicht vorgewarnte Besucher glauben könnte, er wäre auf dem Raumhafen einer fernen Galaxis ausgestiegen.

Wir stehen vor einem Dilemma. Wer nicht mithält, verpaßt den Anschluß, wer mitmacht oder gar voranprescht, überdreht oder dreht gar durch. Unverkennbar ist die zunehmende Beschleunigung der Welt – man vergleiche die Tempi der Rockmusik der sechziger Jahre mit den heutigen oder gar mit denen der Technomusik. Unverkennbar ist aber auch die Zunahme von Zeitkrankheiten, wie Streß, Überforderung, nervösen Beschwerden, Herzinfarkten.

Als Verkehrsplaner und ‚Geschwindigkeitsverkäufer' müssen wir uns auf die Suche nach Lösungen machen. Wer hindert uns daran, langsame Geschwindigkeiten, Langsamkeit oder angemessene Tempi zu verkaufen? Allerdings müssen diese Produkte marktgerecht aufgearbeitet werden und ihren Nutzen zeigen. Auch wenn Lösungen heute noch nicht vorhanden sind, ist eines klar: Wer Zeit sparen will, verliert letztendlich Zeit.

Dem geläufigen Denken ‚Zeit ist Geld' entspricht die Formel der klassischen Physik:

$$\text{Geschwindigkeit (v)} = \frac{\text{Weggewinn (s)}}{\text{Zeitverlust (t)}}$$

Wir kennen diesen Ansatz ja schon von der Leistungsformel und können eine Transformation in folgender Art vornehmen:

Erleben = Weggewinn + Zeitgewinn

Erleben findet in Raum und Zeit statt; Erleben ist das Bild von der Welt, das wir wahrnehmen und wirken lassen. Mit der Sucht nach Geschwindigkeit geht Lebenszeit verloren. Mit der rechten Geschwindigkeit wird Erleben möglich und Lebenszeit gewonnen. Das Leben rauscht nicht vorbei, sondern wird erfahren.

Unsere Aufgabe wird es sein – privat und als ‚Geschwindigkeitsverkäufer' –, nach dem rechten Tempo zu suchen, das zwischen Trägheit/Starre und Zwangsaktivismus/Überdrehtheit liegt. Dabei hat alles seine Zeit, es gibt richtige und falsche Zeitpunkte. Es ist eine Kunst, dies wahrzunehmen, und es wird sich lohnen, diese Kunstfertigkeit zu üben. Antworten können wir nicht geben, denn auch wir sind noch Übende. Stattdessen einige Anregungen aus dem Kinderbuch Momo :

„Beppo liebte diese Stunden vor Tagesanbruch, wenn die Stadt noch schlief. Und er tat seine Arbeit gern und gründlich. Er wußte, es war eine sehr notwendige Arbeit.

Wenn er so die Straßen kehrte, tat er es langsam, aber stetig: Bei jedem Schritt einen Atemzug und bei jedem Atemzug einen Besenstrich. Schritt – Atemzug – Besenstrich. Schritt – Atemzug – Besenstrich. Dazwischen blieb er manchmal ein Weilchen stehen und blickte nachdenklich vor sich hin. Und dann ging es wieder weiter – Schritt – Atemzug – Besenstrich – – – .

Während er sich so dahinbewegte, vor sich die schmutzige Straße und hinter sich die saubere, kamen ihm oft große Gedanken. Aber es waren Gedanken ohne Worte, Gedanken, die sich so schwer mitteilen ließen wie ein bestimmter Duft, an den man sich nur gerade eben noch erinnert, oder wie eine Farbe, von der man geträumt hat. Nach der Arbeit, wenn er bei Momo saß, erklärte er ihr seine großen Gedanken. Und da sie auf ihre besondere Art zuhörte, löste sich seine Zunge, und er fand die richtigen Worte.

‚Siehst du, Momo', sagte er dann zum Beispiel, ‚es ist so: Manchmal hat man eine sehr lange Straße vor sich. Man denkt, die ist so schrecklich lang; das kann man niemals schaffen, denkt man.'

Er blickte eine Weile schweigend vor sich hin, dann fuhr er fort: ‚Und dann fängt man an, sich zu eilen. Und man eilt sich immer mehr. Jedesmal, wenn man aufblickt, sieht man, daß es gar nicht weniger wird, was noch vor einem liegt. Und man strengt sich noch mehr an, man kriegt es mit der Angst, und zum Schluß ist man ganz außer Puste und kann nicht mehr. Und die Straße liegt immer noch vor einem. So darf man es nicht machen.'

Er dachte einige Zeit nach. Dann sprach er weiter: ‚Man darf nie an die ganze Straße auf einmal denken, verstehst du? Man muß nur an den nächsten Schritt denken, an den nächsten Atemzug, an den nächsten Besenstrich. Und immer wieder nur an den nächsten.'

Wieder hielt er inne und überlegte, ehe er hinzufügte: ‚Dann macht es Freude; das ist wichtig, dann macht man seine Sache gut. Und so soll es sein.'

Und abermals nach einer langen Pause fuhr er fort: ‚Auf einmal merkt man, daß man Schritt für Schritt die ganze Straße gemacht hat. Man hat gar nicht gemerkt wie, und man ist nicht außer Puste.' Er nickte vor sich hin und sagte abschließend: ‚Das ist wichtig.'" (Ende, 36 – 37)

Verkehrsnetze

Verkehrsnetze setzen sich aus Strecken und Knotenpunkten zusammen. Streckenabschnitte dienen der Verbindung zweier Orte, Knotenpunkte der Verknüpfung mit anderen Streckenabschnitten. Einmündungen, Ausfahrten, Kreuzungen, Kreisverkehre sind typische Knotenpunkte.

Je nach Verkehrsmittel entstehen unterschiedlich ausgedehnte, unterschiedlich dicht geknüpfte und unterschiedlich geformte Netze. Ein Fußwegenetz ist dicht geknüpft, umfaßt Gehwege an Straßen, aber auch verwinkelte Pfade durch schmale Gassen oder über Felder und Haine. Fußgänger meiden Umwege und schaffen sich ihre eigenen Wege (etwa Trampelpfade in Grünanlagen), wenn die Verkehrsplanung ihnen keine kurzen Wege zur Verfügung stellt.

Ein *Radverkehrsnetz* kann deckungsgleich mit dem Straßennetz sein, wenn Kraftfahrzeuge und Radfahrer gefahrlos auf der Straße miteinander auskommen. Dies ist heute nur noch in Nebenstraßen möglich, in denen Kraftfahrer dann aber auch langsam fahren müssen (etwa 30 km/h). An (fast) allen Hauptstraßen sind daher separate Radverkehrsanlagen notwendig – es entsteht ein *Radwegenetz*. Das Radwegenetz ist nicht so dicht geknüpft wie das Straßennetz und erst recht nicht so dicht wie das Fußwegenetz. In den meisten Städten ist es so löchrig, daß man eigentlich nicht mehr von einem Netz sprechen kann; vor allem an Kreuzungen fehlen meistens sichere Verkehrsanlagen. So müssen sich Radfahrer irgendwie mit dem Autoverkehr auf der Fahrbahn arrangieren.

Radfahrer sind umwegeempfindlich; so bilden etwa Einbahnstraßen, die ja zur Lenkung des Autoverkehrs eingerichtet werden, für sie ein wesentlich größeres Hindernis als für den Kraftfahrer. Auch wenn man die Mißachtung der Straßenverkehrsordnung durch viele Radfahrer nicht billigen kann, ist die Mißachtung der Einbahnstraßen durch Radler in erster Linie die Folge schlechter Verkehrsplanung.

Während die Netze für den Autoverkehr flächenhaft und flächenerschließend sind – man kann in der Regel von Haustür zu Haustür fahren –, sind die Netze des öffentlichen Verkehrs linienhaft: Bus und Bahn fahren in einer Linie, zu deren Haltestellen man zunächst gelangen muß. Während man beim Autoverkehr zur Richtungsänderung an Knotenpunkten abbiegt, muß man beim öffentlichen Verkehr in der Regel umsteigen.

In klassischen Straßen teilen sich die Verkehrsmittel den Straßenraum. Fußgänger haben in modernen Städten zwar Gehwege; Straßenbahn, Autoverkehr und Radverkehr benutzen jedoch dieselbe Fahrbahn. Das Autobahn- und Kraftfahrstraßennetz bildet dagegen ein besonderes Netz, das alleine dem Autoverkehr vorbehalten ist. Autobahnknotenpunkte und oft auch die der Kraftfahrstraßen sind planfrei, Kreuzungen der Fahrbahnen erfolgen in unterschiedlichen Ebenen. Während die Eisenbahnlinien schon immer separat vom Straßennetz trassiert wurden, verliefen die Straßenbahnlinien im Straßenraum. In modernen Stadtbahnnetzen verfügen Stadtbahnen (als moderne Straßenbahn) zumeist über eigene Bahnkörper im Straßenraum und werden in Teilabschnitten separat (unterirdisch – etwa in der City – oder oberirdisch auf eigener Trasse – z. B. im Außenbereich) geführt.

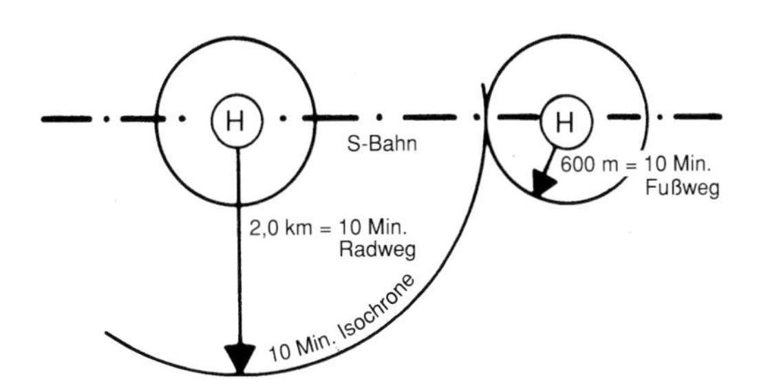

19 Haltestelleneinzugsbereiche

Ein Zusammenwirken von Radverkehr und öffentlichem Verkehr (etwa mit dem Rad zur S-Bahn-Haltestelle) kann die Flächenwirksamkeit des öffentlichen Verkehrs verbessern.

Während auf der einen Seite versucht wird, die Nachteile des öffentlichen Verkehrs zu mildern, verliert der Autoverkehr durch die hohen Verkehrsbelastungen den Vorteil der Verkehrserschließung von Tür zu Tür. Immer mehr und immer größere Flächen müssen zur Bewältigung der Verkehrsprobleme vom ‚normalen' Autoverkehr freigehalten werden.

Straßennetze

Die Straße ist zugleich Lebensraum und Verkehrsraum: An Straßen wird gewohnt und gehandelt – auf Straßen werden Wohnungen erschlossen und Geschäfte beliefert –, durch Straßen fließt der Verkehr. In der Verkehrsplanung sprechen wir von *Aufenthalts-*, *Erschließungs-* und *Verbindungsfunktionen*.

Einerseits um ein Zurechtfinden (Orientieren) im Straßennetz zu ermöglichen, andererseits um ruhige Wohnstraßen in Abgrenzung zu Verkehrsachsen und Geschäftsstraßen zu schaffen, hat sich eine *Hierarchie im Straßennetz* ge-

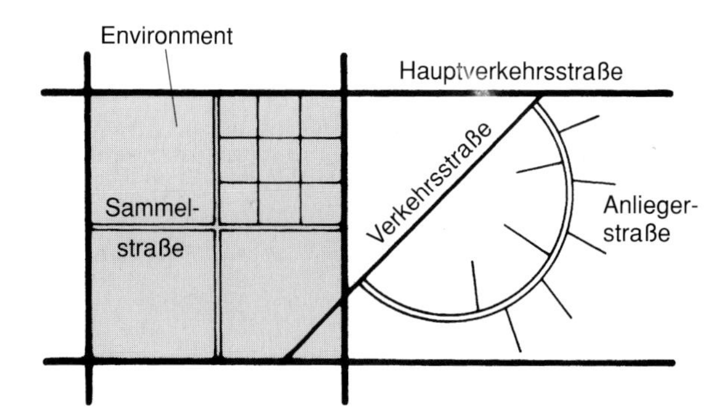

20 Hierarchie der Straßen: Straßentypen

bildet. Hauptstraßen (Hauptverkehrsstraßen, Verkehrsstraßen) und Nebenstraßen (Sammelstraßen, Anliegerstraßen) bilden ein städtisches Netz mit kräftigen (d.h. stark vom Verkehr belasteten) Verkehrsachsen und dazwischengehängten dünneren Straßen, die ein sogenanntes *Environment* bilden – einen Bereich, der möglichst weitgehend vom Autoverkehr entlastet sein soll. An den Wohnungen beginnen die Anliegerstraßen, die vor allem dem Aufenthalt dienen – Anliegerstraßen münden in Sammelstraßen (Gebietserschließung), die dann von Verkehrs- oder Hauptverkehrsstraßen aufgenommen werden. Je stärker eine Straßenachse verkehrlich belastet ist, um so stärker ist ihre Verbindungsfunktion, auch wenn an jeder bebauten (Fachausdruck: angebauten) Straße ebenfalls Erschließung und Aufenthalt stattfindet. Die Übergänge zwischen diesen Straßentypen sind fließend; es gibt Zwischenstufen (Hauptsammelstraßen) und Straßen/Wege jenseits der Anliegerstraßen (Wohnwege) und jenseits der Hauptverkehrsstraßen (Stadtautobahnen).

Die folgende Tabelle zeigt Straßentypen mit üblichen Verkehrsbelastungen und empfehlenswerten zulässigen Höchstgeschwindigkeiten. Die Belastungen der Hauptverkehrsstraßen und der Stadtautobahn sind bis zu dem Bereich angegeben, in dem bereits Zähflüssigkeiten des Verkehrs auftreten können. Die

Stadtstraßen					
Straßentyp	Straßen-kategorie	Belastung Kfz/Sp.h	Spurigkeit	angebaut	Höchstge-schwindigkeit
Anliegerstraße	E	50 – 400	2	x	10 – 30
Sammelstraße	D	400 – 800	2	x	30
Verkehrsstraße	C	600 – 1.200	2	x	30 – 50
Hauptverkehrsstraße	C	1.000 – 1.800	2	x	30 – 50
Hauptverkehrsstraße	C	1.500 – 3.500	4	x	30 – 50
Hauptverkehrsstraße	B	1.500 – 4.000	4		50 – 70
Stadtautobahn	A	2.000 – 4.000	4		70 – 100

Tabelle sollte vor dem Hintergrund gesehen werden, daß angebaute vierspurige Hauptverkehrsstraßen zwar keine Seltenheit, aber – ebenso wie Verkehrsbelastungen von über 1.000 Kfz/Sp.h – im Regelfall mit einer Wohnnutzung nicht verträglich sind.

Dazu ein kleiner Exkurs zu einigen Fachbegriffen:

- *Straßenkategorie:* Die *Richtlinien für die Anlage von Straßen* (im besonderen die *RAS-N, Leitfaden für die funktionale Gliederung des Straßennetzes*) unterscheiden Straßenkategorien von A bis E.
- *Spurigkeit:* Etwas verwirrend im Vergleich zur Alltagssprache, verwendet die Fachsprache der Verkehrsplanung den Begriff *Streifigkeit* statt Spurigkeit. Eine Fahrbahn setzt sich aus verschiedenen Fahrstreifen (gegebenenfalls plus zusätzlicher Randstreifen, von 0,25 – 0,50 m Breite je Straßenseite) zusammen. Es gibt etwa zweistreifige Fahrbahnen, vierstreifige Fahrbahnen mit Mittelstreifen. Fahrbahnen ohne Mittelstreifen werden einbahnig, mit Mittelstreifen zweibahnig genannt.

Die Straßen können in unterschiedlicher Form zu Netzen zusammengefügt werden.

Großräumige Netze orientieren sich entweder an der Rasterform oder an einer radialen Form. Diese Netze passen sich landschaftlichen Gegebenheiten (Flüssen, Mittelgebirgen), Schwerpunkten der Siedlungsbereiche sowie natürlichen (Meere, Gebirge) und politischen Grenzen an. Die Rasterform entsteht eher in polyzentrischen Räumen (Ruhrgebiet), die radiale Form in eher monozentrischen Räumen (Frankreich mit dem Zentrum Paris). Städtische Hauptstraßennetze bevorzugen meist radial-ringförmige Netze (Köln, Aachen). Es gibt aber auch Rasternetze (typische Beispiele: Mannheim, New

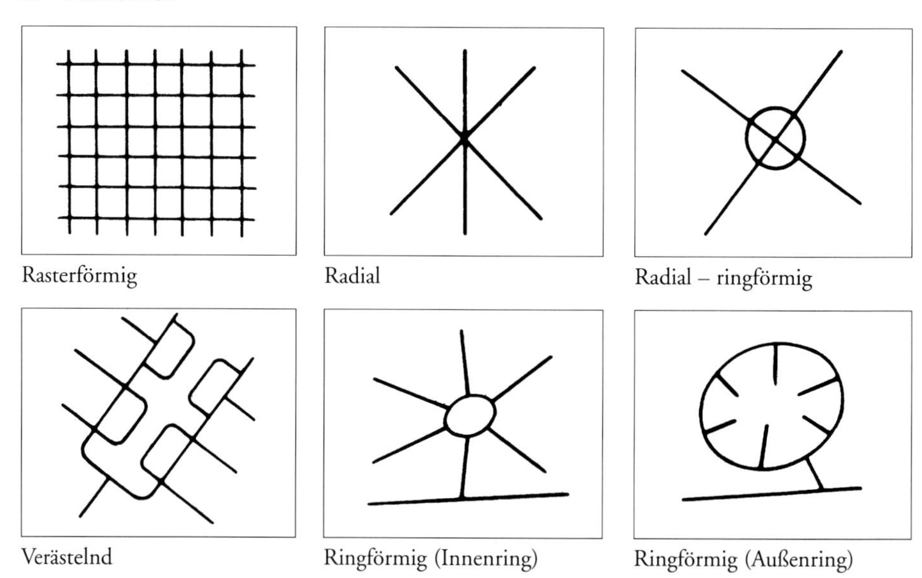

21 Netzformen

York). Bei radial orientierten Netzen werden zwischen den Hauptstraßen Nebenstraßen entweder in Rasterform (Stadterweiterungen des 19. Jahrhunderts) oder in Verästelungen und Ringen (seit den fünfziger Jahren) eingehängt.

Bei radial-ringförmigen Netzen ergeben sich hohe Verkehrsbelastungen auf den Ringen, bei Rasternetzen verteilt sich der Verkehr gleichmäßiger übers Stadtgebiet. Im Nebenstraßennetz führen Rasterformen jedoch zu möglichen ‚Schleichstrecken' abseits der Hauptstraßen und belasten damit die Environments. Daher wurden diese Netze – im Zuge der Verkehrsberuhigung – durch Einbahnstraßensysteme, Stichstraßen und Schleifensysteme unterbrochen. Dies erzeugt zwar insgesamt – wegen der notwendig werdenden Umwegfahrten – mehr Verkehr, schafft aber zugleich eine deutliche Straßenhierarchie, die Hauptstraßen belastet und Nebenstraßen entlastet.

Einbahnstraßen werden auch angelegt, um durch den Wegfall einer Fahrspur zusätzliche Flächen für den ruhenden Verkehr zu schaffen. Einbahnstraßenregelungen sollten behutsam eingesetzt werden. Sie erzeugen Umweg-

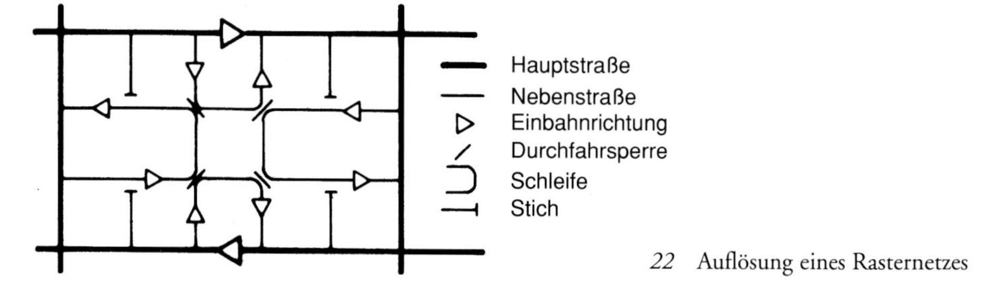

22 Auflösung eines Rasternetzes

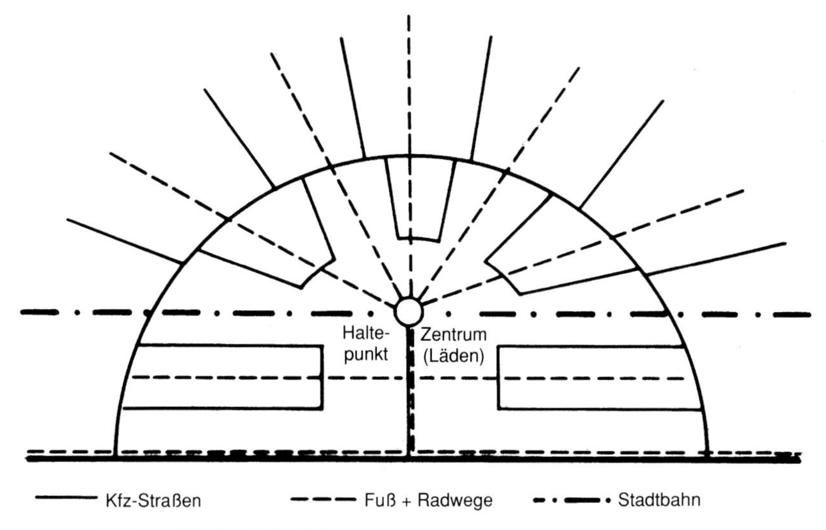

23 Getrennte Kfz- und Fußverkehrsführung

fahrten und Umweltbelastungen, erschweren die Orientierung, führen zu Problemen mit dem Radverkehr und können sogar zu Geschwindigkeitsprobleme führen, da ohne Gegenverkehr in der Regel schneller gefahren wird.

In mittelalterlichen Innenstädten gibt es außer diesen klaren Grundformen sehr verwinkelte Netze, die aus örtlichen und landschaftlichen Besonderheiten gewachsen sind. In den heutigen Städten werden Fuß-, Rad-, Kfz- und meist auch öffentlicher Verkehr gemeinsam, wenn auch auf getrennten Fahrspuren, im Straßenraum geführt. Bei Stadterweiterungen seit den fünfziger Jahren wurden auch Konzepte der getrennten Führung umgesetzt (Vorteil: ruhige, verkehrssichere Fußwege, Nachteil: unbelebte Straßen).

Wir haben bisher Stadtstraßen und Autobahnen angesprochen. Weitere Außerortsstraßen sind Landstraßen (je nach Träger der Baumaßnahme spricht man von Kreisstraßen, Landesstraßen, Bundesstraßen, und insgesamt – dann allerdings einschließlich der Autobahnen – von klassifizierten Straßen). Außerortsstraßen sind anbaufrei. In der Regel sind Knotenpunkte der Landstraßen plangleich (Kreuzungen auf einem Niveau). Landstraßen durchqueren Städte und Dörfer, man spricht dann von Ortsdurchfahrten (angebaut). Ortsdurchfahrten wurden und werden oft durch Umgehungsstraßen (anbaufrei) entlastet. Der Verlauf der Umgehung wird dann zur Landstraße, die alte Ortsdurchfahrt oft zur städtischen oder dörflichen Hauptstraße abgestuft und die betreffende Gemeinde damit zum Baulastträger.

Verkehrsnetze sollten einfach und klar gestaltet sein; sie müssen auch für den Ortsfremden verständlich werden. Oftmals ist es nötig, punktuelle Verkehrsprobleme kurzfristig durch verkehrsregelnde Maßnahmen zu lösen. Dies hat oft dazu geführt, daß die große Linie im Netz vergessen wurde und eine Stadt in einem Wirrwarr von Einbahnstraßen, Abbiegeverboten und Verkehrsberuhigungen verplant wurde. Aufgabe der Verkehrsplanung ist es jedoch, zu grundsätzlichen und flächendeckenden Lösungen zu kommen. Die Ebene der Verkehrsentwicklungsplanung ist das Feld, auf dem dies geschehen kann.

Verkehrsnetze kann man besonders gut verstehen, wenn sie einer Netzgrundform (etwa Raster, radialringförmiges ‚Spinnen'netz) ähnlich sind und eine ausgeprägte Straßenhierarchie aufweisen. Der Übergang vom Stadtplan in die Wirklichkeit fällt leicht, man kann sich gut orientieren. Man macht sich in Gedanken ein ‚Bild der Stadt' (vgl. Lynch, *Das Bild der Stadt*). Wichtig für den gedanklichen Aufbau des Bildes sind neben den Verkehrswegen Grenzen (Flüsse, Bahnlinien), Brennpunkte (belebte Plätze, Märkte) und Merkzeichen (Türme, Denkmale). Man sieht und nimmt allerdings nur wahr, was einen interessiert. So ist das ‚Bild der Stadt' eher ein kollektives Durchschnittsbild; unterschiedliche Bevölkerungsgruppen, Kinder und Erwachsene nehmen andere Dinge wahr. So können für Kinder etwa das Mäuerchen, auf dem man hüpfen

24 Sichtbeziehung

kann, und der Kaugummiautomat besonders einprägsam sein. Es ist offensichtlich, daß man nur das bemerken kann, was sichtbar ist. So spielen *Sichtbeziehungen* im Wegeverlauf (Blick auf Türme, Tore, Flüsse) für die *Begreifbarkeit eines Verkehrsnetzes* eine besondere Rolle.

Umgehungsstraßen

Jeder neue Straßenbau erzeugt zusätzlichen Autoverkehr: Selbstregelnde Elemente des Verkehrssystems – nämlich Staubildung und langsamer Verkehrsfluß – werden aufgehoben. Als Folge davon steigen die Verkaufszahlen von Neuwagen und die Nutzung vorhandener Fahrzeuge. Andererseits können Umgehungsstraßen die Ortsdurchfahrten – die dörflichen und kleinstädtischen Hauptstraßen, an denen gewohnt wird und die zugleich die kommerziellen und kulturellen Hauptachsen des örtlichen Lebens sind – entlasten.

Hier müssen Vor- und Nachteile sorgfältig abgewogen werden, und es muß bedacht werden, daß jede Umgehungsstraße landschaftliche Flächen verbraucht, gegebenenfalls Biotope zerstört und Landschafts- sowie Ortsbild beeinträchtigt. Jede Umgehung zieht auch – über das Maß des neu erzeugten Verkehrs hinaus – zusätzlich Verkehr aus der Region an, der die neue und schnelle Trasse anderen, bisher genutzten Straßen im Umland vorzieht. Diese Überlegungen und Abwägungen sind in der Vergangenheit selten geschehen.

Abgesehen von diesen konzeptionellen Mängeln sind viele Umgehungsstraßen rücksichtslos in die Landschaft geschlagen worden; eine gestalterische Einbindung fand selten statt. Es ist schon verwunderlich, daß es wenig Ortsumgehungen gibt, die auf die Topographie der Landschaft Rücksicht nehmen (stattdessen werden Tunnel und Dämme gebaut), die durch alleeartigen Baumbestand ein ansprechendes Bild geben und durch sparsamen Flächenverbrauch auf der Strecke und vor allem an Knotenpunkten Landschaft und visuelle Wahrnehmung schonen.

Trotz allem haben Umgehungsstraßen in der Regel eine wichtige verkehrliche Bedeutung. Wir wollen deshalb untersuchen, unter welchen Bedingungen es sinnvoll sein kann, eine Umgehungsstraße anzulegen. Als erstes sei die Verkehrsbelastung betrachtet.

Die angekreuzten ‚Ja‘ und ‚Nein‘ in der folgenden Übersicht sind Anhalts- und keine festen Richtwerte. Besondere örtliche und verkehrliche Gegebenheiten (enge, mittelalterliche Hauptstraßen, hohe Lkw-Anteile, Unfallhäufungen) können auch bei niedrigen Belastungen eine Umgehung sinnvoll ma-

Ortsumgehung Ja/Nein			
Verkehrsbelastung der Ortsdurchfahrt (DTV)	Ortsumgehung		
Kfz/Tag	Nein	Vielleicht	Ja
< 4.000	X		
4.000 – 8.000		X	
> 8.000 – 10.000			X

chen; langsam und ruhig fahrender Pkw-Verkehr macht dagegen in breiten Straßenräumen auch hohe Verkehrsbelastungen erträglich.

Zum zweiten müssen wir untersuchen, ob eine Ortsumgehung überhaupt in der Lage ist, eine Ortsdurchfahrt zu entlasten. Wir müssen ermitteln, wieviel Verkehr Durchgangsverkehr durch unseren Ort ist – also Verkehr, der die Umgehung benutzen wird – und wieviel Quell-, Ziel- und Binnenverkehr ist, Verkehr also, der die Ortsdurchfahrt weiter nutzen wird. Dazu kann etwa eine ‚Kennzeichenverfolgung' durchgeführt werden, bei der an den Ein- und Ausgängen des Ortes die Kfz-Kennzeichen aufgeschrieben und später miteinander verglichen werden. Es wird dann ersichtlich, welche Fahrzeuge durchfahren (gleiche Kennzeichen an Eingang und Ausgang aufgeschrieben) und welche Fahrzeuge im Gebiet verbleiben bzw. aus ihm kommen. Alternativ sind auch Befragungen möglich.

In Dörfern ist der Durchgangsverkehrsanteil in der Regel hoch (beispielsweise 80 Prozent), während er in Kleinstädten deutlich abnimmt (vielleicht 30 Prozent) und in Großstädten kaum noch vorhanden ist (beispielsweise 5 Prozent). Dies allerdings vor dem Hintergrund des heute weitgehend ausgebauten Autobahn- und Fernstraßennetzes.

Eine Ortsumgehung wird dann sinnvoll, wenn die Ortsdurchfahrt so entlastet wird, daß ein deutlicher Qualitätssprung im Ort entsteht:

- Die Ortsdurchfahrt kann von der Vierspurigkeit zur Zweispurigkeit zurückgebaut werden (DTV etwa von 25.000 auf 12.000).
- Die Ortsdurchfahrt wird nahezu vollständig vom Lkw-Verkehr entlastet.
- Regelmäßige, länger anhaltende Staubildungen entfallen (auf zweispurigen Straßen DTV beispielsweise von 20.000 auf 10.000).
- Die *Umfeld*verträglichkeit der Ortsdurchfahrt wird wesentlich verbessert (DTV etwa von 12.000 auf 4.000).

Dagegen bringt eine Verkehrsentlastung von DTV 20.000 auf 16.000 oder von 12.000 auf 8.000 zu wenig, um die Nachteile einer Ortsumgehung aufzuwiegen.

Der Bau einer Ortsumgehung ist nur zu vertreten, wenn zugleich die Ortsdurchfahrt zurückgebaut wird, d.h. so gestaltet wird, daß ein Aufenthalt an dieser Straße (sei es für die Wohnnutzung oder die Geschäftsnutzung) wieder möglich wird. So sollten etwa breitere Gehwege und Baumpflanzungen angelegt und die zulässige Höchstgeschwindigkeit gesenkt werden (auf 30 bis 40 km/h).

Bei der Planung einer Ortsumgehung müssen unter anderem folgende Gesichtspunkte beachtet werden:
- Trassenführung: ortsnah oder ortsfern je nach örtlichen Gegebenheiten (z. B. ortsfern, um zwei Orte zu umgehen),
- Landschafts- und Naturschutz, Landschaftseinpassung,
- Vermeidung von Störungen des Ortsrandes (etwa durch Lärm),
- möglichst geringe Trennwirkung, beispielsweise zwischen mehreren Ortsteilen,
- sparsame Querschnitte und geringer Flächenverbrauch an Knotenpunkten,
- plangleiche Gestaltung von Knotenpunkten mittels Lichtsignalanlage oder Kreisverkehr,
- gegebenenfalls alleeartige Bepflanzung und Anlegung von Geh-/Radwegen,
- mäßiges Geschwindigkeitsniveau (etwa 70 km/h)

Lichtsignalanlagen müssen so geschaltet sein (wenig Grünzeit für Ortseinfahrende) und die Geschwindigkeiten so gewählt werden (Ortsdurchfahrt 30 km/h, Ortsumgehung 70 km/h), daß für den Durchgangsverkehr die längere

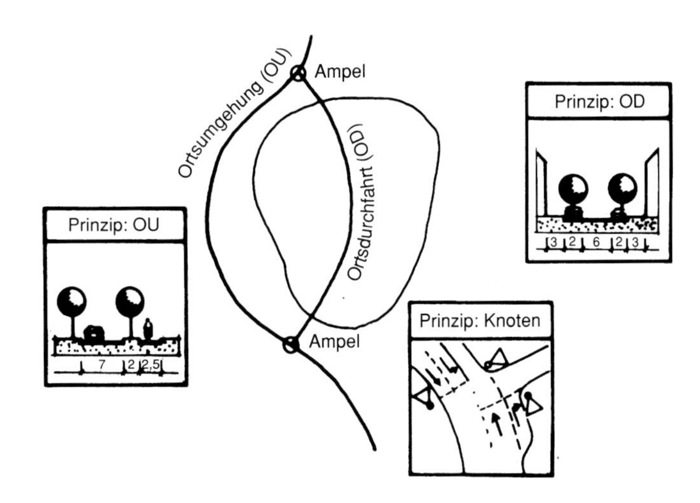

25 Ortsumgehung und Ortsdurchfahrt

Ortsumgehung attraktiver als die kurze Ortsdurchfahrt ist. Ortsumgehungen sollten aber nicht so attraktiv sein, daß sie den Wettbewerbsvorteil des motorisierten Individualverkehrs gegenüber dem öffentlichen Verkehr weiter steigern.

In Städten (etwa ab 80.000 E) können Ortsumgehungen auch der innerstädtischen Verteilung des Verkehrs dienen. Wohngebiete können dann über die Umgehungsstraßen an den Ortskern oder Gewerbegebiete angebunden werden. Bei kleineren Städten wird dies nur in Ausnahmefällen funktionieren.

Verkehrsberuhigung

Ein Blick in jede Stadt, in jede Region zeigt die Ungetüme der Verkehrsarchitektur: Hochstraßen, Betonrampen, verwurschtelte Spaghettiknoten, brutal durch den Baubestand geschlagene Schneisen. All diese Mach(t)werke waren nicht in der Lage, der wachsenden Verkehrsbelastungen Herr zu werden, sie vertrieben nur die Menschen aus den unwirtlich gewordenen Städten an den Stadtrand, was schließlich zu längeren Wegen und zu noch mehr Verkehr führte. Als Gegenreaktion auf diese Art der Verkehrsplanung wurde die Idee der Verkehrsberuhigung entwickelt, mit der zumindest die Environments – Wohngebiete und Einkaufsgebiete – vom Verkehr beruhigt werden sollten. Dabei verfolgt die Verkehrsberuhigung folgende Ziele:

- Fernhalten des Durchgangsverkehrs aus den Environments,
- Reduzierung der Kraftfahrzeuggeschwindigkeiten,
- Regelung des Parkverkehrs,
- Verbesserung der Situation für Fußgänger und Radfahrer,
- Verbesserung der Wohn- (bzw. Geschäfts-) und Aufenthaltsfunktion,
- Verringerung der Umweltbelastungen aus dem Kraftfahrzeugverkehr.

Die Idee der Verkehrsberuhigung wurde von den Niederlanden übernommen, wo man etwa in Delft sehr gute Erfahrungen gemacht hatte. In der Bundesrepublik begann man mit der Umgestaltung einzelner Wohn- und Geschäftsstraßen, erkannte aber sehr bald, daß nur ein flächendeckendes Vorgehen sinnvoll ist, das ganze Environments umfaßt. Verkehrsberuhigung einzelner Nebenstraßen führt nämlich oft dazu, daß der Verkehr nur auf andere Nebenstraßen verdrängt wird. Bei einem gebietsumfassenden Ansatz vermeidet man dies, akzeptiert aber auch, daß Verkehr der Nebenstraßen auf Hauptstraßen verlagert wird. Die Hauptstraßen sind allerdings auch für diese Verkehrsaufgaben besser geeignet. Das *Forschungsvorhaben Flächenhafte Verkehrsberuhigung* begleitete die ersten Maßnahmen sehr ausführlich und zeigte deutlich, daß die oben genannten Ziele erreicht werden können. Was Verkehrsberuhigung allerdings nicht leisten konnte, war eine Stabilisierung oder gar Verringerung des Autogebrauchs. So führt Verkehrsberuhigung zu lokalen Entschärfungen der Verkehrsproblematik, während der weiter ansteigende Trend zum Auto großräumig ein Anwachsen der Problemlage bewirkt. Die Ansätze zur Verkehrsberuhigung können wir heute wie folgt unterscheiden:

1. Verkehrsberuhigung – flächenhaft oder punktuell – als ‚Verkehrsberuhigter Bereich'. Dies ist möglich in Environments oder in einzelnen Nebenstraßen, die in andere Verkehrsberuhigungsmaßnahmen (Tempo-30-Zonen) eingebettet sind.
2. 'Verkehrsberuhigung an Hauptstraßen'
3. Flächendeckende Verkehrsberuhigung als ‚Tempo-30-Zone'.

Maßnahmen zur Verkehrsberuhigung können baulicher Art (Pflasterungen, Engstellen, Mittelinseln), verkehrslenkend (Durchfahrsperren, Einbahnstraßen) oder verkehrsregelnd sein (Geschwindigkeitsregelung, Parkordnung, Vorfahrtsregelung ‚Rechts vor Links').

Verkehrsberuhigter Bereich

Mitte der achtziger Jahre wurde das Verkehrszeichen 325 ‚Verkehrsberuhigter Bereich' in die Straßenverkehrsordnung (StVO) aufgenommen.

26 Zeichen 325: Beginn eines verkehrsberuhigten Bereichs

1. Fußgänger dürfen die Straße in ihrer ganzen Breite benutzen; Kinderspiele sind überall erlaubt.
2. Der Fahrzeugverkehr muß Schrittgeschwindigkeit einhalten.
3. Fahrer dürfen Fußgänger weder gefährden noch behindern; wenn nötig müssen sie warten.
4. Fußgänger dürfen den Fahrverkehr nicht unnötig behindern.
5. Das Parken ist außerhalb der dafür gekennzeichneten Flächen unzulässig, ausgenommen zum Ein- und Aussteigen oder zum Be- und Entladen.

Um diesen Anforderungen gerecht zu werden, dürfen die Verkehrsbelastungen nicht zu hoch sein (Wohngebiet ≤ 150 Kfz/Sp.h, Geschäftsgebiete ≤ 300 Kfz/Sp.h); die gestalterische Ausbildung des Straßenraumes muß ein Langsamfahren nahelegen. Dazu wurde ein vielfältiges Gestaltungsrepertoire entwickelt vom ‚sleeping policeman' (Fahrbahnschwelle) über

27 Bauliche Maßnahmen zur Verkehrsberuhigung

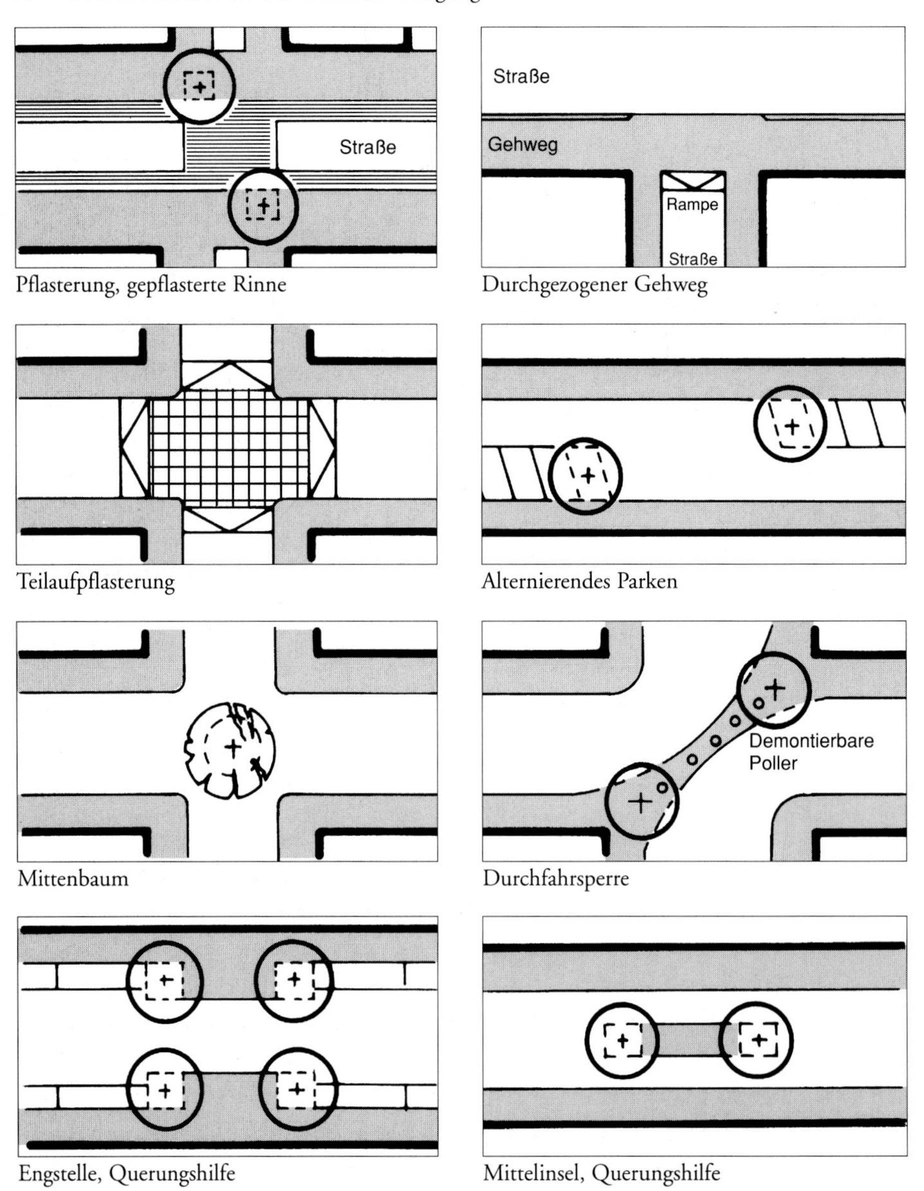

- Pflasterflächen,
- aufgepflasterte Gebietseinfahrten und Knotenpunkte (gepflasterte und auf Gehweg- oder nahezu Gehwegniveau angehobene Fahrbahnfläche, sogenannte Teilaufpflasterungen),
- Fahrbahnverschwenkungen (wechselseitiges bzw. alternierendes Parken),
- Fahrbahnverschmälerungen (etwa breite, gepflasterte Entwässerungsrinne und schmale Asphaltfahrgasse statt breiter Asphaltfahrbahn),
- Engstellen,
- Mittelinseln

bis zur Gestaltung der gesamten Straßen- und Platzflächen.

28 Verkehrsberuhigende Umgestaltung einer Dorfstraße in Schwalmtal

Von Maßnahmen, die man als Schikane empfinden könnte, wie den ‚sleeping policeman', ist man schnell abgekommen. Bauliche Maßnahmen zur Verkehrsberuhigung müssen umsichtig eingesetzt werden, die Befahrbarkeit durch Rettungs-, Müll- und Möbelfahrzeuge muß gewährleistet sein; in Gebieten mit (öffentlichem) Busverkehr sollte man auf die klassische Verkehrsberuhigung (verkehrsberuhigter Bereich) verzichten. Das Repertoire der Verkehrsberuhigungsmaßnahmen ist inzwischen dem verkehrsberuhigten Bereich entwachsen und wird in angepaßter Form bei anderen Verkehrsberuhigungsmaßnahmen in Anlieger- und Sammelstraßen eingesetzt.

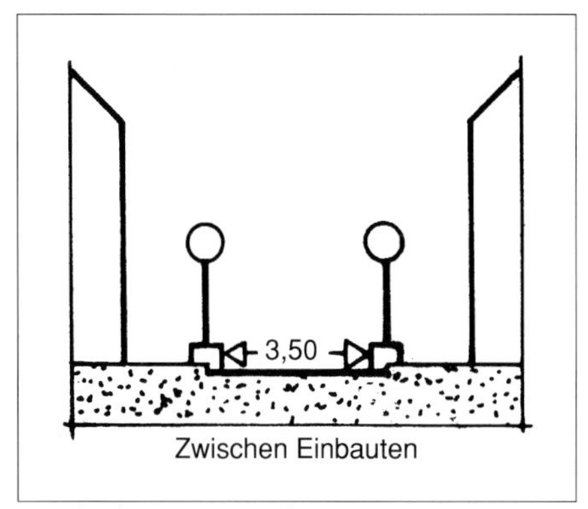

Mindestbreite Feuerwehr

Rampen (Beispiel)

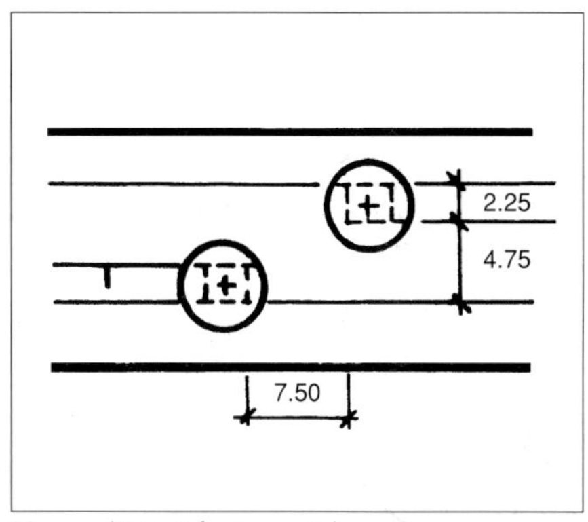

Versatz (Beispiel, einspurig)

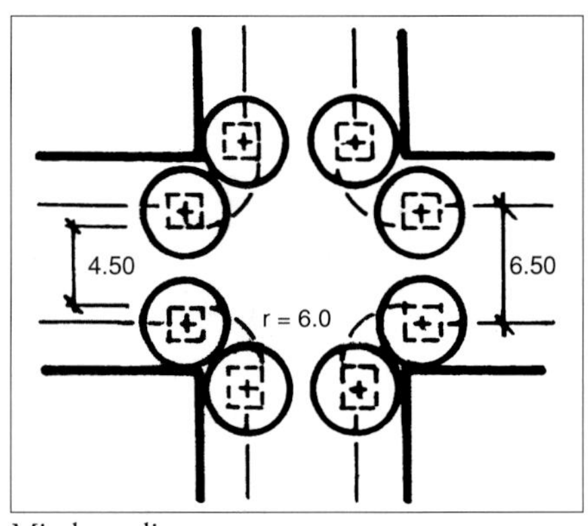

Mindestradien

29 Wichtige Abmessungen

Die Radien werden mittels Schleppkurven überprüft (vgl. EAE, EAHV, RAS-K-1). Hier sind die Schleppkurven für ein dreiachsiges Müllfahrzeug angesetzt.

Einige wichtige Abmessungen müssen beachtet werden.

Auch wenn die meisten Maßnahmen zur Verkehrsberuhigung verkehrlich gut funktionieren, ist nicht zu übersehen, daß viele Straßen durch häßliche Einbauten, Kübel, willkürliche Fahrbahnverschwenkungen u.ä. verunstaltet wurden. Verkehrsberuhigende Maßnahmen sollten nicht nur geschwindigkeitsreduzierend und den Durchgangsverkehr verdrängend wirken, sondern auch von der Nutzung her nachvollziehbar (Engstellen dort, wo viele Fußgänger queren) und straßenräumlich eingepaßt sein. Wichtig ist auch, daß Bäume nicht so gesetzt werden, daß die Sicht auf Fußgänger und einbiegende Fahrzeuge verdeckt wird.

Bei der Gestaltung verkehrsberuhigender Maßnahmen sollte beachtet werden:

– Straßen haben linienhaften Charakter; Strecken und Plätze wechseln sich ab; zu kleinteilige Gestaltung im Streckenverlauf erzeugt Verwirrung und

Unruhe. Alternierendes Parken ist nur in Ausnahmefällen zu empfehlen (etwa zur Betonung eines Kurvenverlaufs oder als Hinweis auf besondere Seitenraumnutzungen).

- Straßenmöblierungselemente (Bäume, Laternen, Poller, Bänke u.a.) sollen maßvoll und aufeinander abgestimmt eingesetzt werden. Straßen sollten nicht ‚verkrautet' werden.

30 Fahrgasse, Rinne, Gehbereich und Baumscheibe in abgestimmter Gestaltung

- Bei Oberflächenmaterialien (Pflaster usw.) empfiehlt sich eine Orientierung an regionalen Gegebenheiten; in bezug auf die Anzahl unterschiedlicher Beläge sollte man sich zurückhalten. Rot ist nicht immer gut, Betonpflaster wirkt in der Regel am besten im quadratischen oder Rechteckformat.

Bisher haben wir Verkehrsberuhigungsmaßnahmen dargestellt, die eine Trennung von Fuß- und Fahrverkehr vorsehen. Bei ganz niedrigen Verkehrsbelastungen (≈ 50 Kfz/Sp.h) kann aber auch ganz auf Gehwege verzichtet werden, man spricht dann vom Mischprinzip. Dennoch sollte vor den Haustüren ein rund ein Meter breiter Bereich gestalterisch abgesetzt werden, und zwar so, daß man beim Hinaustreten nicht direkt vor ein Fahrrad oder Auto läuft. Weitere Hinweise zur Verkehrsberuhigung findet man u.a. in *Verkehrsberuhigung und Straßenraumgestaltung, Städtebau, Band 1: Städtebauliches Entwerfen* und in den *Empfehlungen für die Anlage von Erschließungsstraßen (EAE).* Ein besonders gelungenes Beispiel der flächenhaften Verkehrsberuhigung wurde Anfang bis Mitte der achtziger Jahre in Berlin-Moabit umgesetzt (vgl. Bundesminister für Raumordnung, Bauwesen und Städtebau u.a., *Forschungsvorhaben Flächenhafte Verkehrsberuhigung – Folgerungen für die Praxis*). Besonderes Gewicht wurde auf die Erhaltung der städtebaulichen Qualität der Straßenräume (Erhaltung von Linearität und Symmetrie), Flächenentsiegelung und Straßenbegrünung gelegt. Von der ‚Gruppe Planwerk' wurden dazu wirkungsvolle und

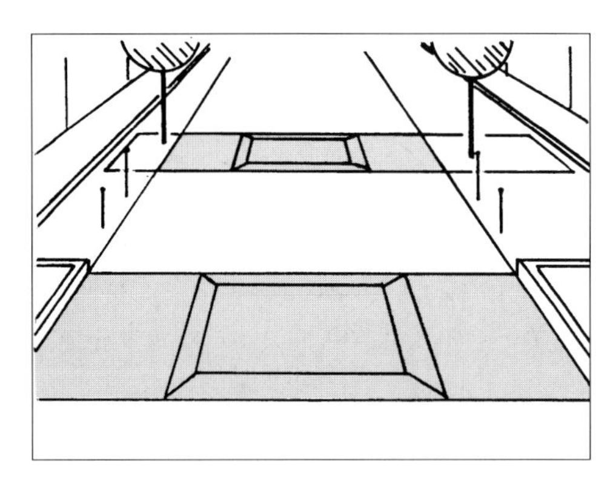

31 Berliner Pyramidenstumpf

ansprechende Verkehrsberuhigungselemente entwickelt wie z. B. der ‚Berliner Pyramidenstumpf', der für Pkw eine Anrampung vorsieht, für Lkw und Zweiradfahrer aber niveaugleich zu befahren ist.

Bauliche Maßnahmen, die den Pkw-Verkehr wirkungsvoll beruhigen könnten, sind mit dem Lkw oft nicht mehr zu befahren. Da aber zumindest Rettungsfahrzeuge auch in die kleinste Anliegerstraße gelangen müssen, können bauliche Maßnahmen nicht zu ‚massiv' gestaltet werden: Mindestradien, maximale Anrampungen und Mindestdurchfahrbreiten sind einzuhalten. Dies führt aber dazu, daß ein geringer Prozentsatz besonders unwilliger Autofahrer auch in verkehrsberuhigten Straßen zu schnell fährt.

Verkehrsberuhigung sollte daher so eingesetzt werden, daß sie den ‚normalen' Kraftfahrer zu sinnvollem Verkehrsverhalten motiviert. Es ist besser, Straßen ansprechend zu gestalten, als alle möglichen verkehrstechnischen Tricks anzuwenden. Verkehrsberuhigung kann Defizite der Gesetzgebung, der Verkehrsüberwachung und der sozialen Kontrolle nicht ausgleichen.

Eine Gesellschaft muß in gewissem Sinne ‚verrückt' sein, wenn sie sich leistet, für Milliarden von DM Straßen zu zerstückeln, um wenigen – wenn auch besonders gefährlichen – Verkehrsrowdies das Handwerk zu legen. Sicherlich sollten die Probleme in größeren Gebieten – vor allem in denen mit Durchgangsverkehr – auch planerisch angegangen werden, aber in kleineren Wohngebieten, in denen diese drei oder vier Uneinsichtigen durchaus bekannt sind, sollten doch Zivilcourage und soziale Kontrolle ausreichen, des Problems Herr zu werden. Da aber offensichtlich eine große Scheu besteht, sich in die ‚Angelegenheiten anderer' einzumischen, muß diese soziale Verkehrskontrolle initiiert und eingeübt werden. Dabei muß darauf geachtet werden, daß soziale Kontrolle nicht mit Privatpolizei oder Bürgerwehr verwechselt wird. Öffentlichkeitsarbeit zur Verkehrsberuhigung und Verkehrssicherheitsarbeit im allgemeinen sollten sich diesem Bildungsprogramm verstärkt zuwenden.

Verkehrsberuhigung an Hauptstraßen

Nachdem man sich seit Ende der siebziger Jahre mit der Verkehrsberuhigung von Environments beschäftigt hatte, gerieten Mitte der achtziger die Probleme an Hauptstraßen wieder verstärkt in den Blick der Planer. Man machte sich bewußt, daß Hauptverkehrsstraßen auch Hauptgeschäfts- oder Hauptwohnstraßen sind. So sind in der oftmals fünf bis sechsgeschossigen Randbebauung dieser Straßen die unteren Geschosse häufig durch Geschäfte, die oberen Geschosse durch Wohnungen genutzt. Es muß in diesen Straßen ein Ausgleich zwischen der Verbindungs-, der Erschließungs- und der Aufenthaltsfunktion gesucht werden. Als wichtige Aufgaben der Verkehrsberuhigung an Hauptstraßen stellten sich heraus:

- Verbesserung der Situation für Fußgänger und Radfahrer, etwa durch breitere Gehwege, Radwege und Querungshilfen,
- Verbesserung der Verkehrssicherheit durch Reduzierung der Kfz-Geschwindigkeiten (auf 30 – 40 km/h), etwa mittels schmaler Fahrbahnen und/oder langsamer ‚grüner Wellen' bei der Lichtsignalisierung,
- Ordnung der Park- und Liefersituation, beispielsweise durch Anlage von Parkbuchten und/oder Lieferstreifen,
- Verbesserung der Situation für den öffentlichen Personennahverkehr, etwa durch die Anlage von Busspuren oder die besondere Gestaltung von Bushaltestellen,
- Verbesserung der Umweltqualität und der Straßenraumgestalt durch Baumpflanzungen und Oberflächengestaltung,
- Verbesserung der Raumgestalt und der Verkehrssicherheit an Knotenpunkten, beispielsweise durch die Anlegung von kleinen Kreisverkehrsplätzen (statt Lichtsignalanlagen).

Mit diesen Maßnahmen versucht man, die Wohn-, Geschäfts- und Aufenthaltsfunktion zu stärken und die hohen Verkehrsbelastungen ein wenig zu kompensieren. Von besonderer Bedeutung ist dabei die Einhaltung eines niedrigen Geschwindigkeitsniveaus.

Verkehrsberuhigung darf an diesen Straßen keine negativen Auswirkungen auf den Verkehrsfluß haben. Zähflüssigkeit, Stau, stockendes Abbremsen und Anfahren würde die ohnehin schon hohen Lärm- und Abgasbelastungen erhöhen. Daher ist das Repertoire der Verkehrsberuhigungsmaßnahmen an Hauptverkehrsstraßen eingeschränkt. In der Regel sind daher

- Aufpflasterungen (angehobene Pflasterflächen mit Rampen),
- einspurige Engstellen und
- Verschwenkungen oder alternierendes Parken

zu vermeiden. Hauptverkehrsstraßen haben wesentlich breitere Straßenräume als die meisten Nebenstraßen. Daher bieten sich oft vielfältige Möglichkeiten für die Anpflanzung von Bäumen, für die Anlegung von Boulevards und die Gestaltung von Plätzen. Hauptverkehrsstraßen sollten – sofern sie angebaut sind – zweispurig sein; vierspurige Ausbauformen trennen die beiden Straßenseiten stark und führen – sofern nicht breite, begehbare und attraktiv gestaltete Mittelinseln einen Ausgleich schaffen – zu einer Überbewertung der Verkehrsfunktion. Hauptverkehrsstraßen benötigen jedoch an größeren, vor allem licht-

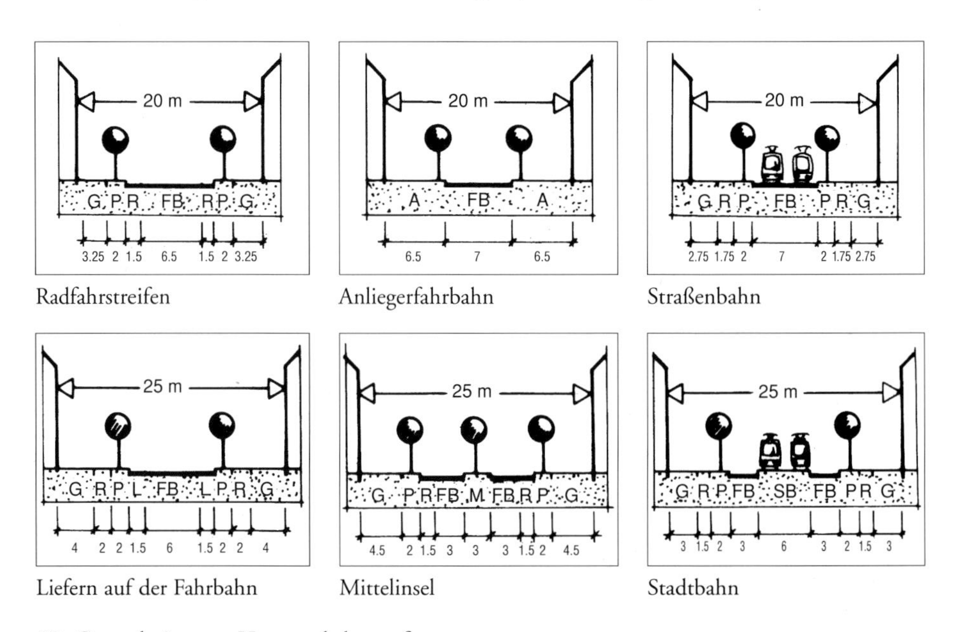

32 Querschnitte von Hauptverkehrsstraßen

G: Gehweg; R: Bordsteinradweg oder Radfahrsteifen; P: Parken zwischen Baumpflanzung: FB: Kfz-Fahrbahn; A: Anliegerfahrbahn: Gehen, Radeln, Liefern, Parken; L: Fahrbahnverbreiterung signalgesteuerten, Knotenpunkten Linksabbiegespuren und hin und wieder auch kurze Rechtsabbiegespuren. Abhängig von der Verkehrszusammensetzung – besonders vom Lkw-Anteil, vom Lieferverkehr, vom öffentlichen Personennahverkehr und vom Radverkehr – sind zusätzliche Flächen und/oder Spuren nötig, um einen akzeptablen Verkehrsablauf zu gewährleisten.

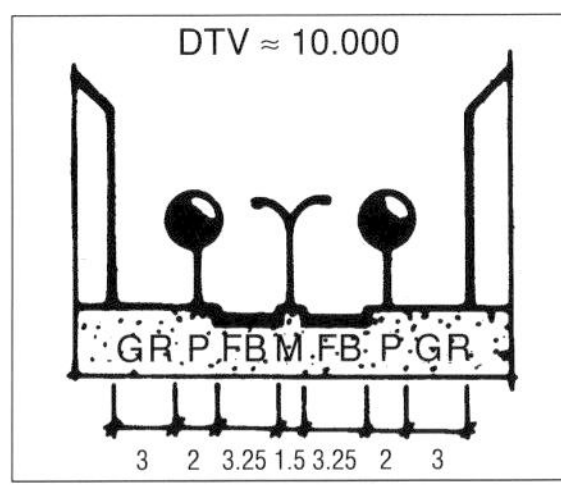

Frankfurter Straße

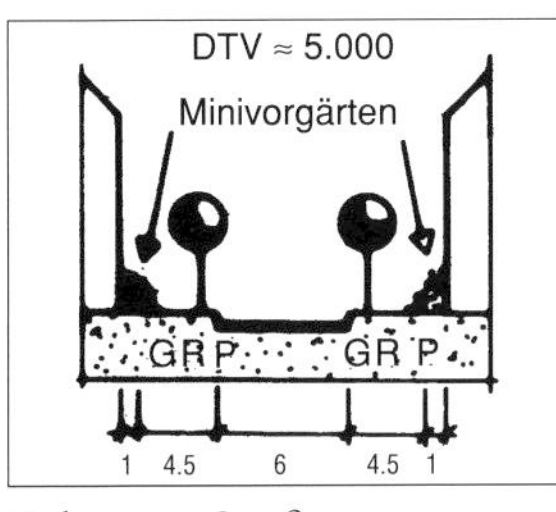

Gahmener Straße

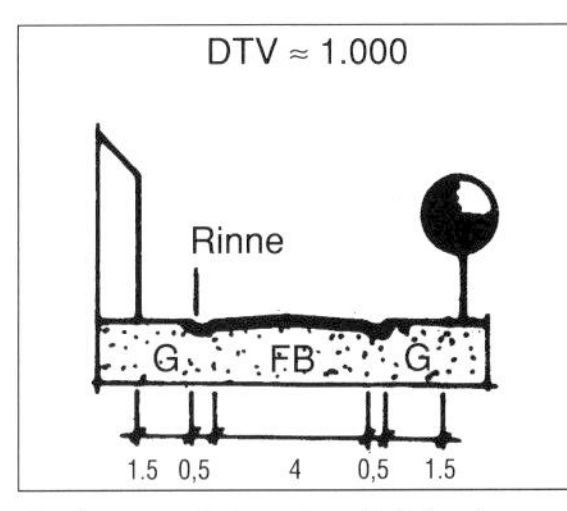

Oekoven (Ortsdurchfahrt)

33 Umgebaute Hauptverkehrsstraßen

In den dargestellten Beispielen müssen Mittelinseln und Stadtbahntrassen so ausgebildet werden, daß sie notfalls von Kraftfahrzeugen – etwa um liegengebliebenen Fahrzeugen auszuweichen – befahren werden können (Aufpflasterungen mit niedrigem Bord). Bei sehr niedrigem Geschwindigkeitsniveau kann auch auf Radwege verzichtet werden. In Geschäftsbereichen sollten Gehwege breiter ausfallen als in den vorgestellten Beispielen.

34 Hennef, Frankfurter Straße

35 Lünen, Gahmener Straße
Farbige Pflasterbänder machen die Aufteilung in Geh-, Rad- und Parkbereich deutlich, ohne den Gesamteindruck zu stören.

Nach unterschiedlichen Umfeldern kann man Hauptverkehrsstraßen in
- Geschäftsstraßen,
- Verbindungsstraßen und
- dörfliche Ortsdurchfahrten

unterteilen.

Gelungene Beispiele für umgebaute Hauptverkehrsstraßen sind unter vielen etwa die Frankfurter Straße in Hennef (Geschäftsstraße), die Gahmener Straße in Lünen (Verbindungsstraße mit Geschäftsnutzung) und die Ortsdurchfahrt der K26 in Oekoven (Kreis Neuss, dörfliche Ortsdurchfahrt).

Eine besondere Situation ergibt sich am Übergang von Landstraße (v_{zul} in der Regel 100 km/h) und Innerortsstraße (v_{zul} in der Regel 50 km/h). Durch die Ortstafel am Ortseingang wird der Wechsel der zulässigen Höchstgeschwindigkeit angezeigt. Die Erfahrung zeigt jedoch, daß hohe Außerortsgeschwindigkeiten noch weit in die Ortschaften hineingetragen werden und den Aufenthalt an dörflichen Ortsdurchfahrten gefährden. Durch bauliche Maßnahmen am Ortseingang versucht man, dieses Problem zu lösen. Vor allem auf den Kreisstraßen des Kreises Neuss sind viele dieser Ortseingänge umgestaltet worden. Dabei hat sich gezeigt, daß Asphaltaufwölbungen in Kombination mit Engstellen oder Mittelinseln besonders wirksam sind. Bei gut gestalteten

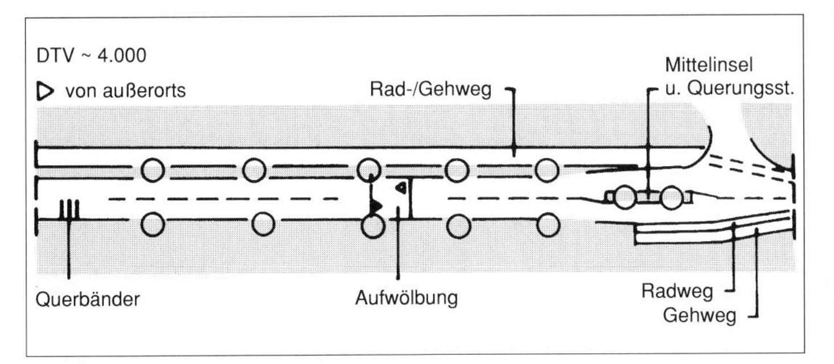

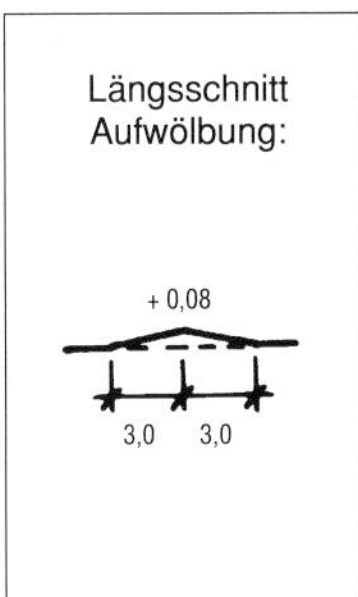

36 Umgestaltung eines Ortseingangs

37 Asphaltaufwölbung und Engstelle

Maßnahmen konnten Geschwindigkeitsrückgänge von $v_m \approx 70$ km/h auf $v_m \approx 50$ km/h gemessen werden.

Bei der Planung dieser Maßnahmen muß sehr sorgfältig vorgegangen werden, da es immer wieder vorkommt, daß einige Kraftfahrer mit weit überhöhter Geschwindigkeit in die Ortschaften fahren. Diese Kraftfahrer müssen gebremst, dürfen durch bauliche Maßnahmen aber nicht übermäßig gefährdet werden. Auf eine gute Ausleuchtung der Maßnahmen und eine gute Erkennbarkeit der Verkehrsführung ist zu achten, ebenso wie auf eine Vorankündigung (50 bis 60 m vor der Maßnahme), etwa durch Pflasterquerbänder auf der Fahrbahn oder durch Quermarkierungen im Form von Dünnschichtbelägen (etwa 4 mm dick).

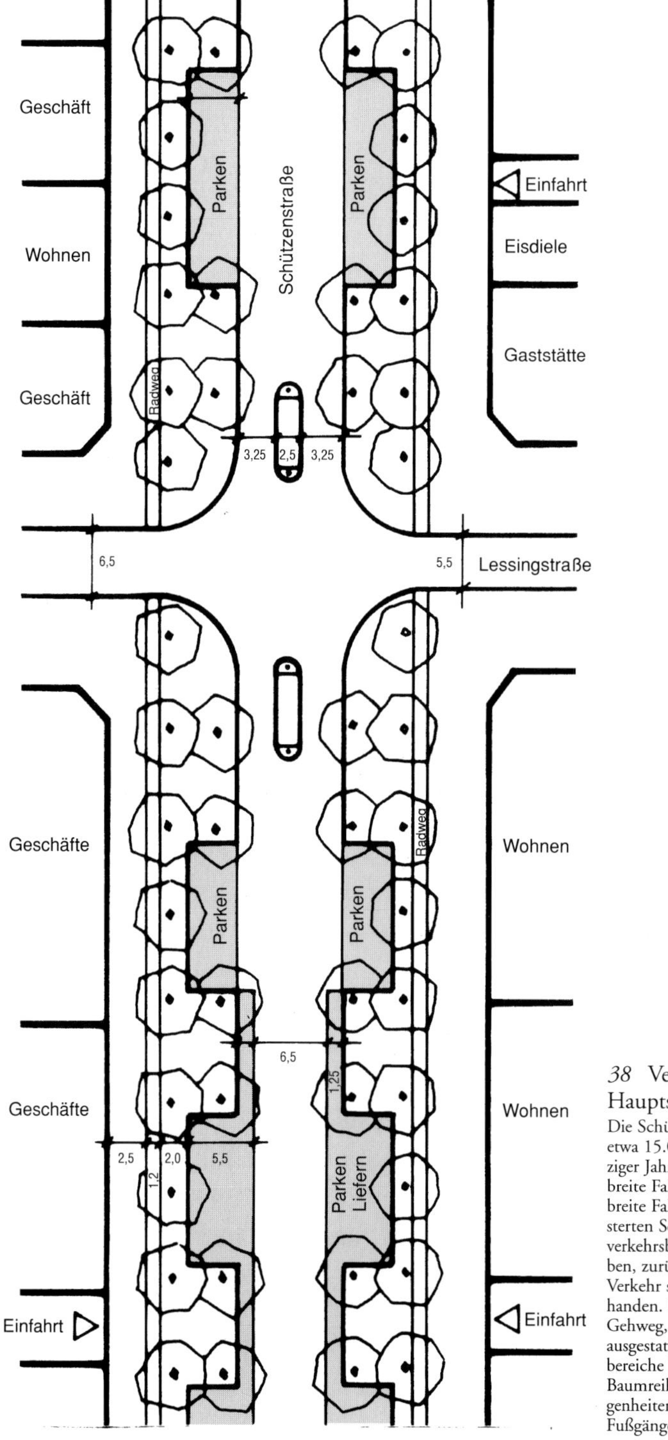

38 Verkehrsberuhigung einer Hauptstraße (Vorplanung)
Die Schützenstraße in Dortmund (DTV etwa 15.000 Kfz/d) ist Anfang der neunziger Jahre umgestaltet worden. Die 11 m breite Fahrbahn wurde auf eine 6,5 m breite Fahrgasse mit zusätzlichen, gepflasterten Seitenstreifen, die Raum für nicht verkehrsbehindernde Liefervorgänge geben, zurückgebaut. Für den ruhenden Verkehr sind Senkrechtparkstände vorhanden. Die Seitenbereiche sind mit Gehweg, Radweg und Baumpflanzungen ausgestattet. Verbreiterungen der Seitenbereiche bieten unter einer zweiten Baumreihe Platz für Sitz- und Spielgelegenheiten, Mittelinseln erleichtern Fußgängern die Fahrbahnquerung.

Tempo-30-Zonen

Nachdem die ersten flächendeckenden Verkehrsberuhigungen mit aufwendigen Umbaumaßnahmen fertiggestellt waren, wurde auch klar, daß stadtweite Verkehrsberuhigungskonzepte in derart kostenintensiver Form nicht zu finanzieren sind. Auch die Ausschilderung als ,Verkehrsberuhigter Bereich' mit der sehr niedrigen Höchstgeschwindigkeit von 7 bis 10 km/h (Schrittgeschwindigkeit) schien für größere Gebiete nicht angemessen. Daher wurde die Tempo-30-Zone als wichtiges verkehrsregelndes Element der Verkehrsberuhigung in die StVO aufgenommen.

39 Beginn und Ende einer Tempo-30-Zone

Tempo-30-Zonen sollen so abgegrenzt werden, daß geschlossene Gebiete einheitlicher Charakteristik (Environments) entstehen. In Tempo-30-Zonen bleibt der Vorrang des Fahrverkehrs auf der Fahrbahn erhalten, anders als im ,Verkehrsberuhigten Bereich', wo Fußgänger und Fahrverkehr die gleichen Rechte haben. Eine alleinige Ausschilderung der zulässigen Höchstgeschwindigkeit reicht in der Regel nicht aus, Kraftfahrer zu einem angemessenen Geschwindigkeitsverhalten zu bewegen. Daher werden weitere, einfache Maßnahmen ergriffen. Als Vorfahrtregelung hat sich ,Rechts vor Links' bewährt, da sie im Gegensatz zur ,Vorfahrtstraße' temporeduzierend wirkt. Allerdings ist die ,Rechts vor Links' Regelung auch mit Vorsicht zu genießen, da bei offensichtlich übergeordneten Straßen (breit) an rechtseinmündenden Nebensträßchen (schmal) Verwirrung über die Vorfahrt entstehen kann. Zumindest Straßen mit öffentlichem Linienverkehr sollten vorfahrtberechtigt bleiben oder aus der Zone herausgenommen werden. In Tempo-30-Zonen haben sich punktuelle bauliche Maßnahmen bewährt, etwa die Gestaltung der Gebietseingänge (Baumtore, Pflasterung) sowie die Gestaltung wichtiger Knotenpunkte. Während die ,Verkehrsberuhigten Bereiche' schon aufgrund der aufwendigen flächenhaften Umgestaltung auf wenige Stadtgebiete beschränkt sein müssen, können und sollen Tempo-30-Zonen flächendeckend über gesamte Stadtgebiete eingesetzt werden. Eine Ausnahme davon bilden lediglich sogenannte *Vorbehaltsstraßen* (klassifizierte Straßen, städtische Hauptverkehrsstraßen) und gegebenenfalls Straßen in Gewerbegebieten. Der stadtweite Einsatz von Tempo-30-Zonen bietet die große Chance, daß sich allmählich –

und mit der Unterstützung von Öffentlichkeitsarbeit und polizeilichen Überwachungsmaßnahmen (was bisher allerdings kaum geschieht!) – eine Verkehrsberuhigung im Kopf der Autofahrer festsetzt: ‚Abseits von Hauptstraßen immer Tempo 30!' Inzwischen haben sich die meisten Städte und Gemeinden der BRD für den stadtweiten Tempo-30-Einsatz entschieden.

Es wäre sinnvoll, innerorts generell Tempo 30 – und zwar durch die StVO – vorzuschreiben und nur einige Hauptstraßen durch Ausschilderung von etwa 50 km/h davon auszunehmen. Dieser Vorschlag des Städtetages wurde bisher vom Gesetzgeber nicht aufgegriffen.

In Tempo-30-Zonen werden zwar die 30 km/h meist nicht eingehalten, allerdings sind gegenüber den früheren 50 bis 60 km/h deutliche Abnahmen zu verzeichnen. Man pendelt sich meist bei rund 40 km/h ein, hohe Spitzengeschwindigkeiten kommen kaum noch vor. Die Tempo-30-Schilder sollen – gegebenenfalls beidseitig – zehn bis zwanzig Meter entfernt vom Gebietseingang aufgestellt werden, um dem einfahrenden Kraftfahrer genügend Zeit zum Erkennen der Beschilderung zu geben.

Es gibt eine weitere Möglichkeit der Ausschilderung, den ‚Verkehrsberuhigten Geschäftsbereich', der für zentrale Bereiche mit hohem Fußgängeraufkommen gedacht ist, etwa mit zulässiger Höchstgeschwindigkeit von 20 km/h (vgl. StVO, § 45 Abs. 1c).

40 Tempo-30-Schild

Der Einbau des Verkehrszeichens in ein kleines, die Fahrbahn verengendes Pflanzfeld am Gebietseingang verstärkt die Wirkung der Geschwindigkeitsbeschränkung.

An dieser Stelle sei noch auf ein häufig gehörtes Argument gegen Verkehrsberuhigung oder Tempo 30 eingegangen. Man spricht davon, daß bei niedrigen Geschwindigkeiten durch das Fahren im kleinen Gang Lärm- und Abgasbelästigungen entstehen. Die Erfahrungen des Forschungsvorhabens ‚Flächenhafte Verkehrsberuhigung' (vgl. *Forschungsvorhaben Flächenhafte Verkehrsberuhigung – Folgerungen für die Praxis*), das über mehrere Jahre viele Gebiete in der Bundesrepublik ausführlich untersucht hat, zeigen:

- Die Einführung von Tempo-30-Zonen führt durch die langsame und gleichmäßige Fahrweise zu einer Verminderung der Lärmbelastung (Mittelungspegel) um 3 dB(A) (in verkehrsberuhigten Bereichen: 4 dB(A)). Zum Vergleich: Eine Halbierung der Verkehrsbelastung würde ebenfalls zu einer 3 dB(A)-Minderung führen.
- Die Stickstoffoxidemissionen (NO_X) lassen sich durch geringe Fahrgeschwindigkeiten reduzieren. Weitere Entlastungen – etwa Verringerungen bei den CO-, CO_2- und C_XH_X-Emissionen – erfordern eine Straßengestaltung, die eine besonders gleichmäßige Fahrweise zuläßt und fördert. Dies ist dann der Fall, wenn der Straßenraum schmal und gewunden ist. Bei breiten Straßen – etwa Sammelstraßen der Wohngebiete der sechziger und siebziger Jahre –, die durch bauliche Maßnahmen beruhigt werden sollen, sind oftmals alle 40 bis 80 m Maßnahmen notwendig, um Wiederbeschleunigungseffekte (nach den Maßnahmen) und damit eine unruhige Fahrweise zu vermeiden.

Es bleibt die Aufgabe für die Autoindustrie, die Motore besser auf die niedrigen Stadtgeschwindigkeiten einzustellen und damit weitere Schadstoffreduzierungen zu ermöglichen.

Knotenpunkte, Kreisverkehr und Lichtsignalanlagen

Knotenpunkte sind die Verbindungsstellen der Straßen in einem Straßennetz. Den einseitigen Anschluß einer Straße an eine andere nennt man Einmündung, das Überkreuzen zweier Straßen Kreuzung. Das Kreuzen von mehr als zwei Straßen an einer Stelle ist schwierig zu lösen, kann aber durch Kreisverkehr oder Auseinanderziehen des Knotens gelöst werden.

Es gibt *planfreie* (Kreuzung auf unterschiedlichen Verkehrsebenen) und *plangleiche* Knotenpunkte (Kreuzung auf einem Niveau). Planfreie Knotenpunkte sind vor allem die Knoten des Autobahnnetzes, plangleiche Knoten die

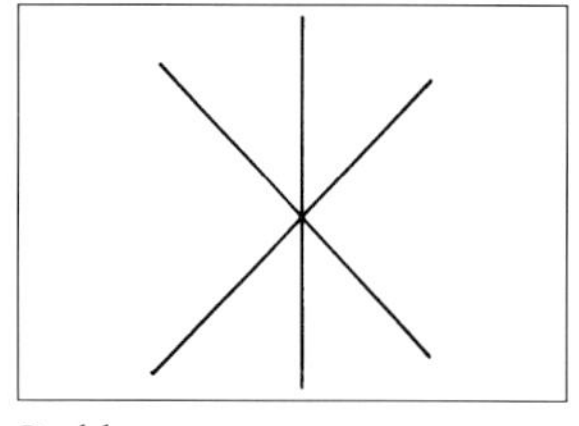

Problem

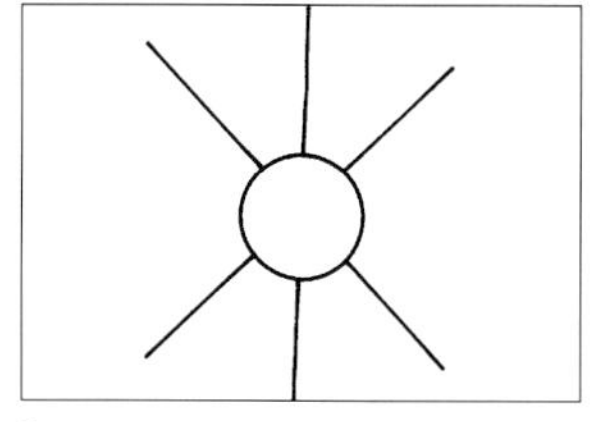

Lösung

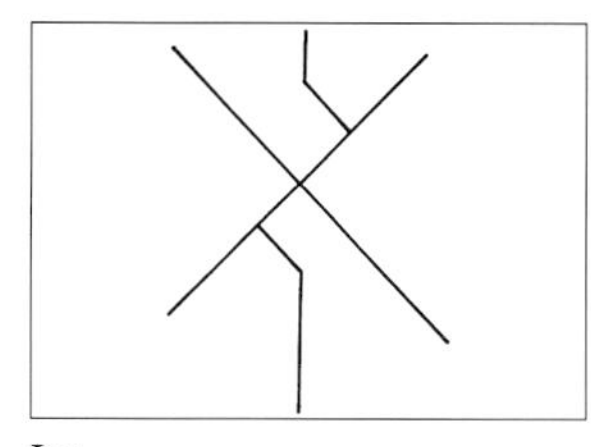

Lösung

41 Kreuzen von mehr als zwei Straßen

typische Lösung für städtische Verbindungsstellen. Im Landstraßennetz sind die meisten Verbindungen ebenfalls plangleich; bei besonders wichtigen Landstraßen – etwa bei Kraftfahrstraßen – werden aber auch planfreie Lösungen angewendet. Planfreie Knotenpunkte haben auf der einen Seite einen großen Flächenverbrauch, auf der anderen eine hohe technische Leistungsfähigkeit.

Knotenpunkte sollen sicher, leistungsfähig, ökonomisch/ökologisch wirtschaftlich sowie ästhetisch gut gestaltet sein. Von besonderer Bedeutung ist dabei die Verkehrssicherheit, die fordert, daß Knotenpunkte

- rechtzeitig als solche erkennbar,
- übersichtlich,
- begreifbar und
- befahrbar sind.

Ausreichende *Erkennbarkeit* eines Knotens wird etwa durch eine Veränderung des Straßenumfeldes (andere Raumkanten, andere Bepflanzung, andere Beleuchtung usw.) im Vergleich zur Strecke erreicht. *Übersichtlichkeit* erfordert möglichst rechtwinklige Anschlüsse der Knotenarme sowie das Freihalten von Sichtfeldern. Die *Begreifbarkeit* wird durch die Verwendung einfacher und allgemein bekannter Knotenpunktstypen und eine den Vorfahrtregelungen entsprechende bauliche Gestaltung unterstützt. Die *Befahrbarkeit* erfordert ausreichend breite Fahrspuren sowie den Bewegungsvorgängen angemessene Kurvenradien und Querneigungen. Vorwegweisungen, Leiteinrichtungen, Fahrbahnmarkierungen und Verkehrszeichen (vor allem zur Vorfahrtregelung) unterstützen diese Maßnahmen.

Planfreie Knotenpunkte

Die klassische Lösung für einen planfreien Knotenpunkt ist das Kleeblatt.

Das Kleeblatt führt den Rechtsabbieger direkt, den Linksabbieger indirekt. Es erfordert nur ein Kreuzungsbauwerk und ist im bezug auf Bauvolumen und

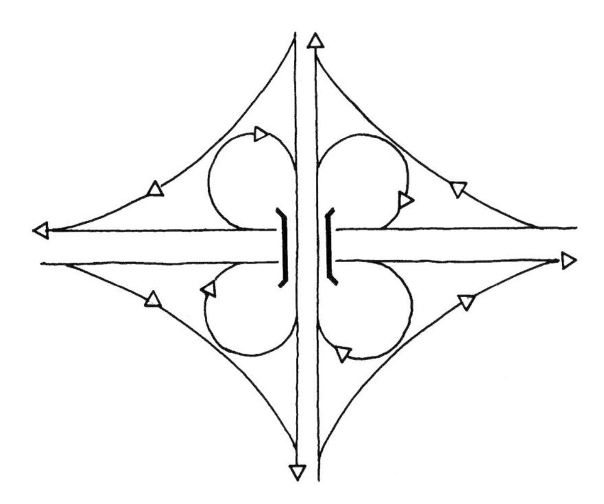

42 Kleeblatt

Flächenverbrauch wirtschaftlicher als andere, technisch leistungsfähigere Knotenpunkte. Kleeblätter werden mit Parallelfahrbahnen ausgestaltet, auf denen sich ein- und ausfahrende Verkehrsströme verflechten.

Bei größeren Verkehrsbelastungen sind mehrspurige Ein- und Ausfahrten sowie mehrspurige Verbindungsfahrbahnen (Parallelfahrbahn bzw. Verflechtungsstrecke) notwendig (vgl. *Richtlinien für die Anlage von Landstraßen. Planfreie Knotenpunkte (RAL-K-2)* und *Aktuelle Hinweise zur Gestaltung planfreier Knotenpunkte außerhalb bebauter Gebiete (AH-RAL-K2)*). Ein-, Ausfahr- und Verbindungsstrecken, die auf ein anderes Höhenniveau leiten, werden auch Rampen genannt.

Bei älteren Kleeblättern waren Verflechtungsbereiche auf der Parallelfahrbahn nicht vorgesehen: Die Einfahrt des ‚Öhrchens' stieß direkt auf die Parallelfahrbahn und mußte dort Vorfahrt gewähren. Dies führte zu Auffahrunfällen in der Einfahrt. Daher sind diese älteren Kleeblätter entsprechend den heutigen Erkenntnissen ummarkiert worden. Neben dem Kleeblatt gibt es noch weiterer Knotenpunktformen mit klangvollen Namen wie Windmühle und Malteserkreuz. Von besonderem Interesse sind aber vor allem noch abgewandelte Kleeblattformen, die für besonders stark ausgeprägte Verkehrsströme leistungsfähigere Verbindungen (halbdirekte Führung) anbieten.

Für dreiarmige Knotenpunkte finden Formen wie Trompete, Birne und Dreieck Anwendung. Die wirtschaftlichste Lösung ist die Trompete.

Kreuzungsanschlüsse von untergeordneten Straßen an Autobahnen werden als halbes Kleeblatt oder als Raute ausgeführt, Einmündungen als Trompete.

Halbe Kleeblätter gelten als Regellösung im unbebauten Bereich; je nach örtlichen (etwa Flußlauf) und verkehrlichen Gegebenheiten (direkte Rampen leistungsfähiger!) können Kleeblätter auch in anderen Quadranten angeordnet werden. Bei stark belasteten Anschlußstellen bebauter Gebiete haben sich

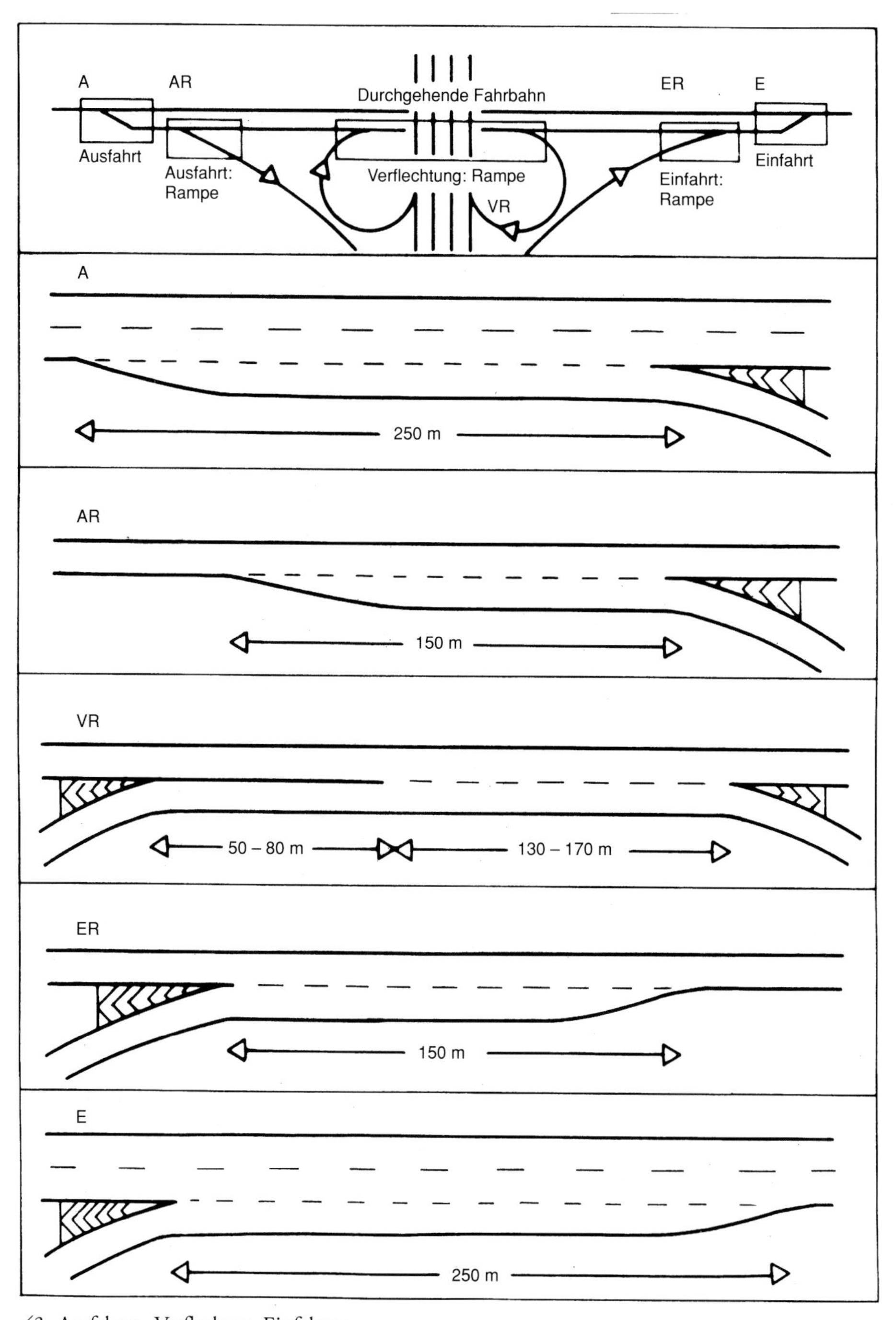

43 Ausfahren, Verflechten, Einfahren

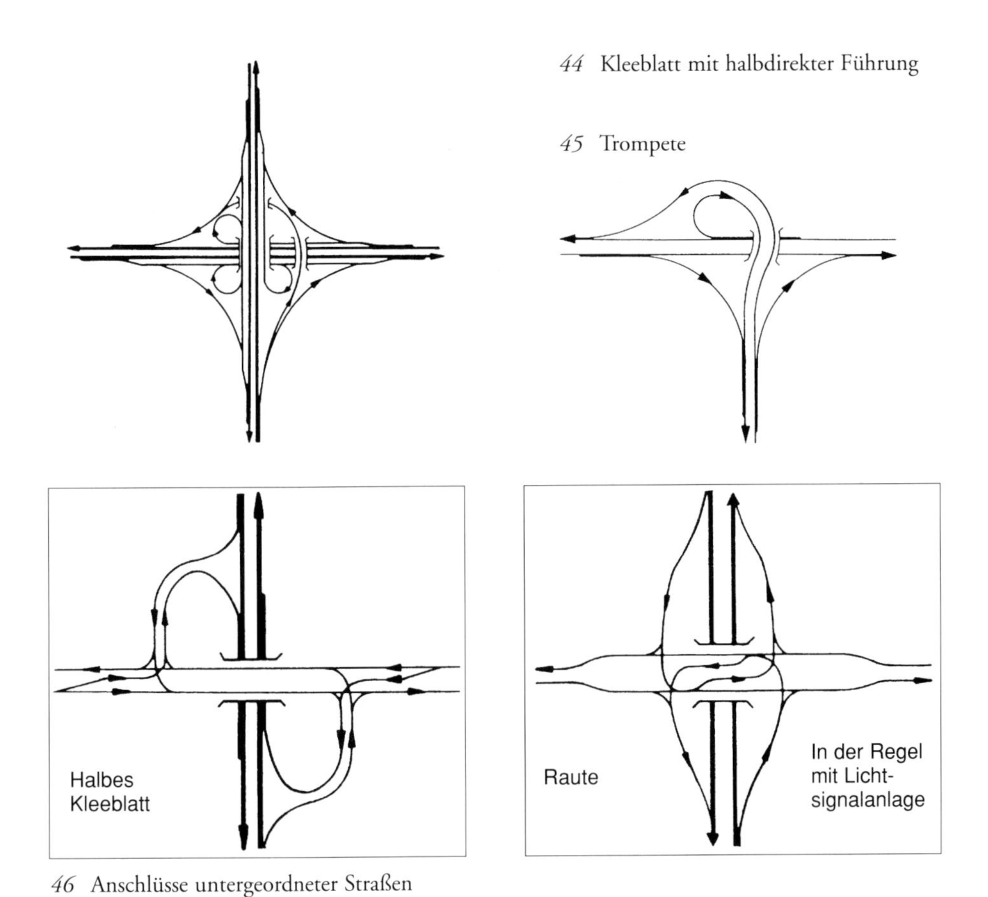

44 Kleeblatt mit halbdirekter Führung

45 Trompete

46 Anschlüsse untergeordneter Straßen

Rautenlösungen bewährt (geringer Flächenbedarf, geringe Ausdehnung in der untergeordneten Straße, gute Steuerungsmöglichkeit mit Ampelanlagen).

Plangleiche Knotenpunkte

Betrachten wir nun plangleiche Verbindungsstellen. Wir beschränken uns dabei auf typische städtische Situationen an angebauten Straßen. Auch hier geben wir nur einen Überblick, weiterführende Betrachtungen sind in *Richtlinien für die Anlage von Straßen. Plangleiche Knotenpunkte (RAS-K-1),* in der *EAHV* und in der *EAE* zu finden.

So wie planfreie Knotenpunkte ins Landschaftsbild eingebunden werden müssen, sind Stadtverkehrsknoten in Straßenräume und Plätze einzupassen. Während Knotenpunkte von anbaufreien Straßen in der Regel fahrdynamisch ausgestaltet werden (Fahrstreifenquerschnitte und Kurvenradien werden in

Grundform	Einmündung	Kreuzung
I Zweistreifige Straßen	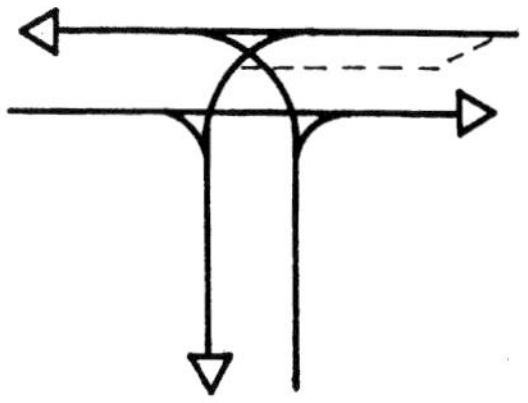	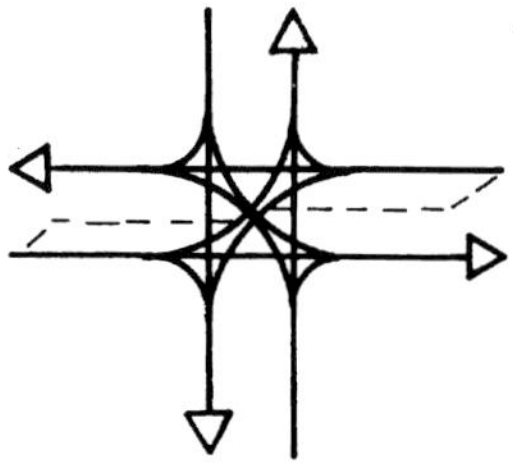
II Zweibahnige mit zweistreifigen Straßen; in der Regel mit Lichtsignalanlage	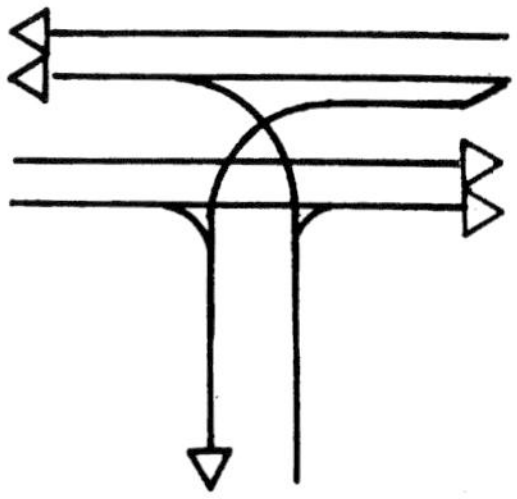	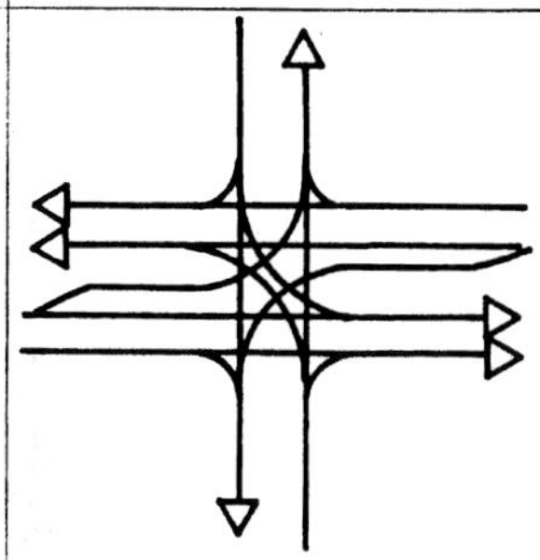
III Zweibahnige mit zweistreifigen Straßen; mit Lichtsignalanlage	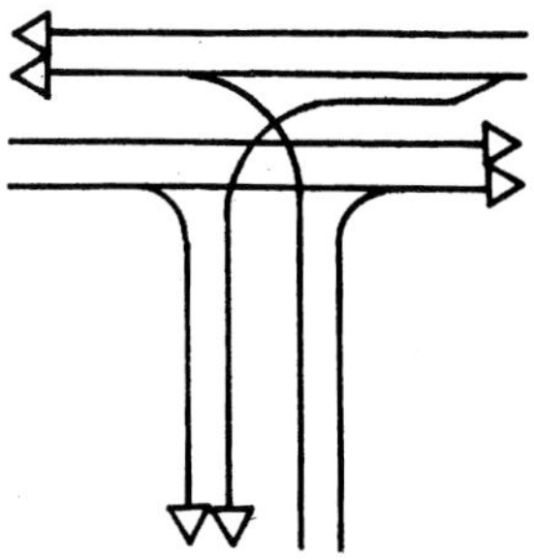	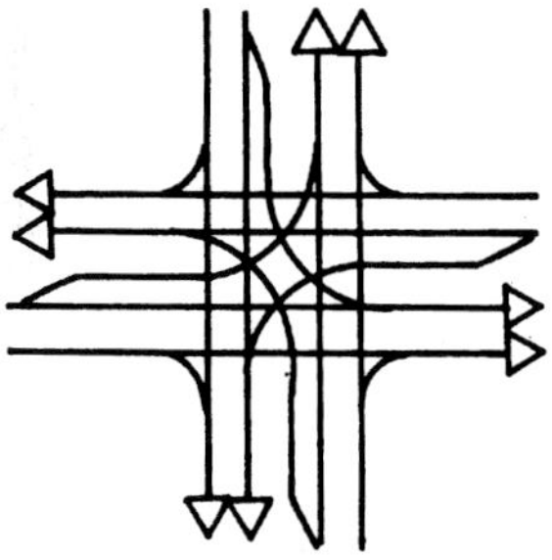
VII Kreisverkehr zweistreifiger Straßen		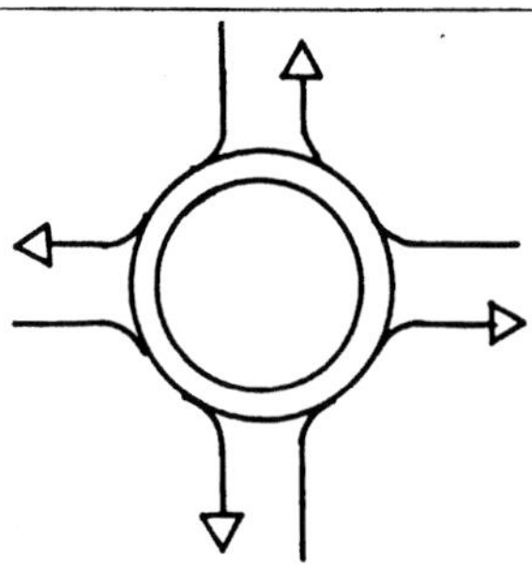

47 Wichtige Grundformen plangleicher Knotenpunkte

Abhängigkeit von einer zu wählenden Bemessungsgeschwindigkeit festgelegt), sollen Knotenpunkte angebauter Straßen fahrgeometrisch gestaltet werden (Querschnitte und Radien erlauben die langsame Befahrbarkeit durch bestimmte Bemessungsfahrzeuge). So ermöglichen die Knotenpunkte von Hauptstraßen (anzustrebendes Geschwindigkeitsniveau 30 bis 50 km/h) Ein- und Abbiegen von Lastzügen und Gelenkbussen auf einer Fahrspur, während Lastkraftwagen (etwa Rettungsfahrzeuge, Müllfahrzeuge und Möbelwagen) beim Abbiegen in Nebenstraßen (anzustrebendes Geschwindigkeitsniveau 30 km/h) durchaus die Gegenfahrbahn mitbenutzen dürfen. Die *RAS-K-1* unterscheidet sieben Grundformen plangleicher Knotenpunkte, wir stellen die vier wichtigsten vor.

Einfache, nicht zu stark belastete Knotenpunkte (Grundform I) benötigen in der Regel keine Lichtsignalanlagen (Nebenstraßennetz, Haupt-/Nebenstraßenknoten mit weniger als 800 Kfz/Sp.h auf der Hauptstraße). Hier reichen die durchschnittlichen Zeitlücken (4 bis 5 sek. bei 800 Kfz/Sp.h) zwischen den Kraftfahrzeugen im vorfahrtsberechtigten Hauptstraßenstrom aus, um ein Einbiegen oder Kreuzen aus den Nebenstraßen ohne lange Wartezeiten zu ermöglichen. Knotenpunkte ohne Lichtsignalanlagen können unterschiedlich gesteuert werden. Die folgende Abbildung (vgl. Ruske, 222) zeigt die Einsatzbereiche der verschiedenen Steuerungen mittels Vorfahrtregelung.

Bei höheren Verkehrsbelastungen oder bei den Grundformen II und III werden Lichtsignalanlagen nötig. Kreisverkehrsanlagen werden in der Regel ohne Lichtsignalanlage angelegt.

Die Leistungsfähigkeit von Knotenpunkten ist an üblicherweise stark belasteten Hauptverkehrsknotenpunkten gegenüber den Streckenabschnitten re-

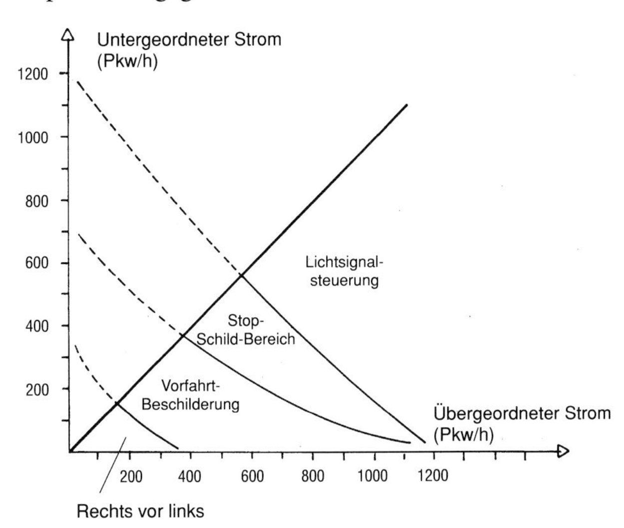

48 Leistungsfähigkeit verschiedener Vorfahrtregelungen

duziert. Dies liegt vor allem daran, daß an Lichtsignalanlagen querenden Verkehrsströmen Grünzeiten zur Verfügung gestellt werden, die dem Geradeausverkehr verlorengehen. Bei einer Schaltung in ‚grüner Welle' und beim Vorhandensein von Linksabbiegespuren kann eine zweispurige Straße aber dennoch je Richtung 750 (bei 750 Kfz/h je Richtung im querenden ‚Nebenstrom') bis 1.000 Kfz/h (bei maximal 500 Kfz/h je Richtung im Nebenstrom) bewältigen. Im Falle eines niedrig belasteten Nebenstroms kommt die Leistungsfähigkeit eines lichtsignalisierten Knotens an die Leistungsfähigkeit der Strecke heran. Die Längen von Linksabbiegespuren werden an lichtsignalgesteuerten Knotenpunkten mittels einer Stauraumberechnung ermittelt (vgl. S. 155). An Knoten ohne Ampelanlagen sind an Hauptstraßen und wichtigen Sammelstraßen verschiedene Lösungen üblich.

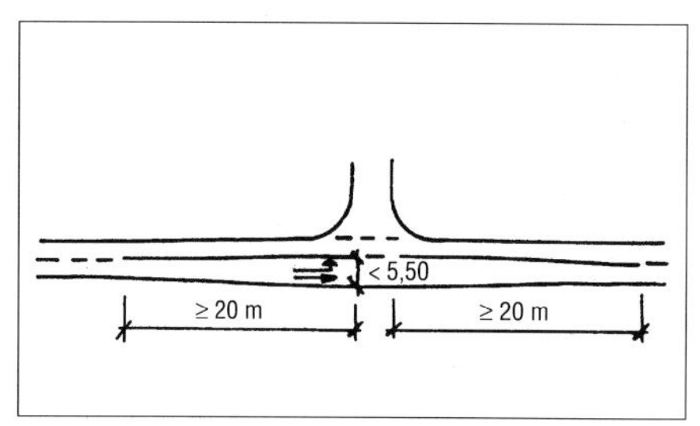

ab etwa 500 Kfz/h Gesamtbelastung der Hauptstraße

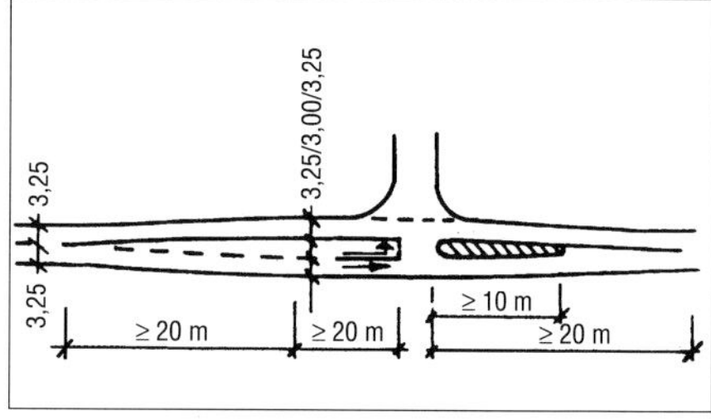

ab etwa 1000 Kfz/h Gesamtbelastung der Hauptstraße

49 Linksabbiegebereiche an nicht signalisierten Knotenpunkten

Die genannten Einsatzgrenzen sollen einer ersten Orientierung dienen. In Abhängigkeit vom Lkw-Verkehrsanteil, von der Belastung des Abbiegestroms sowie der Gleichverteilung der Belastungen beider Richtungen der Hauptstraße können sich durchaus auch andere Einsatzbereiche als sinnvoll herausstellen.

Für Rechtsabbieger sind Führungen üblich, die, in der Abbildung von links nach rechts betrachtet, Störungen des Geradeausstroms durch Rechtsabbieger zunehmend verringern.

50 Führung von Rechtsabbiegern

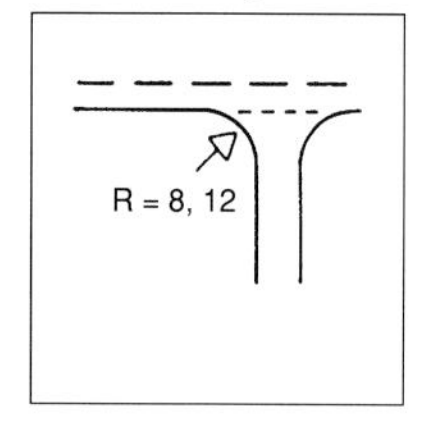

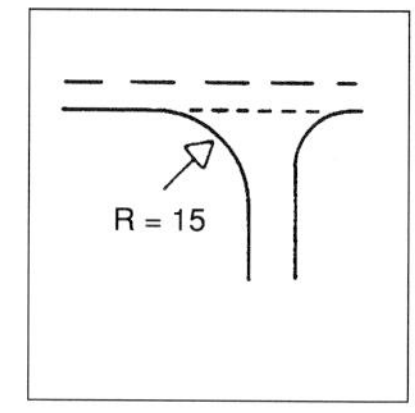

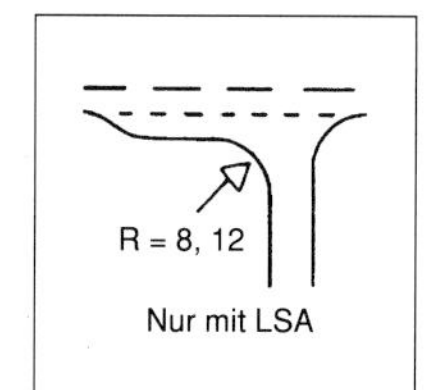

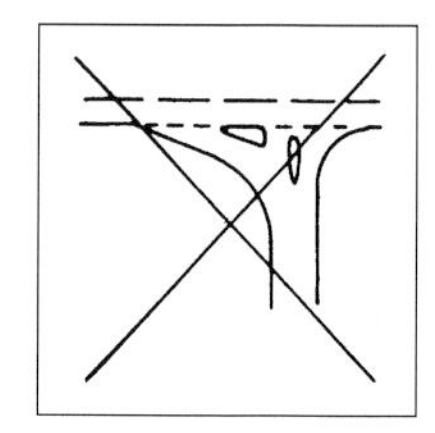

Dreiecksinseln (Lösung mit Ausfahrkeil) sollten an städtischen Knotenpunkten nicht angewendet werden, da die zügige Führung des Autoverkehrs im Widerspruch zu dessen Wartepflicht gegenüber parallel geführten Fußgängern und Radfahrern steht.

Vor allem an nicht signalisierten Knotenpunkten ist das Freihalten von Sichtfeldern von großer Bedeutung. Man unterscheidet Halte-, Anfahr- und Annäherungssichtweiten. Im städtischen Bereich sind Haltesicht und Anfahrsicht von Bedeutung, im anbaufreien Bereich zusätzlich die Annäherungssicht.

Die *Haltesicht* ist eine für die Sicherheit einer Straßenverkehrsanlage notwendige Mindestanforderung. Sie gestattet dem Kraftfahrer, gegebenenfalls vor ein- und ausbiegenden Kraftfahrzeugen sowie vor querenden Radfahrern und Fußgängern rechtzeitig anzuhalten. Sie beträgt bei 30 km/h 15 m, bei 40 km/h 25 m, bei 50 km/h 40 m. Werden – wie es in der Realität häufig vorkommt – deutlich überhöhte Geschwindigkeiten gefahren, steigt die Haltesichtweite weiter an: bei 60 km/h 60 m. (Die Werte gelten bei ‚ebener' Fahrbahn, bei Gefällestrecken müssen sie erhöht werden).

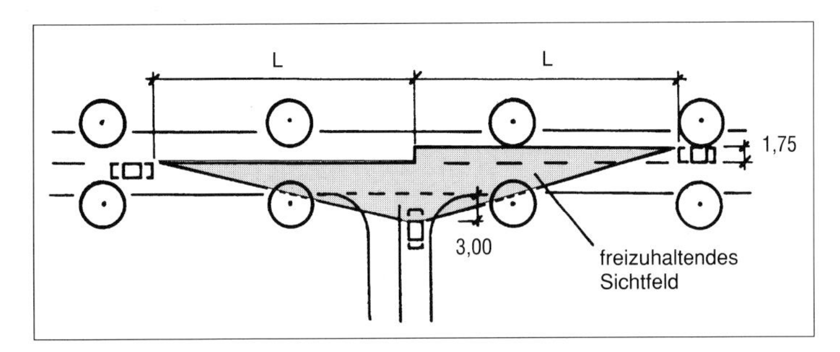

51 Anfahrsicht

Als *Anfahrsicht* wird die Sicht bezeichnet, die ein wartepflichtiger Kraftfahrer haben muß, um aus dem Stand in eine übergeordnete Straße einfahren zu können. Dabei werden 3,00 m Abstand des Fahrers vom Fahrbahnrand der übergeordneten Straße angesetzt; bevorrechtigten Fahrzeugen sind beim Einfahrvorgang des Wartepflichtigen leichte Behinderungen zuzumuten. Die Schenkellängen L [m] der Sichtfelder sind abhängig vom Geschwindigkeitsniveau der bevorrechtigten Straße. Bei 30 km/h ergeben sich für L 30 m, bei 40 km/h 50 m, bei 50 km/h 70 m und bei 60 km/h 100 m. Die Schenkellänge der Sichtdreiecke auf bevorrechtigte Radfahrer soll 30 m betragen.

Richtlinien schreiben vor, daß Haltesichtweiten und Anfahrsichtweiten an allen Knotenpunkten eingehalten werden müssen; Haltesichtweiten auch an der Strecke, denn auch dort muß die Linienführung (der ‚Kurvenverlauf') so angelegt sein, daß Fahrer Hindernisse rechtzeitig erkennen und damit früh genug anhalten können.

Es fällt aber auf, daß in den letzten Jahren bei der Planung von Verkehrsanlagen notwendige Sichtbeziehungen nicht eingehalten wurden. Durch den hohen Parkdruck verführt, ziehen Planer Parkstreifen oft zu weit an die Knotenpunkte heran, offensichtlich Planungsfehler, die mit Gefährdungen der Verkehrsteilnehmer bezahlt werden müssen. Auch ‚illegales' Parken führt zu Sichtbehinderungen. In Tempo-30-Zonen mit ‚Rechts-vor-Links' Vorfahrtregelung könnte die Einhaltung der kürzeren Haltesichtweite jedoch akzeptiert werden, da Fahrzeuge sich nur langsam Knotenpunkten nähern.

Bei der Bemessung der Sichtweiten wird – wie bei der Bemessung von Verkehrsanlagen und bei der Beschreibung von Verkehrsverhalten oft üblich – die v_{85}-Geschwindigkeit angesetzt.

Exkurs über verschiedene Geschwindigkeitsbetrachtungen:

v_{85} = Geschwindigkeit, die von 85 Prozent der Fahrzeuge eingehalten wird.
v_e = Entwurfsgeschwindigkeit; Geschwindigkeit, die maßgebend bei der Festlegung der Trassierungselemente (Kurvenradien, Längsneigungen, Querneigungen, Sichtweiten) von anbaufreien Straßen ist. Sie soll v_{85} entsprechen.
v_m = Durchschnittsgeschwindigkeit
v_{zul} = zulässige Höchstgeschwindigkeit nach StVO

Die Geschwindigkeitsgröße v_{85} liegt damit offensichtlich immer über der Durchschnittsgeschwindigkeit v_m.

Beispiel: $v_{zul}/v_{85}/v_m$							
An einer Meßstelle mit einer zulässigen Geschwindigkeit von v_{zul} = 50 km/h werden 100 Kfz gemessen. Die Geschwindigkeiten verteilen sich wie folgt:							
Anzahl der Kfz	5	10	15	35	20	10	5
Geschwindigkeit v [km/h]	35	40	45	50	55	60	65
v_m = Σ Kfz · v/100 = 50,25 km/h v_{85} = 85 % der Kfz halten 55 km/h ein → 55 km/h							

Die besonderen Belange des Fuß- und Radverkehrs werden auf den Seiten 206 ff. ausgeführt. Zum Fuß- und Radverkehr hier nur soviel: Linksabbiegende Radfahrer können an Knotenpunkten direkt oder indirekt geführt werden. Fußgänger- und Radfahrer werden an größeren Verkehrsknoten mittels Furten

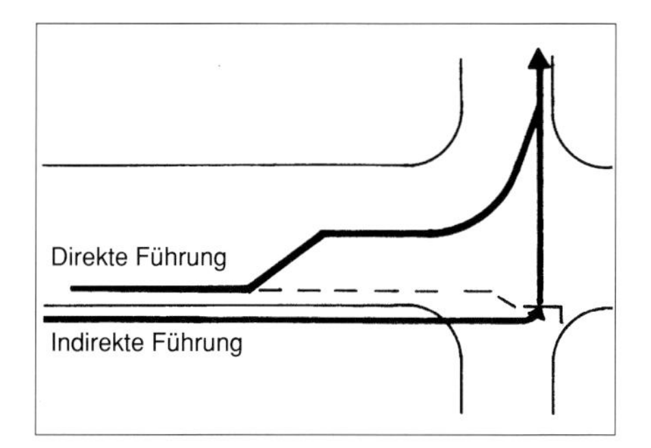

52 Verkehrsführung für den Radverkehr

Führung des Linksabbiegers

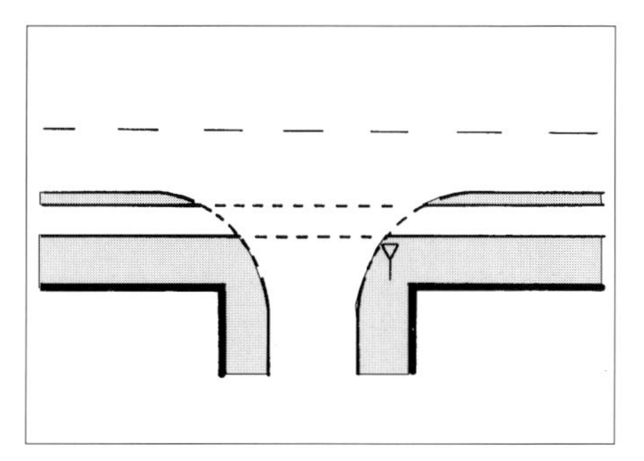

Nicht abgesetzte Radfahrerfurt

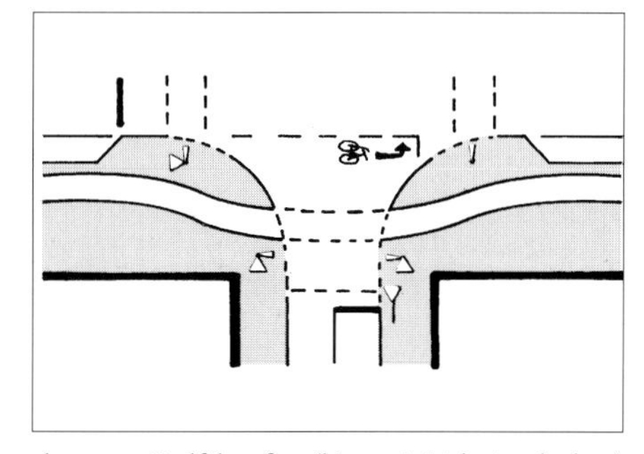

abgesetzte Radfahrerfurt (hier: mit Lichtsignalanlage)

(markierte Bereiche) über die Fahrbahn geleitet; diese können abgesetzt oder nicht abgesetzt sein. Nicht abgesetzte Furten halten die nichtmotorisierten Verkehrsteilnehmer gut im Blickfeld der abbiegenden Kraftfahrer und vermeiden Wegverschwenkungen für Fußgänger und Radfahrer. Abgesetzte Furten ermöglichen Kraftfahrern, rechts abzubiegen, ohne den nachfolgenden Verkehr aufzuhalten, da sie erst nach dem Abbiegen vor der Furt der nichtmotorisierten Verkehrsteilnehmer anhalten müssen.

Schleppkurven geben die Fläche wieder, die ein abbiegendes Fahrzeug bei einer Kurvenfahrt benötigt. Sie sind für verschiedene Bemessungsfahrzeuge im Maßstab 1/250 in Richtlinien und Empfehlungen (*EAE, EAHV, RAS-K-1*) abgebildet und dienen der Bemessung und Überprüfung von Kurvenradien. In Nebenstraßen, bei 5,50 m Fahrbahnbreite benötigt ein dreiachsiges Müllfahrzeug (Bemessungsfahrzeug für kleinere Wohngebiete) einen Radius (R) von 6,00 m, ein Lastzug (Bemessungsfahrzeug für Gebiete mit Lebensmittelmärkten und/oder Gewerbebetrieben) einen Radius von 10,00 m. In Hauptverkehrsstraßen sind Radien von 10 bis 15 m üblich, neben Kreisradien werden auch Korbbögen (drei aneinandergesetzte Kreisbogenabschnitte mit unterschiedlichen, aufeinander abgestimmten Radien) verwendet.

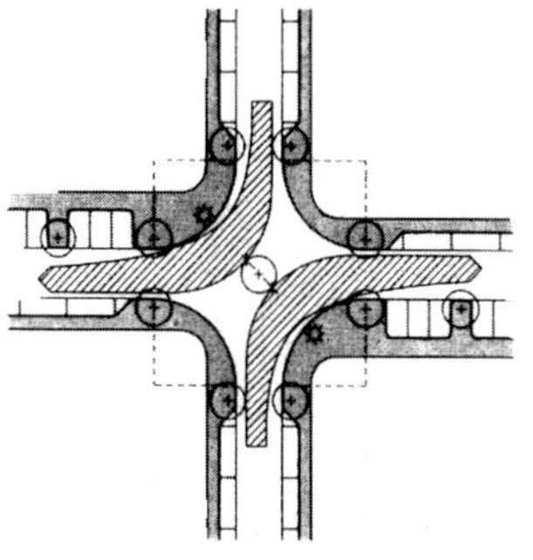

bei 550 m Fahrbahnbreite
R ≥ 10 m für Lastzug
R ≥ 6 m für 3achsiges Müllfahrzeug

53 Kreuzung von Nebenstraßen
In der Abbildung sind Schleppkurven eingezeichnet. Der dargestellte Baum in Kreuzungsmitte benötigt ein Baumbeet mit einem Radius von 2 m.

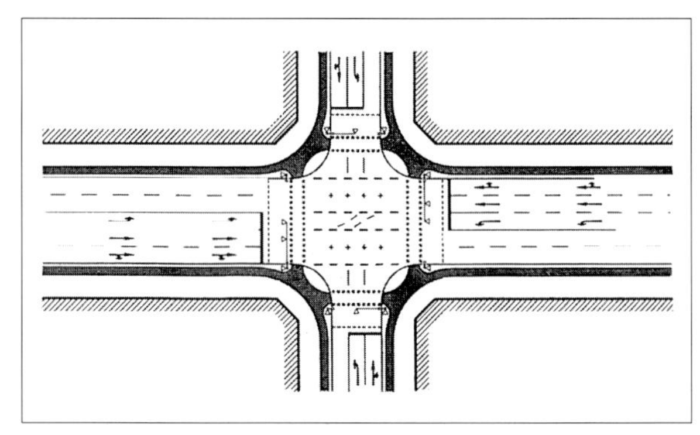

54 Kreuzung von Hauptstraßen
Diese Abbildung ist eine Prinziplösung mit Bordsteinradwegen und Lichtsignalsteuerung nach der *RAS-K-1*. Der vier- bis fünfspurige Ausbau ist innerstädtisch mit einer Wohn- oder Geschäftsnutzung wohl kaum verträglich. Die Flächen für die Linksabbiegespuren können zwischen den Knotenpunkten allerdings für die Anlegung von bepflanzten Mittelinseln genutzt werden. Dies würde die Verträglichkeit erhöhen.

Lichtsignalisierte Knotenpunkte

Bei der Betrachtung plangleicher Knotenpunkte haben wir darauf hingewiesen, daß ab etwa 800 Kfz/Sp.h (beide Richtungen zusammen) im vorfahrtsberechtigten Hauptstrom eine Lichtsignalisierung sinnvoll werden kann, um den Nebenströmen ein Einbiegen oder Kreuzen zu ermöglichen. In den *Richtlinien für Lichtsignalanlagen (RiLSA)* wird die Bemessung von Knotenpunkten mit Lichtsignalsteuerung ausführlich erläutert. Mensebach liefert in *Straßenverkehrstechnik* einen guten und kompakten Überblick, hier deshalb nur einige Grundlagen.

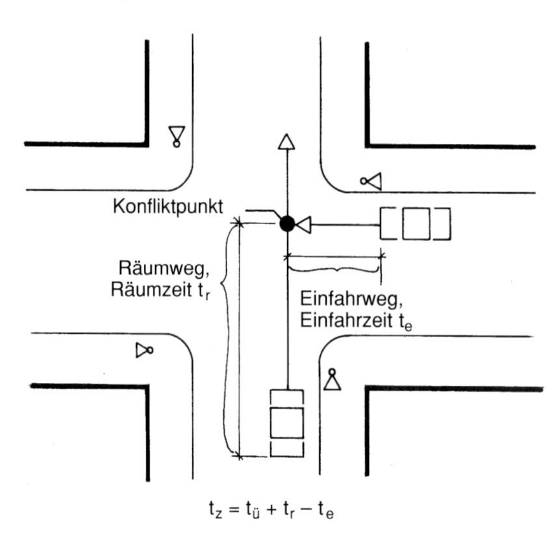

55 Zwischenzeit t_z

Knotenpunkte werden so bemessen, daß ‚feindliche' Verkehrsströme zueinander versetzte Freigabezeiten (Grünzeiten) erhalten. Zwischen diesen Freigabezeiten sind Zwischenzeiten notwendig, um die Kreuzung von ‚feindlichen' Fahrzeugen zu räumen. Die Zwischenzeiten (t_z) sind von den Fahrgeschwindigkeiten und der Knotengeometrie abhängig: Sie werden ermittelt, indem die Räumzeit eines noch bei Gelb einfahrenden Fahrzeuges ermittelt wird; von dieser ‚Räumzeit' (t_r) wird die Einfahrzeit (t_e) des ersten ‚feindlichen' Fahrzeuges abgezogen. Weiterer Bestandteil der Zwischenzeit ist die Gelbzeit (Übergangszeit), die aus fahrdynamischen Gründen zwischen den Phasenwechseln angeordnet wird. Die Übergangszeit ($t_ü$) beträgt bei einer zulässigen Höchstgeschwindigkeit von 50 km/h beim Wechsel von Grün auf Rot drei Sekunden, beim Wechsel von Rot auf Grün meist eine Sekunde.

Übliche Umlaufzeiten (Zeit für einen Umlauf bis zur Wiederholung derselben Phase – etwa dem Beginn der Grünzeit eines bestimmten Fahrstromes) liegen zwischen 60 und 90 Sekunden. Eine zweiphasige Schaltung enthält zwei Grünzeiten, jeweils eine für die beiden kreuzenden Hauptströme sowie zwei Zwischenzeiten zwischen diesen Strömen. Um größere Linksabbiegeströme bewältigen zu können, wird häufig ein Vor- oder Nachlauf geschaltet: Vor bzw. nach der Grünphase zweier gegenüberliegender Zufahrten erhalten allein

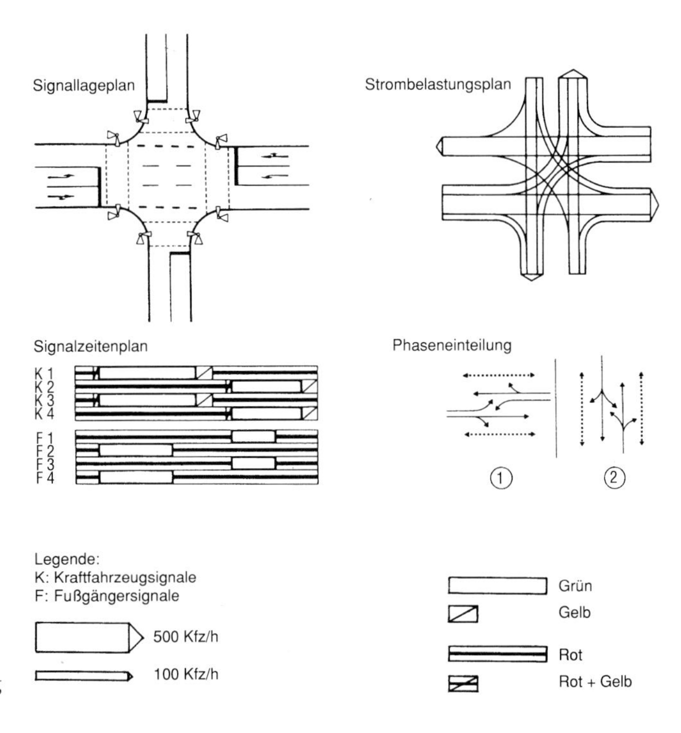

56 Zweiphasensteuerung

deren Linksabbieger für einige Sekunden Grün, um unbehelligt vom Gegenverkehr die Kreuzung räumen zu können. Komplizierte oder stark belastete Knotenpunkten können auch drei- oder vierphasig gesteuert werden: Abbiegebeziehungen bekommen dann ihre eigene Grünzeit, zusätzliche Zwischenzeiten werden notwendig.

Für die Ermittlung der Zwischenzeiten sind die ungünstigsten Raumkonstellationen (lange Räumzeiten, kurze Einfahrzeiten) und die ungünstigsten Fahrzeugkonstellationen (langsam Räumende, schnell Einfahrende) maßgeblich.

Leistungsfähigkeit (überschlägliche Bemessung)

Man kann von einer theoretischen Leistungsfähigkeit von 2.000 Kfz je Stunde Freigabezeit und Fahrstreifen ausgehen. Unter Berücksichtigung der Zwischenzeiten reduziert sich dieser Wert auf etwa 1.500 Kfz. Damit sind an städtischen Knotenpunkten zweistreifiger Straßen (mit Linksabbiegestreifen) Belastungen von 1.000 Kfz/h (je Richtung im Hauptstrom) bei mittleren Nebenströmen (bis 500 Kfz/h je Richtung) möglich. Bei gleich belasteten Zufahrten können dann maximal 750 Kfz/h je Zufahrt abgewickelt werden.

Staulängenberechnung

Um die Lichtsignalisierung eines Knotenpunkts zu bemessen, müssen die Verkehrsmengen der einzelnen Knotenströme gezählt oder prognostiziert werden. Die Knotenströme können dann in einem Strombelastungsplan (vgl. Abb. Zweiphasensteuerung) dargestellt werden. In den einzelnen Knotenzufahrten müssen ausreichende Staulängen vorhanden sein, um in den Rotzeiten dieser Zufahrten Aufstellflächen für ankommende Fahrzeuge zu gewährleisten.

Lichtsignalisierte Knotenpunkte können mit einem festen Programm oder mit mehreren, auf die jeweilige Tageszeit abgestimmten Programmen (Normalprogramm, Hauptverkehrszeitprogramm, Nachtprogramm) gefahren werden. Verkehrsabhängige Steuerungen messen die Verkehrsbelastungen (Induktionsschleifen in den Zufahrten) und wählen innerhalb eines Rahmens eine jeweils optimale Regelung.

Grüne Welle

In einer grünen Welle werden die Signalprogramme benachbarter Knotenpunkte so koordiniert, daß die Mehrzahl der Fahrzeuge unter Einhaltung ei-

Stauraumberechnung
Beispiel: *gegeben:* Linksabbieger mit 150 Kfz/Sp.h; Umlaufzeit U = 75 sek. *gesucht:* a) erforderliche Grünzeit b) Staulänge *Lösung:* 1) Maßgebliche Verkehrsmenge: M = 150 · 1,2 = 180 Kfz/h (20 Prozent Sicherheitszuschlag) 2) Die Aufstellflächen im Knotenpunkt sind in der Regel für das Aufstellen von zwei Pkw ausreichend, die in den Zwischenzeiten die Kreuzung räumen können. 3) Umläufe je Stunde: 3.600 / 75 = 48 Umläufe/h 4) In Zwischenzeit zu bewältigende Linksabbieger: 48 · 2 = 96 Kfz 5) Für 180 – 96 = 84 Kfz müssen zusätzliche Grünzeiten für Linksabbieger zur Verfügung gestellt werden.Ein Fahrzeug benötigt etwa 2 sek. Grünzeit. $T_{\text{Grün erf.}} = 84 \cdot 2 = 168$ sek./h 6) Das sind je Umlauf bei 48 Umläufen/h: $t_{\text{grün erf.}} = 168 / 48 = 3{,}5$ sek. ≈ 4 sek. 7) Für Linksabbieger sind je Phase 4 sek. als Vor- oder Nachlauf der Geradeausphase notwendig (Lösung zu a)). 8) Je Phase erreichen 180 / 48 ≈ 4 Kfz die Lichtsignalanlage. 9) Ein Fahrzeug (Pkw) hat etwa 6,00 m Aufstellänge. Der notwendige Stauraum beträgt dann $L_{stau} = 4 \cdot 6 = 24$ m (Lösung zu b)).

ner bestimmten Geschwindigkeit mehrere Knotenpunkte ohne Halt passieren kann. Dazu werden die Freigabezeiten in Fahrtrichtung hintereinander liegender Knotenpunkte durch Freigabeversätze aufeinander abgestimmt (die Grünzeiten benachbarter Knoten werden um die Fahrzeiten von Knoten zu Knoten zeitlich versetzt). Damit an Knotenpunkten für den Querverkehr ausreichende Grünzeiten erzielt werden, müssen an zu koordinierenden Knotenpunkten Knotenabstände (*Teilpunktabstände*), Umlaufzeit und gewünschte Fahrgeschwindigkeit (*Progressivgeschwindigkeit*) ins Verhältnis gesetzt werden.

$$\text{Teilpunktabstand (m)} = \frac{\text{Umlaufzeit (s)} \cdot \text{Geschwindigkeit (m/s)}}{2}$$

Die Teilpunktabstände sind bekannt; Umlaufzeit und Geschwindigkeit sollen entsprechend der örtlichen Situation gewählt werden. Innerstädtisch können Lichtsignalanlagen für Geschwindigkeiten zwischen 25 bis 55 km/h koordiniert werden. Detailliertere Informationen sind in der *RiLSA* zu finden.

Öffentliche Verkehrsmittel

Zur Beschleunigung des öffentlichen Verkehrs können diesem – neben einer Grundabstimmung zwischen Individualverkehr und öffentlichem Verkehr im Rahmen einer grünen Welle – zusätzliche Anteile an der Freigabezeit zur Verfügung gestellt werden, die nur bei Bedarf von Bus oder Bahn angefordert werden. Hält der öffentliche Verkehr auf einer separaten Spur vor einem Knotenpunkt, kann ein auf Zeitvorsprung geschaltetes Signal die Ausfahrt vor dem Individualverkehrs gewährleisten.

Kreisverkehr

Eine besondere Form des plangleichen Knotenpunktes ist der Kreisverkehr. Bis in die sechziger Jahre wurde er auch in Deutschland häufig eingesetzt, ist dann aber von lichtsignalgeregelten Knotenpunkten fast völlig verdrängt worden. In Großbritannien sind die ‚round-abouts' weiter entwickelt worden, und es zeigte sich, daß die kleinen Kreisverkehrsplätze (einstreifige Führung,

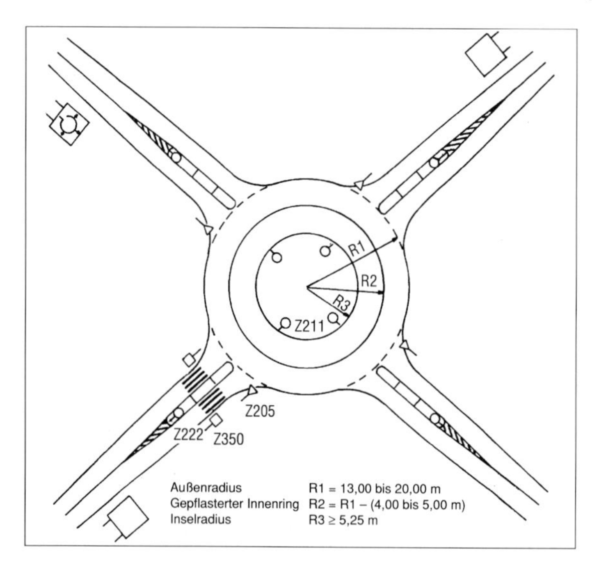

57 Kleiner Kreisverkehrsplatz

Durchmesser 26 bis 40 Meter) viele Vorteile gegenüber herkömmlichen Kreuzungen besitzen. Auch in den Niederlanden, in Frankreich und in der Schweiz machte man gute Erfahrungen, und so ist der Kreisverkehrsplatz auch wieder in die BRD gelangt. Kleine Kreisverkehrsplätze können an zweistreifigen Stadt- und Landstraßen eingesetzt werden.

Welche Kriterien sprechen für den Einsatz von Kreisverkehrsplätzen?

- Verkehrssicherheit: Einstreifige Kreisverkehrsplätze sind besonders sichere Anlagen. Dies gilt im besonderen im Vergleich mit nicht lichtsignalisierten

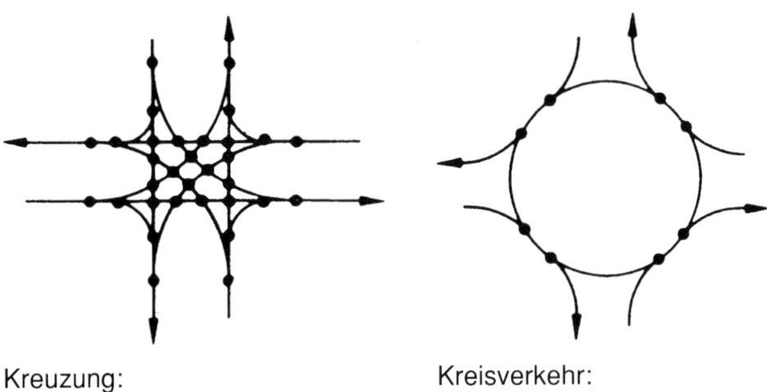

58 Vergleich der Konfliktpunkte

Knotenpunkten (Reduzierung der Konfliktpunkte). Kreisverkehrsplätze reduzieren hohe Geschwindigkeiten im Kraftfahrzeugverkehr.
- Leistungsfähigkeit: Die Leistungsfähigkeit kleiner Kreisverkehrsplätze liegt zwischen 15.000 und 25.000 Kfz/Tag (Summe aller Zufahrten); 15.000 Kfz/Tag werden nahezu immer bewältigt, 25.000 Kfz/Tag unter günstigen Voraussetzungen. Kreisverkehrsplätze reduzieren bis zu einer Gesamtbelastung von 15.000 Kfz/Tag die Wartezeiten gegenüber lichtsignalisierten Knotenpunkten deutlich.
- Netzstruktur: Kreisverkehrsplätze sind vielseitig einsetzbar; sie ermöglichen auch die Anbindung von mehr als vier Zufahrten in einem Knotenpunkt.

Gegen den Einsatz von Kreisverkehrsplätzen sprechen zu starke Verkehrsbelastungen, ungleiche Verkehrsstärken in den Zufahrten, Platzmangel sowie unruhige Topographie. Schienengebundene Verkehrsmittel sind nur mittels Signalisierung zu integrieren.

Ortseingangsbereiche können durch Kreisverkehrsplätze gestaltet, verdeutlicht und verkehrsberuhigt werden. Innerhalb bebauter Bereiche bewirken Kreisfahrbahn und eingeschlossene Kreisinsel eine Trennung der Straßenseiten. Dies kann negativen Einfluß auf Umfeldnutzungen wie Einkaufen und

Wohnen haben. Kreisinseln sind allerdings auch markante Standorte für Einzelbäume und andere vertikale Elemente, die zur Orientierung in der Stadt dienen können.

Bemessung und Entwurfsgestaltung

Eine Bemessung kann auf der Basis von *Kleine Kreisverkehre. Empfehlungen zum Einsatz und zur Gestaltung* erfolgen. Dieser Veröffentlichung sind die folgenden Empfehlungen in Auszügen entnommen.

Kreisfahrbahn

„Ein einstreifiger Kreisverkehrsplatz sollte innerorts einen Außendurchmesser von 26 bis 35 m erhalten. Die Kreisfahrbahn ist dabei immer exakt kreisförmig anzulegen. Die befahrbare Breite der Kreisfahrbahn kann in Abhängigkeit vom äußeren Kreisradius mit Hilfe der [...] dargestellten Graphik ermittelt werden. Bei Einhaltung dieser Werte ist sichergestellt, daß auch die größten zugelassenen Fahrzeuge den Kreis befahren können.

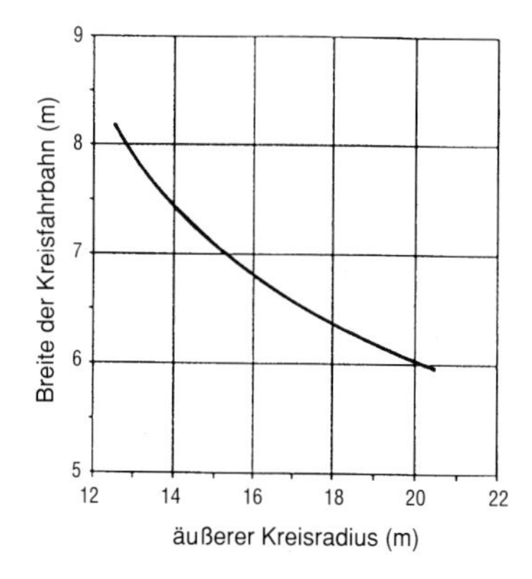

59 Breite der Kreisfahrbahn

Im Innenbereich der Fahrbahn sollte ein etwa 2,5 m breiter Streifen in einem groben Pflaster angelegt sein und somit optisch von der Restfahrbahn getrennt werden. Hierdurch wird zum einen verhindert, daß der Kreis mit zu hohen Geschwindigkeiten durchfahren wird, und zum anderen das Erscheinungsbild verbessert. Vor allem das beinahe ungehinderte Geradeausfahren soll so unterbunden werden. Da der Pflasterring durch Schub- und Drehbewegungen von Schwerfahrzeugen stark beansprucht wird, sollte eine massive Form der Pflasterung gewählt werden. [...]

Querneigung

Die Entwässerung der Kreisfahrbahn soll zur Außenseite erfolgen. Dazu wird sie mit 2,5 % nach außen geneigt. Der innere Pflasterring sollte mit einer Querneigung von etwa 5 % nach außen angelegt werden. Die Anlage der Querneigung nach außen gewährleistet einerseits, daß die Geschwindigkeit bei der Fahrt im Kreis begrenzt wird und andererseits, daß bei der Einfahrt in und der Ausfahrt aus dem Kreis die fahrdynamisch richtige Querneigung angeboten wird. Diese Art der Querneigung erhöht auch die Erkennbarkeit für den sich nähernden Kraftfahrer. [...]

Zu- und Ausfahrten

Ein für die Verkehrssicherheit wesentliches Gestaltungskriterium ist, daß die Zufahrten möglichst senkrecht auf die Kreisfahrbahn zuführen müssen. Auch die Ausfahrten müssen möglichst stumpfwinklig vom Kreis wegführen. Dazu soll der Mittelpunkt des Kreises in den Schnittpunkt der kreuzenden Straßen gelegt werden. Eine spitzwinklige bis tangentiale Einfahrt hingegen begünstigt Auffahrunfälle in den Zufahrten sowie Vorfahrtkonflikte.

Die Fahrstreifenbreite der zuführenden Straßen soll maximal 3,5 m betragen. Sofern Überbreiten für militärische Fahrzeuge vorzusehen sind, können diese durch seitliche, rauhe Pflasterstreifen angeboten werden. Auch für die Ausfahrten wird eine Breite des Fahrstreifens von maximal 3,5 m empfohlen. Breitere Fahrstreifen beeinträchtigen hingegen die Verkehrssicherheit. Außerorts ist die Fahrstreifenbreite der freien Strecke zu wählen.

Zur Sicherstellung der Befahrbarkeit ist es wichtig, die Ein- und Ausfahrten den fahrgeometrischen Anforderungen der Schwerfahrzeuge entsprechend auszurunden. Dies kann unter Verwendung einfacher Kreisbögen oder als dreiteilige Korbbogenfolge geschehen. Ausrundungsradien unter 10 m sollten nicht verwendet werden. Die Ausrundungsradien sollen in den Zufahrten jedoch das Maß von 12 m und in den Ausfahrten das Maß von 14 m nicht überschreiten. [...]

Zur Überprüfung der Befahrbarkeit dienen die Schleppkurven der RAS-K-1, wobei hier die Kurven für den Lastzug oder den Gelenkbus gewählt werden sollen.“ (Stuwe, 16 – 20)

Kreisverkehrsinseln sollten aus Gründen der Verkehrssicherheit ohne massive Randeinbauten ausgebildet werden. Als Mittelpunkt und Blickfang des Platzes können sie jedoch ansprechend gestaltet werden, außerorts und am Ortseingang bieten sich dazu Bepflanzungen an, innerorts auch künstlerische Objekte.

Im bebauten Bereich sind grundsätzlich in allen Zufahrten *Querungsmöglichkeiten für Fußgänger* vorzusehen. Diese sollen 4 bis 5 m vom Rand der Kreisfahrbahn abgesetzt sein, um ein- bzw. ausbiegenden Pkw vor bzw. nach der Querungsstelle Aufstellmöglichkeiten zu geben, ohne die Fußgängerquerungsstelle oder die Kreisfahrbahn zu blockieren.

Radfahrer können im Mischverkehr (zusammen mit dem Kfz-Verkehr) auf der Kreisfahrbahn oder auf Radwegen im Gehwegbereich geführt werden. Von Radfahrstreifen auf der Kreisfahrbahn wird häufig abgeraten, es gibt aber Beispiele in der BRD und vor allem in den Niederlanden, die gut funktionieren. Die *Führung des Radverkehrs* im Kreis sollte sich an der Radverkehrsführung in den Zufahrten orientieren. Radwege sind in der Regel im Einrichtungsverkehr gegen den Uhrzeigersinn um den Kreis zu führen.

An Kreisverkehrsplätzen muß die ringförmige Fahrbahn etwa aus Gründen der Leistungsfähigkeit und aus Gründen der Geschwindigkeitsreduzierung Vorfahrt erhalten. Kreisverkehrsplätze werden aufwendig beschildert. Eigentlich wäre ja eine Vorwegweisung (Zeichen 438 StVO) und ein ‚Vorfahrt gewähren!' (Zeichen 205 StVO) in jeder Kreiszufahrt ausreichend; heute muß aber noch gegenüber jeder Zufahrt auf der Kreisinsel ein ‚Hier rechts' (Zeichen 211) aufgestellt werden. Damit ist dann der Ordnung gegenüber Genüge getan und die Kreisinsel gestalterisch ausreichend verschandelt.

An stark belasteten Zufahrten sollten Fußgängerüberwege (Zebrastreifen) angelegt werden; eine Markierung der Querungshilfen als Fußgängerfurt (unterbrochene Linien seitlich der Querungsbereiche) ist unzulässig.

Große Kreisverkehrsplätze (Durchmesser > 40 m)

Große, zweistreifige Kreisverkehrsplätze mit zweistreifigen Knotenpunktzufahrten können Verkehrsstärken (Summe alle Knotenpunktzufahrten) von 35.000 bis 40.000 Kfz/Tag in der Regel problemlos bewältigen. Große Kreisverkehrsplätze wurden und werden vorrangig aus städtebaulichen Gründen angelegt. Sie sind geeignet mehrere städtische Hauptverkehrsstraßen oder Boulevards zu verknüpfen. Die großen Mittelinseln können markante Baukörper aufnehmen, die wichtige städtische Achsen betonen und Blickbeziehungen öffnen. Über die verkehrliche Bemessung von großen Kreisverkehrsplätzen liegen wenig Erfahrungen vor.

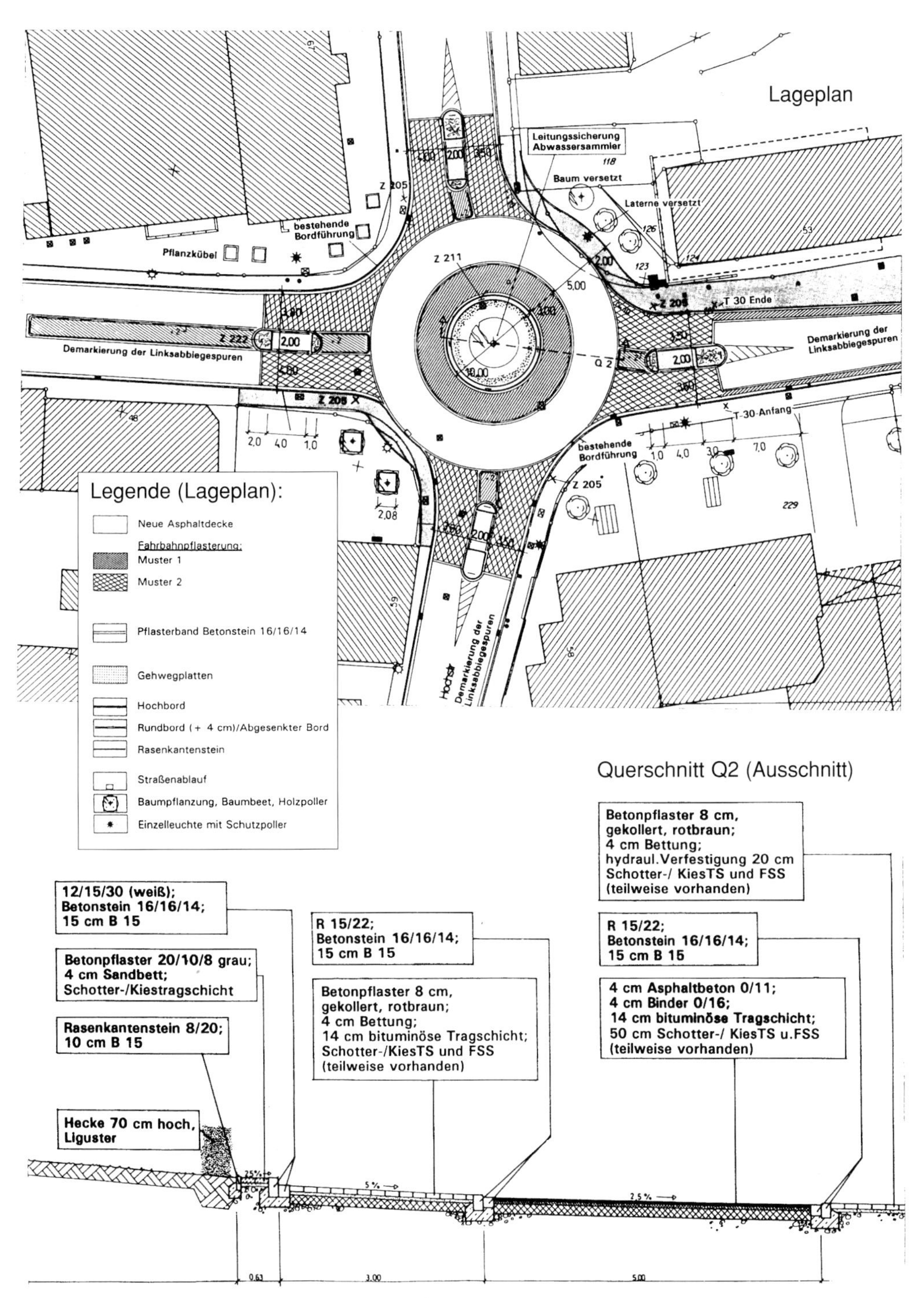

60 Kreisverkehr in Niederkrüchten (Entwurf)

Ruhender Verkehr

Neben Umweltbelastungen, Unfallgefahren und Verkehrsstaus ist sicherlich das Parkproblem eines der meistdiskutierten Themen des Straßenverkehrs. Einerseits wird in den meisten Innenstädten und stadtkernnahen Altbaugebieten ein Mangel an Abstellplätzen festgestellt (in anderen Wohn- und in Gewerbegebieten ist der Bedarf meist gedeckt), andererseits aber sind bereits alle Straßen und Plätze – oft auf Kosten anderer Nutzungen – zugestellt und Flächen zur Schaffung neuer Parkgelegenheiten kaum vorhanden. Deutlich wird dieses Problem am Beispiel der innenstadtnahen Stadterweiterungen der Gründerzeit (Ende des 19. Jahrhunderts). Diese Stadtteile bestehen aus drei

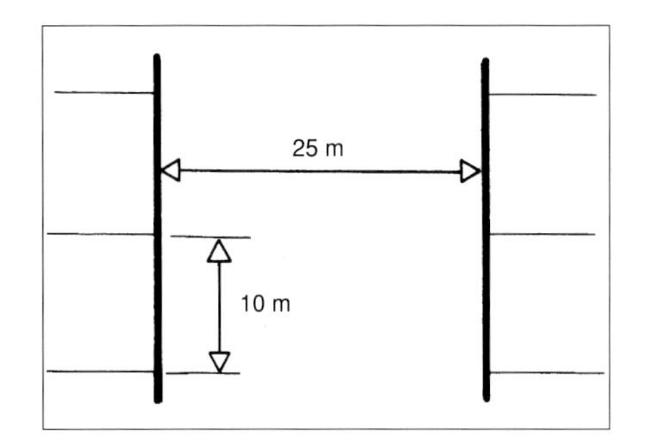

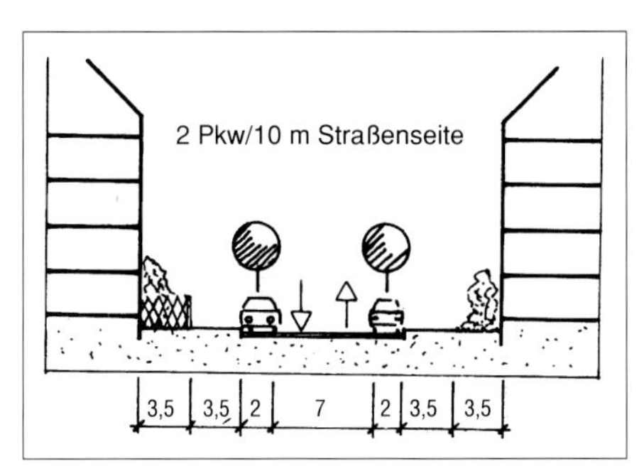

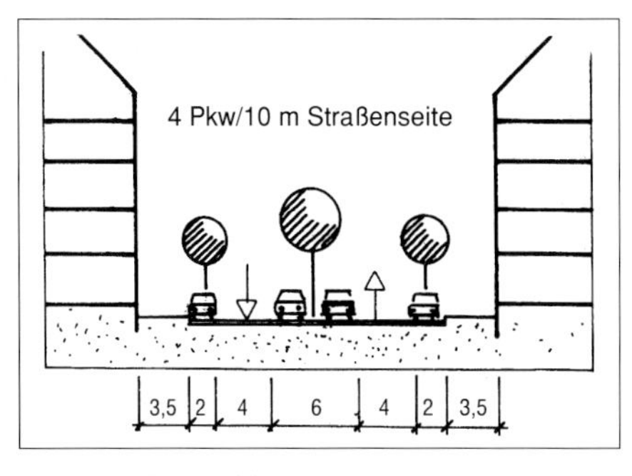

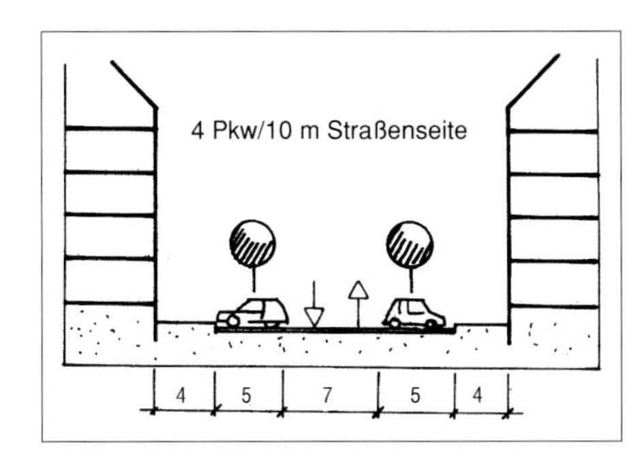

61 Ein Platzproblem

bis fünfgeschossigen Wohnhäusern, oft mit Läden im Erdgeschoß. Je 10 m Straßenfront wohnen bis zu acht Wohnparteien (Vorderhaus, Hinterhaus, ausgebautes Dachgeschoß) – in manchen Vierteln zunehmend junge, mobile und finanzstarke Kleinhaushalte. Durchschnittlich kann man von sechs bis acht Pkw je 10m Straßenfront ausgehen. Auf 10 m Straßenfront können jedoch maximal zwei Pkw in Längsaufstellung bzw. vier Pkw in Senkrechtaufstellung untergebracht werden.

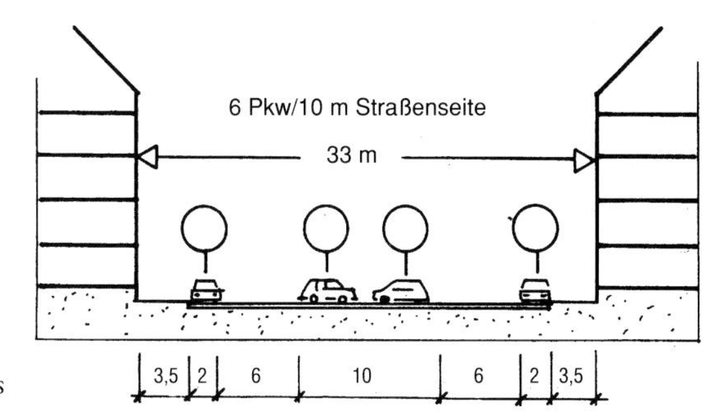

62 Eine knappe Lösung des Problems

Lösen läßt sich das Parkproblem ansatzweise erst, wenn der Straßenraum so breit ist, daß an beiden Straßenseiten längs und zusätzlich auf einem Mittelstreifen beidseitig senkrecht geparkt werden kann. Dies ist aber erst bei einer Straßenraumbreite von 33 m möglich, wie sie jedoch nur in den seltensten Fällen vorhanden ist. Die breiten Fahrgassen sind nötig, damit Fahrzeuge senkrecht ein- und ausparken können.

Versuchen wir nun, uns den aktuellen (Teil)lösungsansätzen systematisch zu nähern. Wir betrachten dabei folgende Themen:

- Parkraumnachfrage
- Stellplatzverordnungen
- Parken im Straßenraum
- Parkplätze, Parkhäuser, Tiefgaragen
- Stellplatzplanung bei Neubaumaßnahmen
- Krisenmanagement in bestehenden Situationen
  - Parkraumbewirtschaftung in der Innenstadt
  - Parkleitsysteme
  - Anwohnerparken
- Park and Ride, Bike and Ride
- Alternativen
- Abstellanlagen für Zweiräder

Parkraumnachfrage

Autofahrer und Radfahrer wünschen in der Nähe ihres Ziels geeignete Abstellanlagen für ihre Fahrzeuge. Für den Radverkehr sind heute nur an stark frequentierten Zielen (Bahnhöfen, Sporteinrichtungen, Schulen, Zugängen zu Fußgängerzonen) besondere Einrichtungen nötig; für den Kraftfahrzeugverkehr spielt sich der Platzbedarf in ganz anderen Dimensionen ab. Je nach Nutzergruppe sind die Anforderungen ans Parken unterschiedlich.

Die *Empfehlungen für Anlagen des ruhenden Verkehrs (EAR)* unterscheiden
- Bewohner,
- Berufs- und Ausbildungsverkehr,
- Einkaufs- und Besorgungsverkehr,
- Besucherverkehr,
- Liefer- und Wirtschaftsverkehr.

Die folgende Tabelle beschreibt die Anforderungen der unterschiedlichen Nutzergruppen ans Parken.

Anforderung der Nutzergruppen						
		Bewohner	Berufs- und Ausbildungs-verkehr	Einkaufs- und Besorgungs-verkehr	Besucher-verkehr	Liefer- und Wirtschafts-verkehr
Parkdauer	kurz	–	–	+	–	+
	mittel	o	o	+	+	–
	lang	+	+	–	o	–
Parkzeitraum	vormittags	o	+	+	o	+
	nachmittags	o	o	+	o	o
	abends	+	–	–	+	–
auf das Parken im Straßenraum angewiesen		o	o	o	o	+
Verlagerung auf andere Verkehrsmittel möglich		(o)	+	o	o	(o)
Größere Fußwege zwischen Parkplatz und Ziel zumutbar		(o)	+	o	o	–
Parkraumbewirtschaftung zweckmäßig		–	+	o	+	–
Parkleitsystem zweckmäßig		–	–	o	+	–

+ trifft zu o trifft teilweise zu – trifft nicht zu (o) trifft heute nicht zu, wäre aber denkbar
kurz: ½ – 2 Std. mittel: 2 – 4 Std. lang: > 4 Std.

Unter Besucherverkehr ist hier vor allem Verkehr zu Veranstaltungen gemeint. Privater Besucherverkehr ist in seiner Charakteristik eher dem Bewohnerverkehr zuzuordnen.

Stellplatzverordnungen

Die rechtliche Grundlage für die Forderung zur Herstellung von Stellplätzen ist in den jeweiligen Bauordnungen der Länder zu finden. Hiernach sind bei der Errichtung oder bei wesentlicher Änderung baulicher Anlagen Stellplätze auf dem Grundstück in ausreichender Zahl herzustellen. Richtwerte für den

Bedarf an ‚notwendigen Stellplätzen' werden durch Verwaltungsvorschriften der Länder erlassen ('Stellplatzverordnungen'), ein Musterentwurf ist in der *EAR* abgedruckt. So werden als Richtwerte etwa ein bis zwei Stellplätze je Wohnung, ein Stellplatz je 30 bis 40 m^2 Verkaufsnutzfläche in Läden und Geschäftshäusern angegeben. Wenn Stellplätze nicht oder nur unter sehr großen Schwierigkeiten angelegt werden können, dürfen sie in der Regel bei der Gemeinde durch Geldbeträge abgelöst werden (die Gemeinden müssen dazu Satzungen – ‚Gemeindegesetze' – beschließen). In Innenstädten von Großstädten sind dabei je Stellplatz Ablösebeiträge von 20.000 DM und mehr nicht unüblich. Die Gemeinden sind verpflichtet, diese Geldbeträge zur Herstellung zusätzlicher öffentlicher Parkeinrichtungen zu verwenden.

Aus verkehrlichen Gründen (etwa Überlastung der Innenstadt) können die Gemeinden per Satzung die Richtwerte für besonders festzulegende Problemgebiete reduzieren. In Innenstädten von Großstädten werden Verringerungen auf 30 bis 75 Prozent angewendet, im Einzugsbereich (ungefähr 500 m Radius) von U- und S-Bahn-Linien sind aber auch Reduzierungen auf 10 Prozent möglich. Die Gemeinden können diese ‚Verringerungen' ablösen lassen oder auf diese Geldmittel verzichten. Was davon der rechte Weg ist – vielleicht ein reduzierter Geldbetrag als Kombination von beidem –, ist von der örtlichen Situation abhängig. Gesichtspunkte der wirtschaftlichen Chancengleichheit, der Standortförderung und einer sinnvollen Verwendung der eingenommenen Geldmittel sind zu beachten.

Parken im Straßenraum

Stadtstraßen ohne abgestellte Kraftfahrzeuge können wir uns heute kaum noch vorstellen, eine völlig autolose Straße würden wir vielleicht sogar trist und öde finden. Parken im Straßenraum ist durchaus verträglich mit anderen Nutzungen, sofern es maßvoll geschieht. Gehwege müssen freigehalten werden, zwischen den parkenden Fahrzeugen sind gliedernde Flächen zu schaffen (Baumpflanzungen, Aufenthaltsflächen). Straßenquerungen müssen sicher und bequem möglich sein, Sichtbeziehungen sind von parkenden Fahrzeugen freizuhalten. Ein ausgewogenes Straßenparken würde in vielen zugestellten Straßen zu einer 20 bis 25prozentigen Reduzierung des Stellplatzangebotes führen. Eine derartige Reduzierung ist nötig, um einen ansatzweise gerechten Ausgleich zwischen verschiedenen Nutzungsanforderungen zu erreichen. Wie mit dem Platzmangel umgegangen werden kann, diskutieren wir unter ‚Alternativen'.

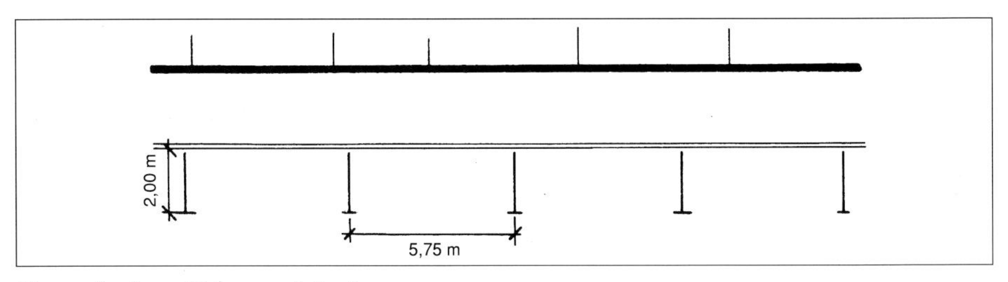

Längsaufstellung (Fahrgasse 3,5 m)

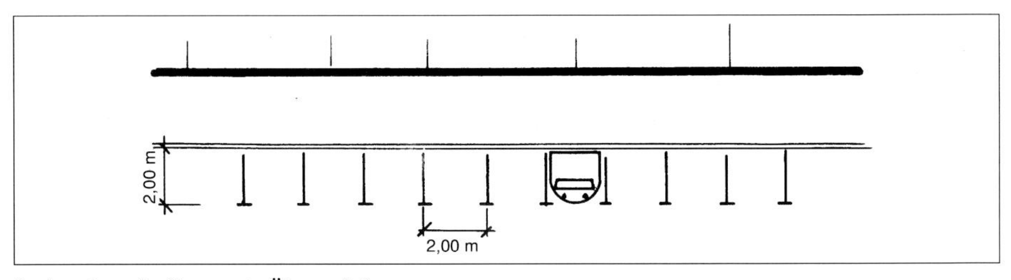

Senkrechtaufstellung mit Ökomobilen

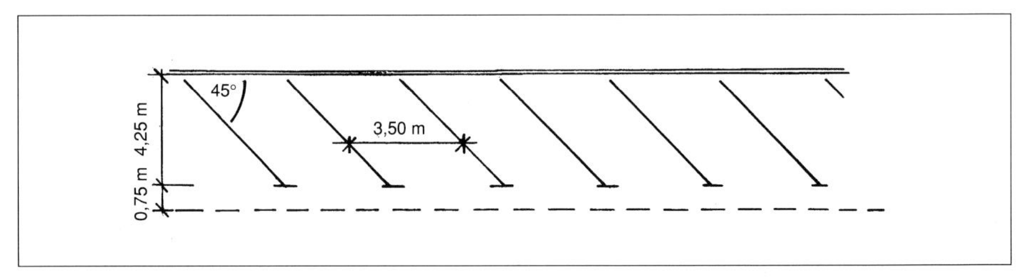

Schrägaufstellung (45°) (Fahrgasse 3,0 m)

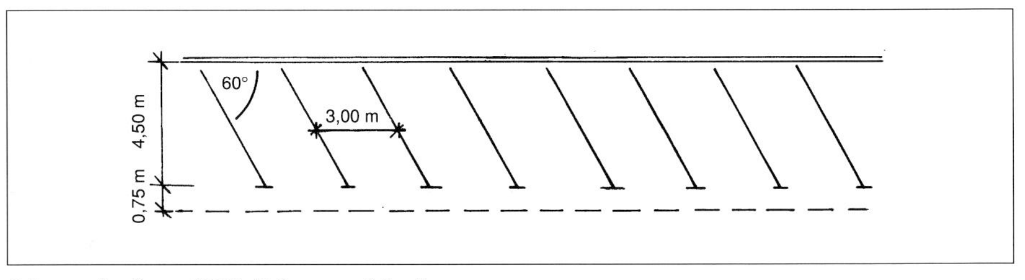

Schrägaufstellung (60°) (Fahrgasse 4,5 m)

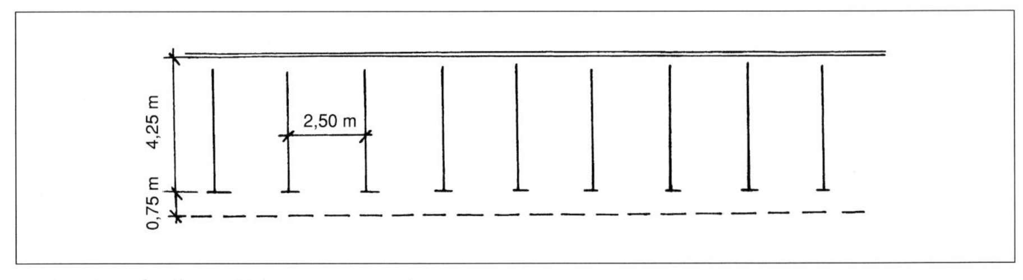

Senkrechtaufstellung (Fahrgasse 5–6 m)

63 Flächenbedarf von Parkständen im Straßenraum

Im Straßenraum sind vor allem die Längsaufstellung, die Schrägaufstellung und die Senkrechtaufstellung der Fahrzeuge von Bedeutung. Beim Schräg- und Senkrechtparken treten Sichtprobleme beim Herausfahren aus der Parklücke auf. Im besonderen Radfahrer sind gefährdet. Daher sind Schutzstreifen (etwa 0,75 m breit) zum fließenden Verkehr sinnvoll. Auch beim Längsparken sind – durch das rückwärtige Einparken der Fahrzeuge – Behinderungen des fließenden Verkehrs möglich. Längsparkstände müssen nicht markiert werden; bei der Schräg- und Senkrechtaufstellung ist dies in der Regel nötig. Zum Ein- und Ausparken sind ausreichend breite Fahrgassen notwendig. Beim Schräg- und Senkrechtparken dient der Bordstein in der Regel als Anschlag für die Fahrzeugräder. Dadurch entsteht ein Fahrzeugüberhang von etwa 75 cm in den Gehwegbereich, der bei der Bemessung zu berücksichtigen ist.

Parkplätze, Parkhäuser, Tiefgaragen

Parkplätze

Besonders bei größeren Parkplätzen und hohen Umschlagszahlen ist eine übersichtliche und leistungsfähige Verkehrsführung wichtig. Parkplätze sollten mit schattenspendenden Bäumen bepflanzt werden, auf sinnvolle städtebauliche und straßenräumliche Einbindung ist zu achten.

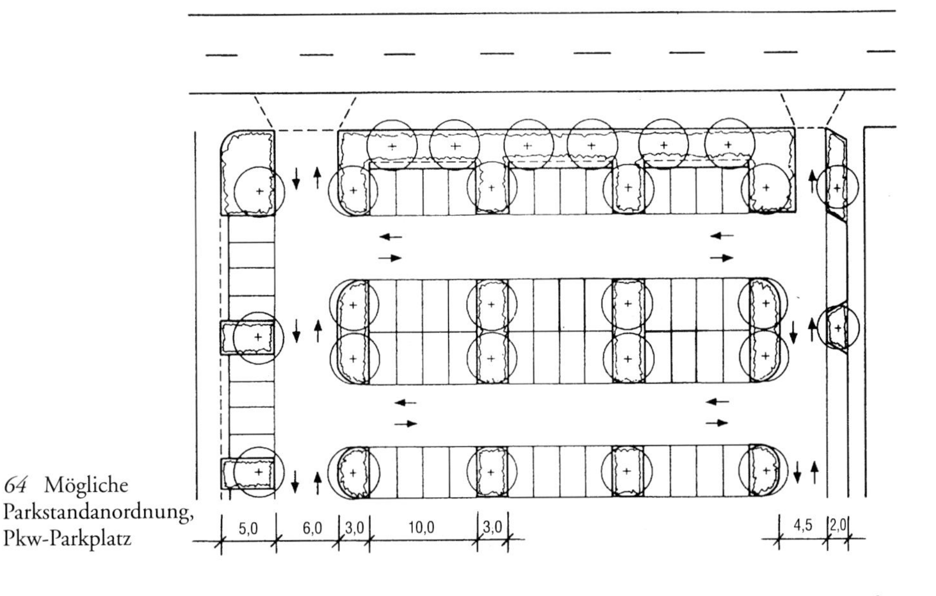

64 Mögliche Parkstandanordnung, Pkw-Parkplatz

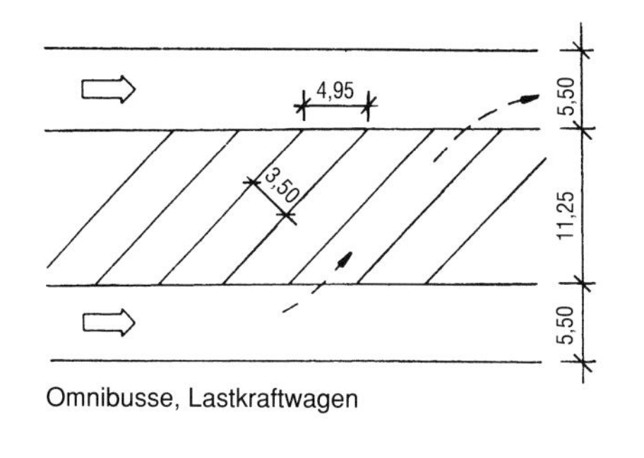

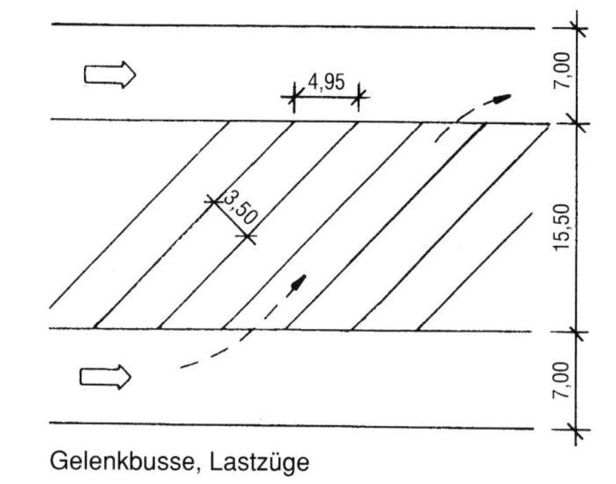

65 Aufstellung für Busse und Nutzfahrzeuge

Parkplätze für Omnibusse und Nutzfahrzeuge sollen so angelegt werden, daß die Parkstände vorwärts angefahren und auch vorwärts verlassen werden können. Eine Schrägaufstellung unter 45° zwischen zwei Fahrgassen hat sich bewährt.

Parkbauten

Ebenso wie bei Parkplätzen sind in Parkbauten je Pkw etwa 20 bis 25 m² Flächenbedarf anzusetzen, 10 m² für einen Pkw selbst und 10 bis 15 m² für die Erschließung in Form von Fahrgassen und Rampen. Es ist günstig, größere Anlagen an nicht zu stark belastete Einbahnstraßen anzubinden; die Leistungsfähigkeit einer automatischen Einfahrtabfertigung liegt bei 300 bis 400 Pkw/h und Fahrstreifen. Es muß darauf geachtet werden, daß Fahrzeuge nicht in die Fahrbahn zurückstauen; sonst müssen gesonderte Abbiegespuren eingerichtet werden.

Parkbauten müssen licht – schon deshalb sind für die öffentliche Nutzung Parkhäuser Tiefgaragen vorzuziehen – und sozial sicher sein. Ihr hoher Flächenbedarf stellt darüber hinaus besondere Anforderungen an die städtebauliche Einbindung. In *Benutzerfreundliche Parkhäuser* sind Anregungen für die Gestaltung zu finden.

Die Ein- und Ausfahrten von Parkbauten sollten so gelegt werden, daß die Verkehrsströme einander nicht überschneiden. Der Verkehr innerhalb des Parkbauwerks soll von der Einfahrt bis zum Parkstand und zurück zur Ausfahrt lückenlos gelenkt werden (in der Regel Einbahnstraßenführung).

Die Organisation eines Parkbauwerks wird stark durch die Rampenform bestimmt.

„Die *geraden Vollrampen* können zügig befahren werden, sie haben meist eine Neigung bis zu 10 % und erfordern je Geschoß nur zwei Gefällewechsel. Allerdings sind, um vom Ende der einen zum Anfang der nächsten Rampe zu

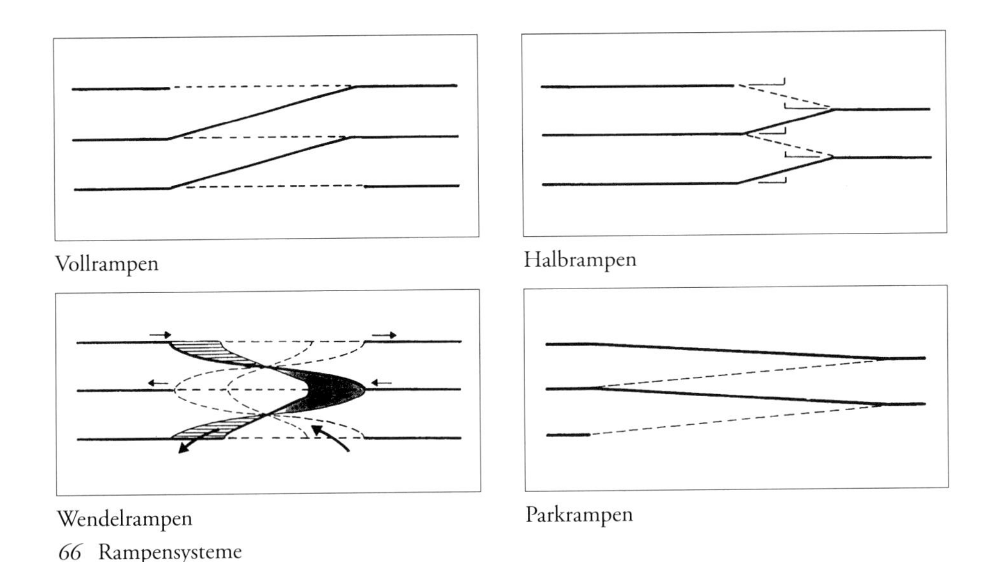

66 Rampensysteme

gelangen, Geschoßdurchfahrten notwendig. Der Vorteil besteht jedoch darin, daß die Autofahrer auf Sicht einen freien Parkplatz anfahren können.

Eine besonders rationelle Ausnutzung der Grundfläche erlauben *Halbrampensysteme.* Dabei sind die einzelnen Parkdecks jeweils um eine halbe Geschoßhöhe gegeneinander versetzt. Dadurch entstehen kurze, aber auch steile (bis zu 15 %) Rampen. Die Halbrampen liegen meist dicht beieinander, wodurch kurze Geschoßdurchfahrten entstehen. Allerdings verursachen sie die höchste Anzahl von Neigungs- und Richtungswechseln.

Bei größeren Parkhäusern mit vielen Geschossen und großen Parkebenen sind separate *Wendelrampen* von Vorteil, weil der einfahrende Verkehr schnell auf die einzelnen Etagen direkt verteilt werden kann. Bei eingängigen Wendelrampen ist für Auf- und Abfahrt je eine Rampe notwendig. Sie überwinden mit einer vollen Umdrehung (360°) eine Geschoßhöhe. Bei einem äußeren Radius von 8,50 m und einer Geschoßhöhe von 3,0 m beträgt die Steigung ca. 6,5 %. Bei den doppelgängigen Wendelrampen liegen Auf- und Abfahrtspur übereinander. Sie überwinden mit nur einer halben Drehung (180°) eine Geschoßhöhe, was zu einem Versatz der Übergänge von den Rampenbereichen in die Parkgeschosse führt.

Die Fahrtrichtung in den geraden Geschossen ist entgegengesetzt derjenigen in den ungeraden. Die Fahrtwege sind kürzer als bei eingängigen Wendeln, aber auch etwas steiler (ca. 10 %). Gekrümmte Rampen sollten am inneren Fahrbahnrand einen Radius von mindestens 5,0 m und eine Fahrbahnbreite von 4,0 m aufweisen. Bei Rampen mit Gegenverkehr sollte der Aufwärtsverkehr die äußere Fahrbahn mit größerem Radius und kleinerer Stei-

67 Parkhaus in Düsseldorf
Das Parkhaus wurde zum Aufnahmezeitpunkt (Dezember 1996) instandgesetzt.

gung erhalten. Eine Trennung durch einen Mittelschrammbord ist aus Sicherheitsgründen notwendig.

Werden die Parkdecks selbst geneigt und übernehmen die darauf liegenden Fahrgassen die Funktion der Rampen, so spricht man von *Parkrampen.* Sie sind wegen ihrer geringen Neigung (max. 5 %) leicht befahrbar, behindern allerdings durchgehenden Verkehr. Außerdem sind auch die Fahrwege länger: Der Vorteil liegt aber in der Platzersparnis, da keine separaten Rampen notwendig sind.

Welche Rampensysteme angewendet werden sollen, kann generell nicht beantwortet werden. Hierzu sind die vorhandenen Verhältnisse zu berücksichtigen und in Form von Optimierungsuntersuchungen die jeweils günstige Rampenart zu wählen." (ADAC, 1990. 11 – 12)

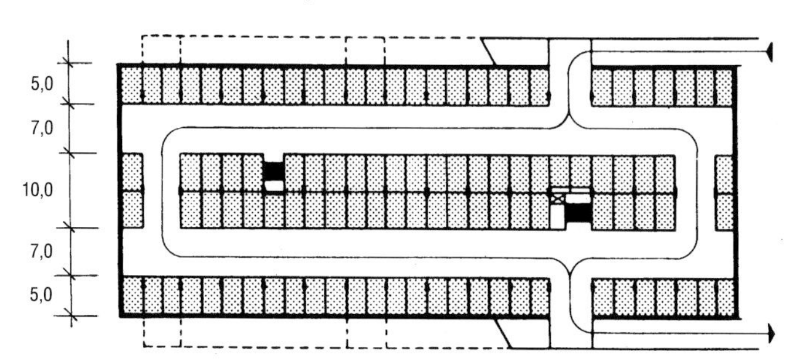

68 Parkhaus Schneider-Eisleben, Grundriß 1. OG

Beispiele für Parkbauten sind in *Benutzerfreundliche Parkhäuser,* in *Bauentwurfslehre* und vor allem in *Parkbauten* zu finden. Ein besonders schönes – und eines der ersten in der BRD gebauten – Parkhäuser ist in Düsseldorf (Grafenberger Allee) zu finden (Architekt: Paul Schneider-Esleben). Die Erschließung erfolgt über eine außenliegende, freie Vollrampe.

An Großgaragen (≥ 1.000 m^2 Fläche) werden besondere Anforderungen in bezug auf den baulichen Brandschutz gestellt (vgl. Garagenverordnungen GarVo der Bundesländer).

Stellplatzplanung bei Neubaumaßnahmen

Die bis vor kurzem übliche Lösung sah bei Einfamilienhäusern ein bis zwei Stellplätze auf dem Grundstück vor, häufig in Form sogenannter Carports ('Garagen ohne Wände'), bei Mehrfamilienhausbebauung je nach Baulandkosten Tiefgaragen oder wohnungsnahe Gemeinschaftsparkplätze. Weitere Stellplätze (für Besucher) wurden im öffentlichen Straßenraum angeordnet.

Heute versucht man, eine Idee aus den fünfziger Jahren – autoarme Zonen im Bereich der Wohnungen – aufzugreifen. Dabei werden zentrale Stellplatzanlagen geplant, von denen man zu Fuß zur Wohnung gelangen kann (Fußweg maximal 250 m). Allerdings muß jedes Haus für Lieferzwecke (vor

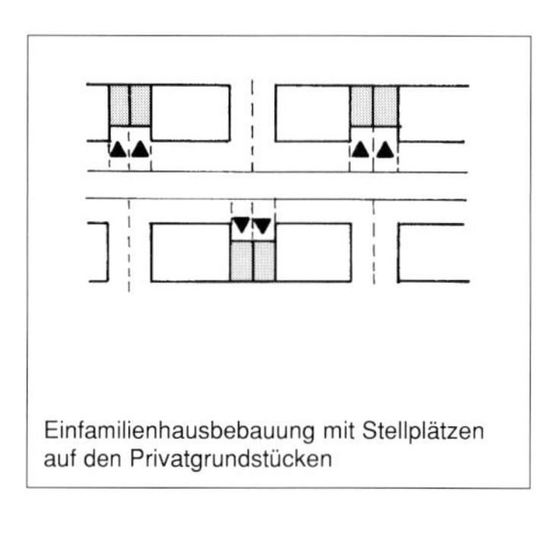
Einfamilienhausbebauung mit Stellplätzen auf den Privatgrundstücken

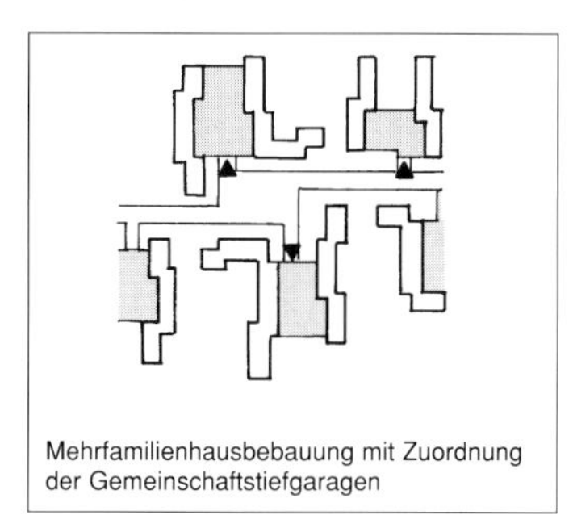
Mehrfamilienhausbebauung mit Zuordnung der Gemeinschaftstiefgaragen

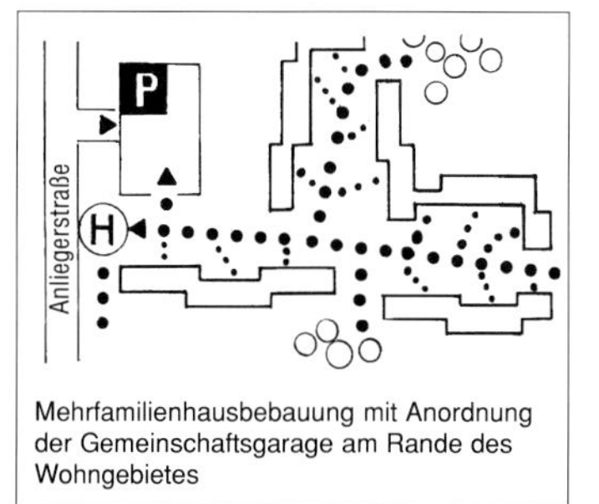

Mehrfamilienhausbebauung mit Anordnung der Gemeinschaftsgarage am Rande des Wohngebietes

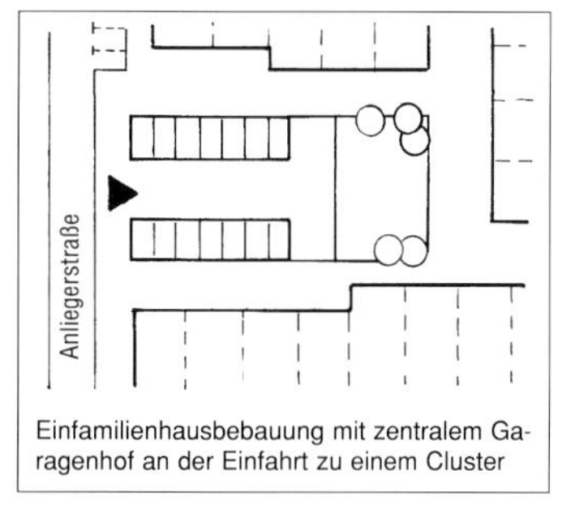

Einfamilienhausbebauung mit zentralem Garagenhof an der Einfahrt zu einem Cluster

69 Stellplätze in Wohngebieten

allem aber auch durch Rettungsfahrzeuge) anfahrbar sein. Es ist für eine gesunden Wohnatmosphäre günstig, möglichst viele Stellplätze und damit auch viel Fahrverkehr aus den wohnungsnahen Bereichen fernzuhalten. Musterprojekte versuchen sogar Siedlungen für Bewohner ohne Autobesitz zu konzipieren. Dabei führt die Bindung eines Hauses oder einer Wohnung an den ‚Nichtautobesitz' noch zu Problemen. In Amsterdam ist ein Projekt mit 2.500 Wohneinheiten bereits umgesetzt, in der Bundesrepublik sind kleinere Projekte fertiggestellt (etwa in Bremen mit 23 Wohneinheiten).

Sammelstellplätze können auch mehrgeschossig ausgeführt werden und als ‚Lärmschutzwand' dem Immissionsschutz von Wohngebieten zu stark befahrenen Straßen dienen.

Die Erschließung neugeplanter Gewerbegebiete kann für die meisten Beschäftigten durch den öffentlichen Verkehr erfolgen. Stellplätze für Besucher, Firmenfahrzeuge und Beschäftigte, die auf Pkws angewiesen sind, sollen auf Betriebsgrundstücken angelegt werden.

Auch wenn Einkaufszentren auf der grünen Wiese vielerlei Probleme mit sich bringen (Konkurrenz zu den Innenstädten, Verkehrserzeugung und Überbetonung des Autoverkehrs), sind sie ein fester Bestandteil unseres Alltagslebens. Sie sollten jedoch nicht völlig isoliert angelegt werden. Eine Kombination mit Gewerbegebieten, Güterverkehrszentren (vgl. S. 227) und publikumsintensiven Freizeitnutzungen gibt die Möglichkeit eines wirtschaftlichen Anschlusses durch den öffentlichen Verkehr. Dennoch sind unter den heutigen Voraussetzungen große Stellplatzanlagen (in der Regel Parkplätze) notwendig. Das ‚Centro' Oberhausen (etwa 70.000 m^2 Verkaufsfläche sowie zusätzliche Freizeiteinrichtungen) bietet über 10.000 kostenlose Parkplätze auf über 200.000 m^2 Fläche an, ein verkehrspolitisch verantwortungslos überzogenes Projekt, da das städtische Umfeld große Verkehrs- und Umweltbelastungen zu tragen hat.

Krisenmanagement

Parkraumbewirtschaftung in der Innenstadt

Bewirtschaftung meint den sinnvollen Umgang mit knappem Gut. In stark frequentierten Bereichen – etwa den Innenstädten – muß abgewogen werden, wieviel Autoverkehr einer gesunden Entwicklung zuträglich ist. Dabei sind die Faktoren Lebensqualität (beispielsweise Wohnumwelt), Attraktivität (etwa Einkaufs- und Freizeitflair) und Standortqualität (etwa Erschließung durch privaten und öffentlichen Verkehr) von Bedeutung. Jede Stadt ist anders und benötigt besondere, auf sie zugeschnittene Maßnahmen. Dennoch gilt fast überall, daß Innenstädte durch den Pkw-Verkehr überlastet sind. Dies führt in den Fällen, in denen Autostraßen und Parkhäuser dominant sind und das Warenangebot zugleich nur einen mittleren Standard aufweist, zu empfindlichen Umsatzeinbußen. Ein Teil der Kundschaft ist bereits zu den Einkaufszentren auf der grünen Wiese abgewandert – denn so günstige Parkplätze wie dort, kann ohnehin keine Innenstadt bieten. Die Kunden jedoch, die das städtische Flair lieben – das, was viele Einkaufszentren nachahmen und doch nicht erreichen -, wandern nun auch noch zu den Nachbarstädten ab, die ihre Innenstädte erhalten oder wieder attraktiv gemacht haben. Innenstädte, die zu stark aufs Auto setzen, konkurrieren dort, wo sie keine Chance haben, und verpassen ihre Chance da, wo sie stark sind, nämlich in ihrer Besonderheit und ihrem eigenen Flair. So zeigt sich, daß in den meisten Innenstädten die Flächen für den Autoverkehr begrenzt werden müssen. Dies gilt insbesondere für den ruhenden Verkehr. Damit wird Parkraum ein knappes Gut, das bewirtschaftet werden muß.

Parkraumbewirtschaftung stellt Stellplätze in den Innenstädten (oder anderen stark frequentierten Bereichen mit Platzproblemen) zur Verfügung und führt diese über Verbote und Preispolitik bestimmten Nutzergruppen zu.

– Liefer- und Wirtschaftsverkehr: Liefern findet vorwiegend im Straßenraum statt. Lieferverkehr sollte Vorrang vor privatem Parken (auch Anwohnerparken) im öffentlichen Straßenraum haben. Wenn der fließende Verkehr durch Liefervorgänge zu stark behindert wird, wird dieser auf bestimmte Ladezeiten außerhalb der Hauptverkehrszeiten beschränkt. Neben dem Anliefern im öffentlichen Straßenraum ist das Liefern auf privaten Hofflächen oder durch besondere Lieferstraßen hinter den Gebäuden (rückwärtige Erschließung) von Bedeutung. Bei Neuplanungen muß nach Kriterien wie Flächenverbrauch, Verkehrsbelastung, Größe der Lieferfahrzeuge, Lieferhäufigkeit u.a. abgewogen werden, welche Erschließung die günstigste ist.
  Der Wirtschaftsverkehr (Geschäfts- und Dienstreiseverkehr) kann durch Umsteigen auf den ÖPNV reduziert werden. Für den verbleibenden Wirtschaftsverkehr sind private Stellplätze vorzusehen.
– Einkaufs- und Besorgungsverkehr: Dieser Verkehre ist für die Innenstädte von besonderer Bedeutung. Es dürfen keine Maßnahmen ergriffen werden, die zur Verdrängung von Kunden führen. Dennoch ist es sinnvoll, Angebote zu machen, die den Einkaufenden die Nutzung anderer Verkehrsmittel erleichtern. Stellplätze für den Kundenverkehr sollten auf Parkplätzen oder in Parkbauten am Rande der Innenstadt vorgesehen werden, von denen

Fußgängerzonen und Geschäftsstraßen zu Fuß erreicht werden können (maximale Fußwegentfernung 500 bis 800 m, dies entspricht etwa 8 bis 12 Minuten Gehzeit). Parkgebühren sind den örtlichen Gegebenheiten anzupassen; für eine Parkdauer von 2 bis 3 Stunden können die Kosten für eine Hin- und Rückfahrt mit dem öffentlichen Verkehr als Orientierung dienen. Die Wege von und zu den Parkplätzen müssen attraktiv gestaltet sein und sollten an interessanten Geschäften oder anderen Blickpunkten vorbeiführen. Parkplätze für den Einkaufs- und Besorgungsverkehr sind im öffentlichen Straßenraum problematisch: Straßenparkplätze potenzieren die Störungen des Verkehrs, denn schon wenige dieser begehrten Plätze ziehen ein Vielfaches an Parksuchverkehr an, der auf und ab fährt, um schließlich einen dieser raren Plätze zu ergattern. Private Kundenparkplätze, etwa für Arztpraxen, müssen erhalten bleiben.
Der Einzelhandel befürchtet oft Umsatzeinbußen durch eine Verlagerung vom motorisierten Individualverkehr zum öffentlichen Verkehr. Für einzelne Branchen und in speziellen örtlichen Situationen ist dies auch zutreffend, in der Gesamtbilanz und vor allem in größeren Städten ist es jedoch vor allem der öffentliche Verkehr, der die Kunden in die Innenstadt bringt. Je Fahrt in die Innenstadt geben Kunden, die mit dem ÖPNV oder dem MIV kommen, etwa gleichviel aus.

- Besucherverkehr: Die Besucher meist abendlicher Veranstaltungen der Innenstadt können dieselben Stellplatzanlagen nutzen wie der Einkaufs- und Besorgungsverkehr, der abends die Innenstädte verlassen hat. Die Öffnungszeiten der Parkeinrichtungen sind auf diesen Verkehr abzustimmen.
- Bewohner: Für Bewohner von Innenstädten hat sich eine Anwohnerparkregelung (Fachausdruck: *Sonderparkberechtigung für Anwohner*) bewährt. Über Nacht sollten Anwohner auch die Parkhäuser nutzen können.
- Berufs- und Ausbildungsverkehr: Berufstätige, Auszubildende und Schüler fahren – sofern sie einen Pkw benutzten – morgens in die Stadt, lassen dort das Fahrzeug lange stehen und fahren mittags oder abends erst zurück. In diesem Sinne ist das Fahrzeug zum ‚Stehzeug' geworden, das wertvolle Flächen in der Innenstadt unnötig verbraucht. Gerade diese Nutzergruppen können besonders gut auf den öffentlichen Verkehr umsteigen, da sie nur wenige Fahrten und diese auch noch zur Hauptverkehrszeit mit einem in der Regel guten öffentlichen Verkehrsangebot machen können. Kurzfristig sind Angebotserweiterungen des öffentlichen Verkehrs zur Hauptverkehrszeit allerdings oftmals unrentabel, deshalb sind mittelfristig Nahverkehrskonzepte im Rahmen der Verkehrsentwicklungsplanung oder Nahverkehrsplanung zu erstellen.

Langzeitparken soll also (mit Ausnahme des Anwohnerverkehrs) teuer werden, um Berufspendler zum Umsteigen auf Rad, Bus oder Bahn zu bewegen. Deshalb dürfen in Innenstädten und an deren Rand öffentliche Stellplätze nicht kostenlos zur Verfügung gestellt werden. Wer trotzdem mit dem Auto kommt, muß die relativ teuren Parkhaustarife akzeptieren. Fahrgemeinschaften können die individuellen Kostenbelastungen dann wieder senken. Es gibt in den Innenstädten neben privaten Garagen und Stellplätzen natürlich auch private Betriebsparkplätze für den Berufs- und Ausbildungsverkehr. Diese können über Verhandlungen mit den Betreibern in eine Parkraumbewirtschaftung einbezogen werden. So können Stadt und Betriebe statt Parkplatzförderung eine Einführung von ‚Jobtickets' unterstützen. Dies geschieht – im besonderen bei Stadtverwaltungen – schon des öfteren; Beispiele sind in *Verantwortung übernehmen, Umsteigen fördern* zu finden.

In Dörfern und kleineren Geschäftsbereichen, die sich etwa entlang einer einzelnen Geschäftsstraße erstrecken, sind zentrale Parkeinrichtungen für Kunden weniger sinnvoll. Kunden sind in diesen Gebieten – wegen der oftmals schlechten Anbindung durch den öffentlichen Verkehr – auf Pkws angewiesen. Im städtischen Umfeld, bietet sich das Parken im öffentlichen Straßenraum an Parkuhren oder Parkscheinautomaten an. Im ländlichen Raum ist zur wirtschaftlichen Stabilisierung meist ein kostenloses Kundenparken sinnvoll: Kurzzeitparken (bis maximal 2 Stunden) im Straßenraum, Mittel- und Langzeitparken auf zentralen Sammelstellplätzen in Zentrumsnähe (maximale Fußwegentfernung 150 bis 300 m, etwa 2 bis 4 Minuten).

Zur Festlegung des notwendigen und sinnvollen Stellplatzangebotes und dessen Differenzierung nach Kurz- und Langzeitparkplätzen sowie deren Verteilung im Planungsgebiet ist eine *Parkraumbilanzierung* notwendig. Untersuchungen in mittleren Großstädten haben gezeigt, daß in der Regel selbst in den Innenstädten reichlich Stellplätze vorhanden sind. Diese werden oft nicht genutzt, weil sie unattraktiv sind (etwa düstere Parkbauten), weil deren fußläufige Erschließung und Zuwegung langweilig oder gar bedrohlich wirkt oder einfach, weil besonders beliebte Straßenparkplätze ebenso preiswert genutzt werden können.

Parkraumbilanzierungen zeigen häufig, daß im Straßenraum Stellplätze wegfallen und für gestalterische Maßnahmen verwendet werden können: Gehwegverbreiterungen und Baumbepflanzungen werden möglich. Im Rahmen der Verkehrsentwicklungsplanung (vgl. S. 92 ff.) muß überprüft werden, ob die Anzahl der geplanten Stellplätze und der dadurch erzeugte Autoverkehr mit den Innenstadt- und innenstadtnahen Nutzungen verträglich ist. Dies gilt entsprechend auch für andere Gebiete, wie etwa für Einkaufszentren auf der

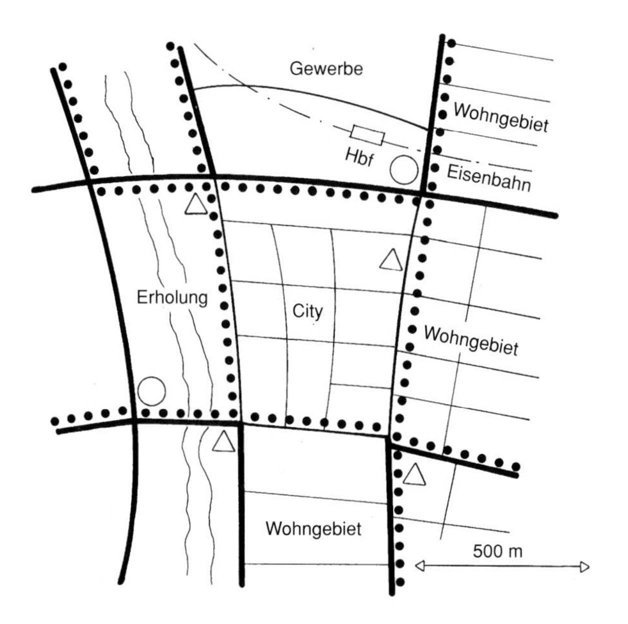

70 Parken in der City

- ▬ Hauptverkehrsstraßen (50 km/h, anbaufrei oder Anwohnerparken)
- —— Verkehrs- und Geschäftsstraße (30 km/h, Anwohnerparken und Liefern)
- —— Anliegerstraßen, verkehrsberuhigte Bereiche, Fußgängerzonen (10 km/h, Anwohnerparken und Liefern)
- △ Parkeinrichtung am Eingang der Innenstadt
- ○ Kostengünstige Parkeinrichtung vor den Toren der Stadt
- ● ● ● Straßenbahnlinien

grünen Wiese! Ist dies nicht der Fall, muß das Stellplatzangebot reduziert werden. Der Verkehr ist dann auf den Umweltverbund zu verlagern. Ordnung und Bewirtschaftung des ruhenden Verkehrs hat sich im Bereich von Innenstädten als das zentrale Planungsinstrument herausgestellt, mit dem ein gesunder Ausgleich zwischen Verkehrserschließung, Geschäftsnutzung und Wohnbedürfnissen erzielt werden kann.

Die Parkraumbewirtschaftung sollte folgende Ziele beachten:
- Mobilitätswünsche lenken, aber nicht einschränken,
- Erreichbarkeit aller Standorte gewährleisten, dabei deren Nutzungsvielfalt und Aufenthaltsqualität unterstützen,
- Pkw-Verkehr ermöglichen; die Verkehrsmittelwahl jedoch zugunsten ÖPNV, Rad- und Fußverkehr beeinflussen,
- den ruhenden Verkehr so ordnen, daß sich auch Ortsfremde zurechtfinden.

Die Ordnung des ruhenden Verkehrs wird mittels verkehrsregelnder, monetärer und informatorischer Maßnahmen durchgeführt. Die Wirksamkeit der Maßnahmen sollte überprüft und im Austausch mit den Bürgern optimiert werden. Überwachungsmaßnahmen sollen konsequent, aber nicht starrsinnig durchgeführt werden; sie sind nur dann sinnvoll, wenn sie von der Mehrheit der Bürger getragen werden. Überwachungsmaßnahmen sollen nicht als städtische Willkür erlebt, sondern als gemeinsam getragene Ordnungspolitik verstanden werden.

Als vertiefende Literatur bietet sich der *Leitfaden Parkraumkonzepte* an.

Parkleitsysteme

Für nicht ortskundige Besucher müssen Parkeinrichtungen ausgeschildert werden. Solange diese Einrichtungen genügend Stellplatzreserven haben, sind einfache statische Systeme (Aufstellen von Hinweisschildern) hinreichend. In Gebieten mit unausgewogenem oder knappem Parkraumangebot werden unter bestimmten Umständen dynamische Parkleitsysteme (Hinweistafeln mit beweglichen Anzeigen über freie Kapazitäten und deren Standort) sinnvoll, die Kraftfahrer zu den angeschlossenen Parkeinrichtungen leiten. Neben den technischen Einrichtungen muß dann ein Innenstadtring, Parkring oder ähnliches ausgewiesen werden, der die verschiedenen Parkeinrichtungen miteinander verbindet. Der Einsatz von dynamischen Parkleitsystemen ist nur dann sinnvoll, wenn kein ausgewogenes und ausreichendes Parkraumangebot geschaffen werden kann. Detailliertere Angaben zu Parkleitsystemen sind in der *EAR* und in *Parkleitsysteme* zu finden.

Die verkehrliche Wirksamkeit dynamischer Parkleitsysteme ist in der Regel unbedeutend. Die meisten Kraftfahrer orientieren sich nicht daran, ob ein Parkhaus zur Zeit belegt und ein anderes frei ist. Sie folgen – wenn sie ortsfremd sind – den Hinweisen zu der Parkeinrichtung in der Nähe ihres Ziels und nehmen eine Wartezeit vor einem belegten Parkhaus in Kauf. Wie sollten sie sich denn auch sonst in einer fremden Stadt orientieren? Ortskundige fahren in der Regel ihre alten Wege und suchen sich Stellplätze in den ihnen vertrauten Anlagen. Dennoch erfüllen diese Einrichtungen ihren Zweck:

1. Es wird etwas getan und dadurch eine Zeit lang das Problem des Innenstadtverkehrs verdrängt, an dessen grundsätzliche Lösung man sich nicht wagt.
2. Es werden Einzelhändler und Bürger beruhigt, die sich Sorgen über eine Parkplatzknappheit machen, die zu einer Verdrängung von Kunden führen könnte. Eine Beobachtung dynamischer Parkplatzanzeigen zeigt in der Regel nämlich immer irgendwelche freien Parkkapazitäten in der Innenstadt.

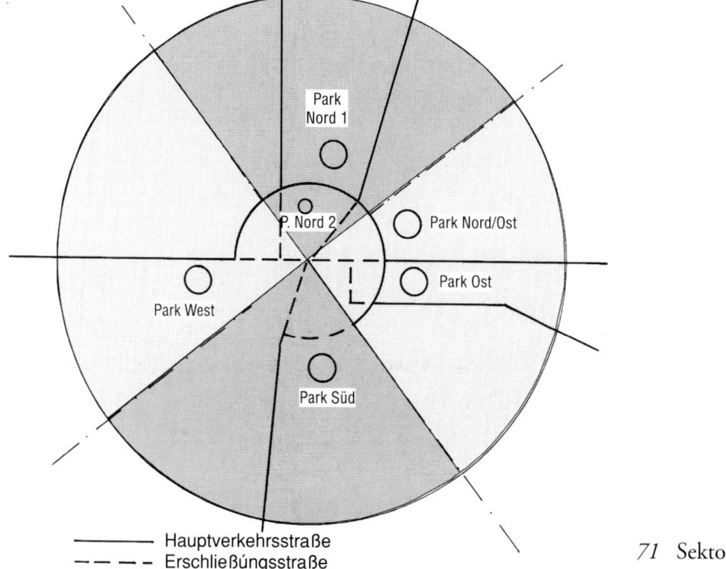

71 Sektorales Parkleitsystem

Längerfristig ist es jedoch sinnvoll, *sektorale Parkleitsysteme* mit statischer Vorwegweisung einzurichten. Die Verkehrsströme aus den jeweiligen Stadtzufahrten werden nach räumlichen Kriterien zusammengefaßt (Nord, Ost, Süd, West) und vor oder an den Innenstadtzufahrten in die jeweiligen Parksektoren (etwa Sektor Nord) geleitet. Erst dort erfolgt eine dynamische Anzeige, die zeigt, ob die Einrichtungen frei sind, ob gewartet werden oder ob zur nächsten Einrichtung des Sektors weitergefahren werden soll. Dieses Konzept ist – auch für Ortsfremde – leicht zu begreifen. Es bedarf jedoch wirksamer Bekanntmachungen (durch Presse, Infoblätter usw.). Von einzelnen Parkeinrichtungen ist eine leicht verständliche Wegweisung zu den Hauptzielen der Innenstadt nötig. Stellt sich im Betriebszustand heraus, daß einzelne Parkhäuser besonders beliebt sind – viele Ortskundige fahren ja auch hier noch eine Zeit ihre alten Wege –, kann über unterschiedliche Gebühren in den Einrichtungen wieder ein Gleichgewicht erzielt werden. Voraussetzung dafür ist, daß die Bilanz für die einzelnen Sektoren ungefähr aufgeht (Parkhaus Nord muß die Kundenverkehrsströme der Nordzufahrten aufnehmen können). Für die Dimensionierung der Anlagen sollten Belegungszeiten und Belegungsdauer von Stellplätzen erfaßt werden, sie schwanken im Kundenverkehr zwischen durchschnittlich ein bis drei Stunden.

Sektorale Parkleitsysteme minimieren Autofahrten durch die Innenstadt: Man parkt am Stadteingang, macht von dort seine Erledigungen zu Fuß oder vielleicht auch mit der Straßenbahn und fährt dann – ohne mit dem Pkw die

City belastet zu haben – wieder zurück. Die Größe der städtischen Citybereiche (Stadtkern) ist fast immer fußläufig (maximal 1 km^2); sie entspricht in der Regel der Ausdehnung der historischen Stadt, die sich ja nur im Rahmen einer fußläufige Erschließung entwickeln konnte.

Anwohnerparken

Besonders stadtkernnahe Wohngebiete müssen vor fremdem Parkverkehr, der aus der Innenstadt verdrängt wurde, geschützt werden. Auch in der Nähe größerer Betriebe und Verwaltungen besteht die Gefahr, daß Bedienstete und Publikumsverkehr Wohnstraßen zuparken. Anwohnerparken soll den Berufs- und Ausbildungsverkehr aus den Anwohnerparkbereichen fernhalten. Anwohnerparkbedürfnisse werden priorisiert, andere Nutzergruppen müssen ausreichend – aber durchaus knapp – berücksichtigt werden. In Gebieten mit zu knapp konzipiertem Stellplatzangebot entsteht ein hoher Parkdruck, meist verbunden mit häufigem Falschparken.

Anwohnerparken ist sinnvoll, wenn es richtig durchgeführt wird. Es fördert das Wohnen in der Innenstadt und in den innenstadtnahen Gebieten. Ohne diese Regelungen würden Anwohner an den Stadtrand verdrängt: einerseits, weil ihre Wohngebiete vom Parksuchverkehr belastet würden; andererseits, weil sie selbst keine oder zu teure Stellplätze finden würden. Anwohnerparken soll, sofern Parkdruck besteht – und das ist ja die Regel -, flächendeckend in der Innenstadt und in den innenstadtnahen Gebieten eingeführt werden. Die Gebiete sollen städtebaulich sinnvoll abgegrenzt werden (durch Bahnlinien, Hauptverkehrsstraßen, Grünflächen) und fußläufige Ausdehnungen (für Wohngebiete: etwa 0,25 km^2) nicht überschreiten.

Vor der Einrichtung eines Anwohnerparkbereiches ist eine Stellplatzbilanzierung notwendig, Gewerbetreibende müssen beraten und Anwohner informiert werden. Es wäre sinnvoll, im Gebiet einen Verkehrsberater einzusetzen, der sowohl die Betroffenen berät als auch Nachbesserungen des Konzeptes anregt.

- Bewohner: Bewohner erhalten gegen Gebühr (Größenordnung BRD: 50 bis 100 DM/Jahr, Zürich: 240 sfr/Jahr) eine *Sonderparkberechtigung für Anwohner* und können in ihrem Gebiet dann im öffentlichen Straßenraum parken. Es ist sinnvoll, Bewohnern die Möglichkeit zum Erwerb von gebührenpflichtigen Besucherparkscheinen begrenzter Dauer zu geben.
- Einkaufs- und Besorgungsverkehr: Hierfür sollten im Straßenraum Stellplätze an Parkuhren oder Parkscheinautomaten vorgesehen werden. Ein-

richtungen mit hohem Publikumsverkehr (größere Praxen, Veranstaltungsgaststätten) benötigen Stellplätze auf dem eigenen Grundstück. Ist dies nicht möglich, müssen nutzungsbezogene Konzepte entwickelt und durchgesetzt werden: So sind etwa bei Veranstaltungsgaststätten attraktive Möglichkeiten der Zuwegung mit dem öffentlichen Verkehr (Eintrittskarte zugleich Fahrschein) oder Zubringerdienste von einer zentralen Parkeinrichtung zu prüfen.
- Liefer- und Wirtschaftsverkehr: Liefervorgänge finden nach wie vor im öffentlichen Straßenraum statt. Für Ärzte, soziale Dienste, Handwerker usw. müssen Sonderparkberechtigungen für alle Anwohnerparkbereiche vorgesehen werden. Auch für Dienstfahrzeuge von Gewerbebetrieben und Büros müssen Sonderparkberechtigungen in begrenzten Rahmen für die jeweilige Gebiete ausgestellt werden. Weitere Details zur Ausführung (Beschilderung) sind in der *EAR* zu finden.

Es ist wichtig, Konzepte im Austausch mit Bürgern und Gewerbetreibenden zu entwickeln. Anwohnerparkbereiche sind sinnvoll und ein notwendiger Baustein für die Bewältigung der heutigen Verkehrsprobleme. Dies kann den Betroffenen durchaus vermittelt werden – schlechte Planungen und starres Verhalten von Behörden führen jedoch oft dazu, daß diese Maßnahmen als Schikane aufgefaßt werden.

Park and Ride, Bike and Ride

Park and Ride (P+R) bedeutet Zufahrt zur ÖPNV-Haltestelle mit dem Pkw, dessen Abstellen auf besonders ausgewiesenen Stellplätzen und die Weiterfahrt mit Bus oder Bahn. *Bike and Ride (B+R)* meint ebenfalls eine Verknüpfung zweier Verkehrsmittel, hier des Fahrrads mit Bus oder Bahn. Park and Ride kann als Verbindung von Vorort und Innenstadt stattfinden, als Verbindung der Innenstadt mit gleichrangigen oder übergeordneten Zentren oder auch als besonderes Verkehrsangebot vom Innenstadtrand zur Innenstadt (etwa bei Großveranstaltungen).

Park and Ride ist vor allem zur Verknüpfung von Vorort und Innenstadt sinnvoll. Kraftfahrer können aus dem dünnbesiedelten und daher vom öffentlichen Verkehr schlecht erschlossenen Umland zu den Vorortbahnhöfen und Haltepunkten der Bahnlinien gelangen, um von dort mit dem öffentlichen Verkehr weiterzufahren. Zahlen aus großen Stadtregionen (Hamburg und München mit jeweils mehr als 10.000 P+R-Parkständen) belegen, daß durch attraktive P+R-Angebote die Parkraumnachfrage in Stadtkernen deutlich reduziert werden kann. Untersuchungen haben jedoch auch gezeigt, daß durch P+R-Anlagen zwar neue Kunden für den öffentlichen Verkehr gefunden werden, zugleich aber auch ein Teil der ÖPNV-Nutzer auf das Auto umsteigt. Diese Ambivalenz von P+R-Anlagen muß bei Planungen im Auge gehalten werden.

Park and Ride Stellplätze sollten nicht weiter als 150 m von den Bahnsteigen entfernt angelegt werden. Diese Stellplätze sind den Bahn- (oder U-Bahn-) Benutzern vorzuhalten. Sie sollten kostengünstig angeboten werden. Bike and Ride Abstellanlagen sollen diebstahlgeschützt und möglichst überdacht sein. Zur Grundausstattung von P+R-Anlagen gehören u.a. Fahrgastinformation, Fahrkartenautomaten und Telefon. Bei größeren Anlagen, die in Verbindung zum städtebaulichen Umfeld stehen, sind zusätzliche Ausstattungen (etwa Kiosk) sinnvoll. Weitere Detailinformationen sind in *Konzeption, Planung und Betrieb von P+R* zu finden.

Alternativen

Eine Lösung bzw. Entspannung des Parkproblems läßt sich erzielen durch
- weniger Autos,
- kleinere Autos,
- bessere ‚gestapelte' Autos,
- bessere Ausnutzung der vorhandenen Stellplätze,
- Verlagerung von Stellplätzen aus Problembereichen.

Die grundsätzliche Lösung wäre die Reduzierung des Kraftfahrzeugbestandes – bei den heutigen Verhaltensstrukturen ein utopischer Ansatz. Eine Begrenzung des Kraftfahrzeugbestandes auf den heutigen Stand ließe sich jedoch durch die bereits bei der Verkehrsentwicklungsplanung angesprochenen Maßnahmen wie ‚Restriktionen für den Autoverkehr' und ‚Verbesserung der Angebote des Umweltverbundes' erzielen. Auch eine bessere Ausnutzung der Fahrzeuge würde einer Status-Quo-Begrenzung entgegenkommen. Hier sind vor allem das Car-Sharing und die Bildung von Fahrgemeinschaften anzusprechen.

Kleinere Autos – etwa Ökomobile – reduzieren den Flächenbedarf fürs Parken erheblich. Unter diesem Gesichtspunkt ist die Wandlung der neuen Bundesländer von der Trabi- zur Mercedesgesellschaft ein Rückschritt.

Das bessere ‚Stapeln' von Kraftfahrzeugen, sei es durch Parkhilfen oder mechanische Parkbauten, kann in Einzelfällen punktuelle Parkprobleme mildern (vgl. *EAR*).

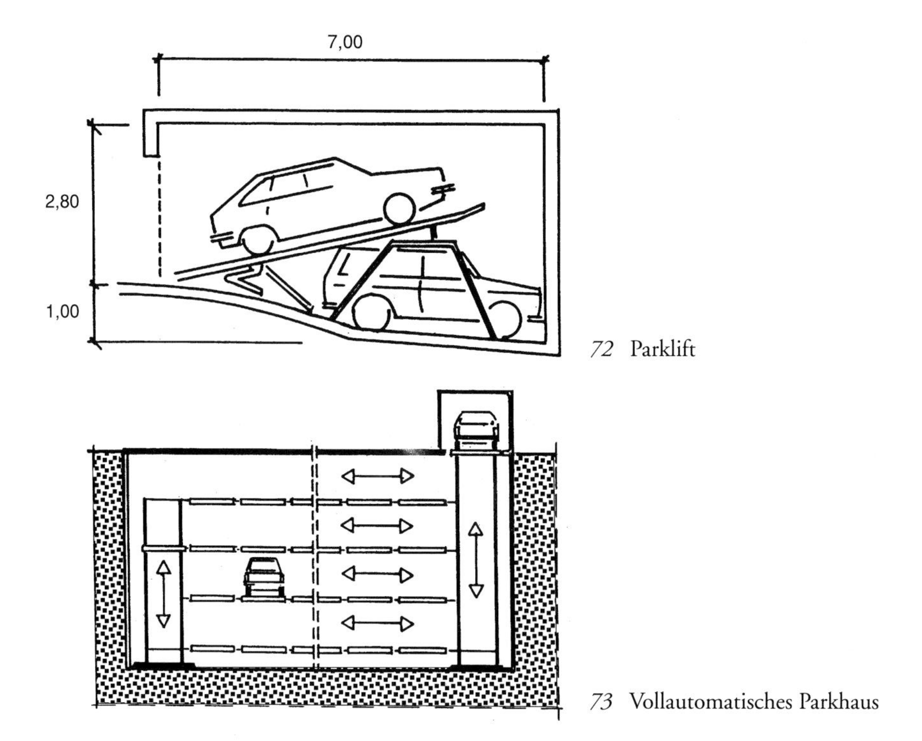

72 Parklift

73 Vollautomatisches Parkhaus

Ein Beispiel für die bessere Ausnutzung vorhandener Stellplätze wäre die Tagesnutzung von Parkhäusern durch den Einkaufsverkehr und die verstärkte Nachtnutzung durch Anwohner. So können Parkhäuser in Anwohnerparkregelungen integriert werden und einer Entlastung der Straßenräume dienen.

Beispiele für die Verlagerung von Stellplätzen aus Problembereichen wären Sammelstellplätze, Garagenhöfe in Wohngebieten oder der nachträgliche Einbau von Tiefgaragen (etwa im Straßenraum).

Das Planungsprinzip der Verlagerung könnte ausgeweitet werden. In größeren Städten, in denen der öffentliche Verkehr ein gutes Angebot liefert, kön-

74 Nachträglicher Einbau einer Tiefgarage

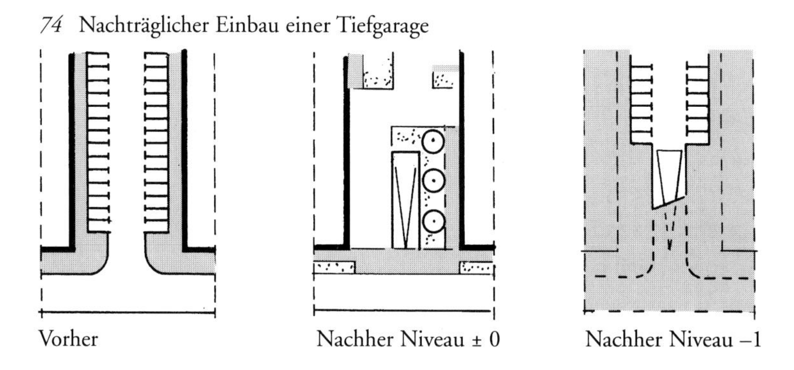

nen viele Verkehrsteilnehmer ohne Pkw auskommen. Dies gilt auch für kleine Städte oder Stadtteile, in denen das Fahrrad zum wichtigsten Verkehrsmittel wird. Dennoch werden viele auf den Pkw nicht verzichten wollen, sei es, um gelegentlich aufs Land zu fahren, sei es, um hin und wieder Materialien zu transportieren oder nur, um sich dieses Stück individueller Bewegungsfreiheit zu erhalten. Es bietet sich daher an, am Stadtrand – gegebenenfalls in Kombination mit Güterverkehrszentren, Gewerbegebieten u.ä. – große Stellplatzanlagen oder Garagenhöfe anzulegen. Diese Anlagen müssen über einen Straßenbahn-/Stadtbahnanschluß und eine gute Anbindung ans regionale und überregionale Straßennetz verfügen. Auf die soziale Sicherheit muß geachtet werden; eine Ausstattung mit Tankstellen, Werkstätten, Selbst-Reparaturplätzen sowie Restaurants ist notwendig. In Universitätsstädten mit hohem Wochenendheimfahreranteil sind diese Anlagen schon heute sinnvoll, wenn zugleich das Parken in den Städten begrenzt wird. Standorte können auch Industriebrachen am Rand von Innenstädten sein.

Abstellanlagen für Fahrräder

Abstellanlagen müssen an B+R-Haltestellen wie auch an allen anderen wichtigen Radverkehrszielen in genügender Anzahl angeboten werden. Durch leichte Einsehbarkeit und die Möglichkeit, Räder an ihrem Rahmen anzuschließen, kann eventuell Zerstörung und Diebstahl entgegengewirkt werden. Abstellan-

	Handhabung	Schutz vor Diebstahl	Witterungsschutz	Gepäckaufbewahrung	Platzverbrauch	Kosten
Clip	○	–	–	–	+	+
Bügel	+	+	–	–	+	+
Sattelständer	+	+	○	–	+	+
Clip + Kasten	○	–	–	+	○	○
Schräg-Hoch-Ständer	○	+	+	–	○	–
Fahrradbox	○	+	+	+	–	–
Bewachung	+	+			○	–

75 Fahrradabstellanlagen, Bewertung

Haltstelle

Baumbeet

Abpollerung

76 Abstellanlagen und andere Ausstattungselemente

lagen dürfen den Fußgängerverkehr und den ÖPNV nicht behindern. An Bahnhöfen oder anderen häufig angefahrenen Zielen kann sich die Einrichtung einer Servicestation (Bewachung, Reparatur) anbieten. Bei der Einrichtung von Abstellanlagen sind verschiedene Kriterien zu beachten und zu bewerten.

Bügel haben sich als Radständer bewährt. Clips werden wegen ihres geringen Platzverbrauchs gerne eingesetzt, sind in ihrer einfachsten Ausführung aber ungeeignet, da die Fahrräder umkippen können (‚Felgenkiller'). Dieses Problem kann durch Führungskufen auf dem Boden vermindert werden. Das Heft *Ruhender Radverkehr* zeigt weitere Beispiele für Abstellanlagen.

Einzelne Fahrradhalter können auch in die Gestaltung verschiedener Ausstattungselemente (z. B. Wartehäuschen, Baumscheiben, Poller) integriert werden.

Je nach den Platzverhältnissen können Abstellanlagen im Gehwegbereich oder auf Parkstreifen angelegt werden. Auf einem Pkw-Stellplatz finden zehn Räder Platz.

77 Flächenbedarf für Abstellanlagen von Zweirädern

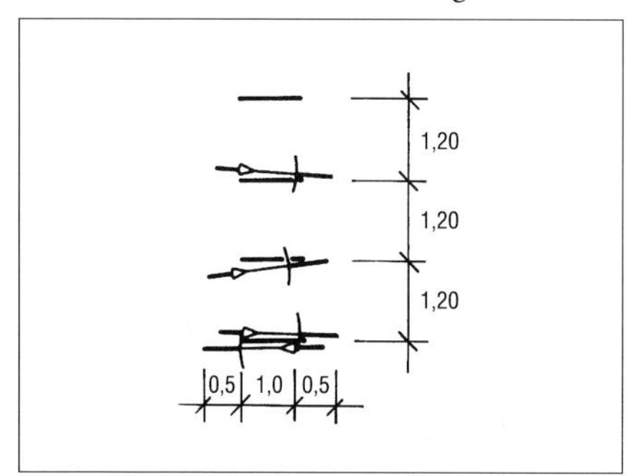

Fahrräder (Bügel)

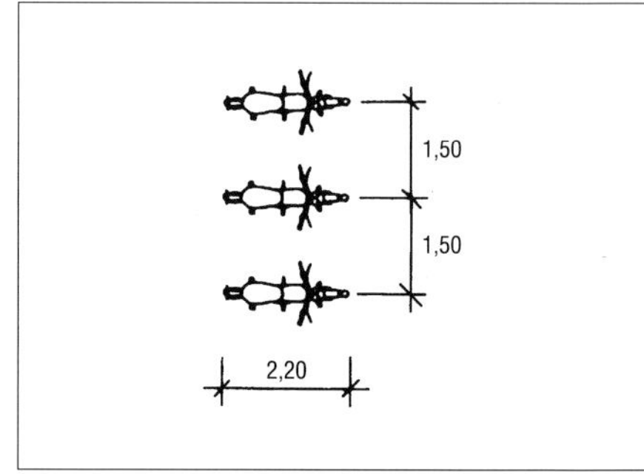

Motorräder

78 Radabstellanlage am Hauptbahnhof Oberhausen

Im unmittelbaren Bereich von Abstellanlagen müssen der Radfahrer besonders sicher und komfortabel geführt werden. Vor allem an Bahn- und Bushöfen ist dies wichtig, um Radfahrer – auch dann, wenn sie unter Zeitdruck stehen – sicher an ihr Ziel zu leiten und zum geordneten Abstellen ihrer Räder anzuhalten. Größere Abstellanlagen sollten gestalterisch sorgfältig geplant und ins städtebauliche Umfeld eingepaßt werden.

Die Abstellanlagen für Motorräder beschränken sich in der Regel auf freizuhaltende Flächen zum Aufbocken des Motorrades. Abstellhilfen sind nicht notwendig.

Text und Abbildungen dieses Unterkapitels sind ein aktualisierter und überarbeiteter Auszug aus *Radfahren, aber sicher*!

Öffentlicher Personen(nah)verkehr (ÖPNV)

Beginnen wir mit einem Text, in dem sich Frederic Vester auf Dieter Apel beruft: „Besonders interessant ist Apels Vergleich der beiden kalifornischen Städte Los Angeles und San Francisco aufgrund ihrer unterschiedlichen Verkehrspolitik seit 1945. So setzte Los Angeles auf die ‚autogerechte Stadt' und auf den Bau von breiten Straßen und Stadtautobahnen. San Francisco dagegen bremste diesen Ausbau schon nach kurzer Zeit und errichtete statt dessen ein

Schnellbahnsystem. Heute ist die Fahrtenhäufigkeit mit öffentlichen Verkehrsmitteln in San Francisco nach New York die zweithöchste in den USA, die von Los Angeles eine der niedrigsten auf der Welt. Die Folgen für die Stadtentwicklung sind eindeutig: San Francisco konnte sein lebendiges Stadtzentrum erhalten, in Los Angeles hingegen setzte ein drastischer Niedergang des Stadtkerns ein – mit allen bekannten sozialen Folgen. Es muß nicht extra betont werden, daß damit der Anstieg beziehungsweise das Absinken der Attraktivität des Stadtzentrums – genau wie in vielen anderen Städten – völlig parallel einhergeht." (Vester, 1995. 108 – 109)

Wir haben ja bereits auf den Seiten 38 ff. (Verkehrsmittel und ihre Wege) Grundsätzliches zum öffentlichen Verkehr angesprochen, im besonderen den Systemvergleich mit anderen Verkehrsmitteln. Als Pluspunkte des ÖPNV stellten sich große Leistungsfähigkeit und hohe Reisegeschwindigkeiten im Bahnverkehr der Stadtregionen und in der Verbindung der Zentren heraus, als Negativpunkte die schlechte Erschließung abseits der Hauptstrecken (Umsteigen, schlechte Verbindungen). Dies zeigt eine grundsätzliche Eigenschaft des öffentlichen Verkehrs, der für eine *linienhafte Erschließung* besonders gut, für eine flächenhafte jedoch weniger geeignet ist. Wir werden später zeigen, wie durch den *kombinierten Verkehr* (ÖV+MIV, ÖV+Rad) bzw. durch besondere Formen des öffentlichen Verkehrs (etwa Sammeltaxen) die *flächenhafte Erschließung* verbessert werden kann. Jetzt wollen wir aber zunächst die heutige Bedeutung des

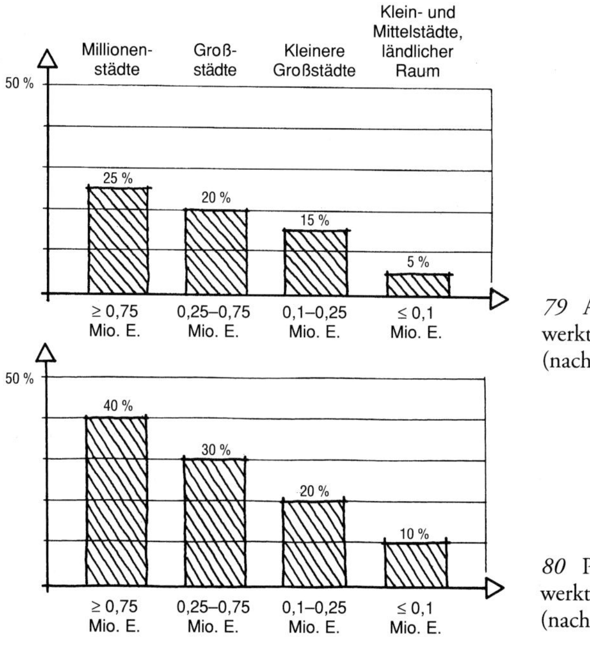

79 Anteil des ÖPNV an werktäglichen Wegen (nach Stadtgrößen, BRD)

80 Potentieller ÖPNV-Anteil an werktäglichen Wegen (nach Stadtgrößen, BRD)

öffentlichen Verkehrs und dessen Erweiterungsmöglichkeiten (Potentiale) untersuchen. Wir betrachten dabei den öffentlichen Personennahverkehr (ÖPNV: Entfernungen ≤ 50 km). Auf den öffentlichen Personenfernverkehr (Entfernungen > 50 km) weisen wir nur in speziellen Fällen hin, den öffentlichen Güterverkehr betrachten wir auf den Seiten 220 ff. (Güterverkehr).

Mobilitätsuntersuchungen (vgl. *Ein Ansatz zur Abschätzung möglicher Verlagerungen von Pkw-Fahrten auf andere Verkehrsmittel*) zeigen, daß ungefähr die Hälfte aller Pkw-Nutzer, die ja 40 bis 50 Prozent aller Wege zurücklegen, nicht unbedingt auf das Auto als Verkehrsmittel angewiesen ist. Erfahrungen in Städten, die eine Wende in der Verkehrspolitik eingeschlagen haben (vgl. *Verkehrskonzepte in europäischen Städten*), belegen, daß wiederum fast die Hälfte davon zu einem Umsteigen auf den ÖPNV bewegt werden kann. Für den ÖPNV bedeutet das eine Steigerung um fast die Hälfte seines heutigen Anteils. Städte wie Wien (1,5 Mio. Einwohner), Stockholm (0,7 Mio. Einwohner) und Zürich (0,35 Mio. Einwohner) mit ÖPNV-Anteilen von knapp unter 40 Prozent (Wien) bis gut über 50 Prozent (Stockholm) könnten deutschen Städten als Vorbild dienen.

Um derartige Verkehrsanteile zu erreichen, sind – zusätzlich zu den Maßnahmen, die den MIV beschränken – erhebliche Anstrengungen nötig. Während der ÖPNV in den fünfziger Jahren noch die Hauptlast der Verkehrsarbeit sowohl in der Stadt als auch im ländlichen Umfeld trug, hat er sich in den darauffolgenden Jahrzehnten aus der Fläche zurückgezogen und sein Angebot soweit ausgedünnt, daß nur noch die Bevölkerungsgruppen Bus und Bahn nutzten, die keine anderen Alternativen hatten. Diese Angebote des ÖPNV waren nicht in der Lage, mit dem MIV zu konkurrieren. Erst mit dem Anwachsen der Verkehrsprobleme in den Städten besann man sich auf die Möglichkeiten des ÖPNV, auch größere Verkehrsanteile zu übernehmen. Seit Ende der achtziger Jahre ist eine kleine Renaissance des öffentlichen Verkehrs zu verzeichnen. Was sind aber nun die Mindestanforderungen an einen ÖPNV, der Verkehrsanteile des MIV übernehmen soll?

1. *Linienförmige Erschließung* der städtischen und regionalen Hauptverkehrsachsen mit Bahnen oder Schnellbussen
2. Ergänzende *flächenhafte Erschließung* mit Bussen, Sammeltaxen oder im kombinierten Verkehr (P+R, B+R). Akzeptable *Verkehrsangebote* auch außerhalb der Hauptverkehrszeiten
3. *Schnelligkeit und Zuverlässigkeit*
4. Sichere und attraktive Gestaltung der *Halte- und Umsteigepunkte*
5. Verständliche *Verkehrsorganisation,* akzeptable *Fahrpreise* und gute *Serviceleistungen*

Über diese Anforderungen hinaus muß der ÖPNV einen hohen Kostendeckungsgrad erzielen. Netzkonzeptionen und Bedienungsangebote bedürfen in Abstimmung mit den verkehrspolitischen Zielen detaillierter Prognosen zur Verkehrsnachfrage sowie Berechnungen der Investitions- und Betriebskosten. Des weiteren sind Gesichtspunkte der Betriebsführung von großer Bedeutung: U.a. sind bei der Netz- und Fahrplangestaltung Orte und Zeiten für die Erholungspausen der Fahrer einzukalkulieren. Anders als im motorisierten Individualverkehr spielt beim ÖPNV – vor allem beim schienengebundenen auf straßenunabhängigen Trassen – die automatische Fahrwegsicherung eine besondere Rolle (vgl. *Grundlagen der Bahntechnik*).

Linienförmige Erschließung (Primärnetz)

Die wichtigsten Netzformen für den schnellen ÖPNV sind Radial- und Rasternetze. Radialnetze sind auf ein Zentrum orientiert, während Rasternetze polyzentrische Räume erschließen. Als Beispiel für ein modifiziertes Radial-

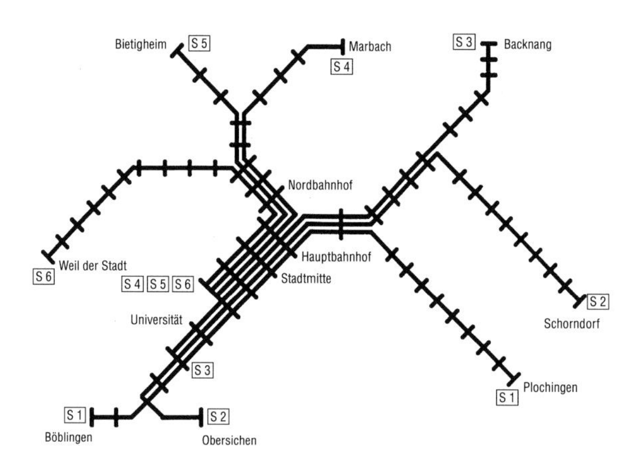

81 Modifiziertes Radialnetz: S-Bahn Stuttgart

netz kann das Netz der S-Bahn Stuttgart dienen. Die Netzmodifizierung besteht darin, daß im zentralen Bereich Linienüberschneidungen vorgenommen werden. Dadurch können mit allen Linien ohne Umsteigevorgänge verschiedene Ziele im Zentrum erreicht werden. Ein Teil der Linien sind Durchmesserlinien: Man kann von einer Nachbarstadt über Stuttgart-Zentrum ohne umzusteigen in eine andere Stadt fahren (etwa von Böblingen nach Plochingen). Andere Linien sind Halbmesserlinien, sie enden im Zentrum Stuttgarts. Die S-Bahn-Linien laufen auf Bundesbahntrassen – also außerhalb des Straßenraums.

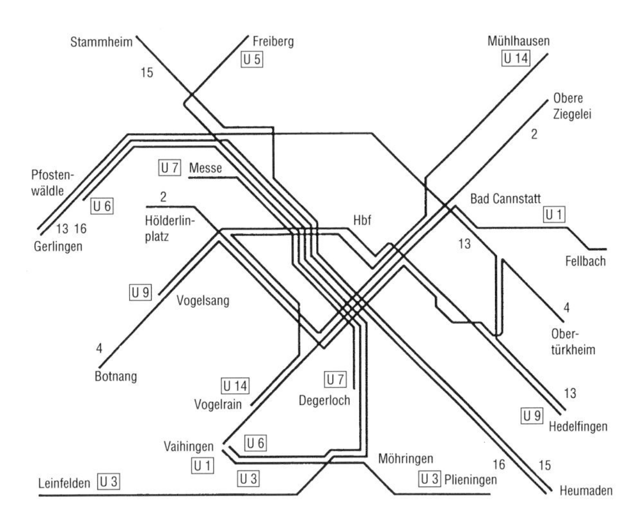

82 Modifiziertes Rasternetz: Straßen-/Stadtbahn Stuttgart

Das Stadtbahn-/Straßenbahnnetz Stuttgarts dient als Beispiel für eine eher rasterförmige Netzstruktur. Im zentralen Bereich Stuttgarts wird die Fläche erschlossen, während weiter außerhalb immer mehr die linienförmige Erschließung vorherrscht. Stadtbahnen (oder auch U-Bahnen) können unabhängig vom Straßenraum oder auf eigenen Trassen im Straßenraum geführt werden. Sie betonen eher die linienhafte Erschließung. Straßenbahnen benutzen auch gemeinsame Fahrspuren mit dem Kfz-Verkehr, können daher auch in schmalen Straßenräumen geführt werden, was eine eher flächenhafte Erschließung ermöglicht. Stadtbahnen werden in Zentren oft unterirdisch geführt, außerhalb stark verdichteter Bereiche fahren sie dann in der Regel oberirdisch auf separaten Trassen im Straßenraum (Breite ungefähr 3,00 m je Richtung). Städtische Bahnsysteme sind oft eine Mischung aus U-Bahn, Stadtbahn und Straßenbahn. Es werden dann meist die gleichen Fahrzeuge auf den unterschiedlichen Netzabschnitten genutzt. Umgerüstete Stadtbahnwagen können auch auf Bundesbahngleisen fahren; in Karlsruhe wird dies seit einigen Jahren erfolgreich praktiziert.

Insbesondere Radialnetze können durch Ringlinien, die etwa Vororte direkt – ohne den Umweg übers Zentrum – verbinden, ergänzt werden.

Bahnsysteme sind erheblich leistungsfähiger als Bussysteme. In Großstädten sind Bahnsysteme ein ‚Muß', in kleineren Großstädten ein ‚Soll'. Um Straßen-/Stadtbahnsysteme wieder einzuführen (wieder, weil in den sechziger Jahren viele Straßenbahnsysteme abgebaut wurden) sind erhebliche Investitionen notwendig (beispielsweise Aachen: rund 1 Mrd. DM). Aus Kostengründen muß deshalb oft auch für die schnelle linienförmige Erschließung zunächst das von den Investitionskosten her billigere Bussystem eingesetzt werden. Schnell-

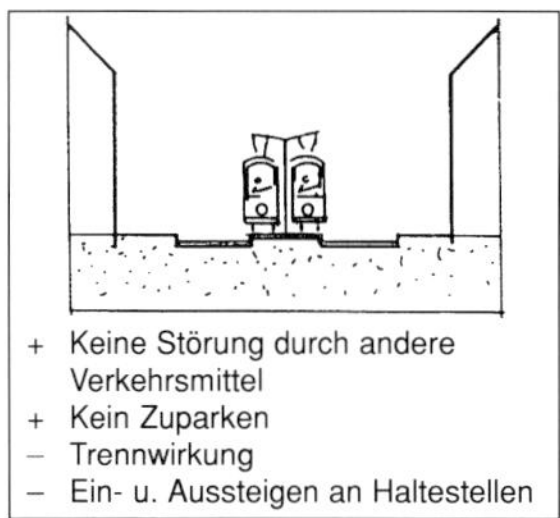

Mittelage

Beidseitige Seitenlage

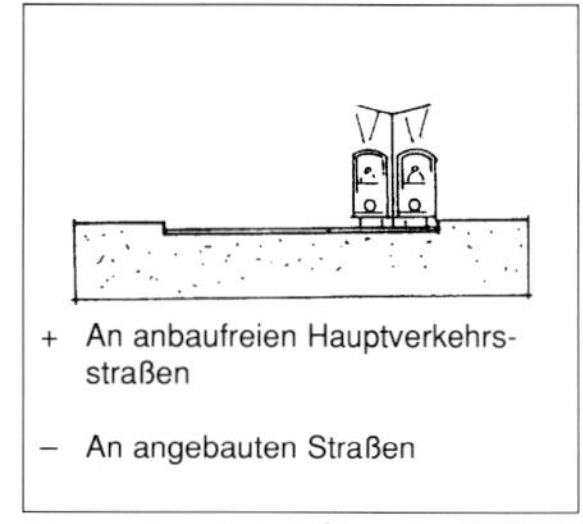

Einseitige Seitenlage

83 ÖPNV-Fahrstreifen, Systemvergleich

busse, die nur die Hauptverkehrsachsen bedienen und relativ große Haltestellenabstände (500 bis 1.000 m) haben, sind dafür das geeignete Verkehrsprodukt. Auf Straßen, in denen Busse vom MIV behindert werden, sind separate Trassen im Straßenraum (Busspuren mit mindestens 3,00 m Breite) notwendig. Stadtbahntrassen und Busspuren (Sammelbegriff: *ÖPNV-Fahrstreifen*) können sowohl in der Mitte als auch am Rand der Straßenfahrbahn angelegt werden. Bei der Lage am Fahrbahnrand gibt es als Alternativen einseitige und beidseitige Seitenlage.

Die Bahnkörper von Stadtbahntrassen können unterschiedlich ausgeführt werden. Bei sehr knappen Platzverhältnissen – dann also, wenn kein separater ÖPNV-Fahrstreifen möglich ist – werden straßenbündige Bahnkörper (in der Regel als gepflasterte Flächen) ausgeführt. Bei knappen Platzverhältnissen – dann, wenn separate ÖPNV-Fahrstreifen möglich sind, aber in Notfällen vom Kfz-Verkehr mitbenutzt werden müssen – sind straßenbündige Bahnkörper mit räumlicher Trennung durch Markierung oder höhenmäßig (2 bis 4 cm) etwas abgesetzte Bahnkörper mit geschlossenem Oberbau (Pflaster) möglich. Bei ausreichenden Platzverhältnissen können Bahnkörper mit geschottertem Oberbau angewendet werden; allerdings sind in angebauten Straßenräumen besondere Bahnkörper mit begrüntem Oberbau vorzuziehen.

Busspuren (Fachbegriff: Busfahrstreifen) werden in der Regel durch Markierung abgetrennt. Busspuren können meist von Taxen mitbenutzt werden.

84 Führung des Radverkehrs neben Busspuren

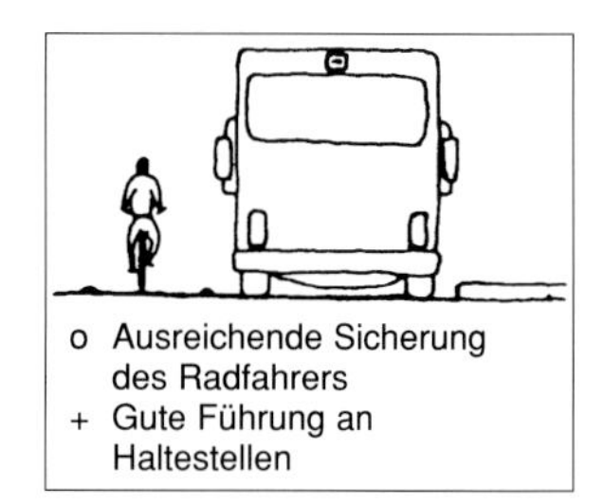

Wenn Busspuren überbreit (etwa 4,50 m) sind, kann eine Mitbenutzung durch den Radverkehr erwogen werden *(Umweltspuren).* In Straßen mit Busspuren oder besonderen Bahnkörpern sind Radverkehrsanlagen notwendig, damit Fahrradfahrer nicht zwischen ÖPNV und MIV eingekeilt werden.

Weitere Informationen zur Bemessung von Verkehrsanlagen für den öffentlichen Verkehr (etwa Querschnitte, lichte Höhen, zulässige Steigungen, Kurvenradien) findet man in der *EAHV,* in den *Richtlinien für die Anlage von Straßen, Teil: Anlagen des öffentlichen Personennahverkehrs (RAS-Ö),* die zur Zeit überarbeitet werden sowie in Grundlagen der Bahntechnik. Stadt- und U-Bahnsysteme können von Stadt zu Stadt bzw. Region sehr unterschiedlich sein, deshalb geben Verkehrsbetriebe auch eigene Planungs- und Baurichtlinien heraus.

Flächenhafte Erschließung (Sekundärnetz)

Mit der schnellen linienhaften Erschließung durch S-Bahn oder Stadtbahn ist der ÖPNV dem MIV gegenüber konkurrenzfähig, in sehr großen Städten sogar deutlich überlegen. Die Probleme des ÖPNV liegen in der Fläche. Hier stellt sich die Frage, ob der ÖPNV als Gesamtsystem funktionieren kann oder eher in Kombination mit anderen Verkehrsmitteln.

ÖPNV als Gesamtsystem

Für die Erschließung der Fläche ausgehend von den S-Bahn-, Stadtbahn- oder Schnellbushaltestellen bieten sich bei höherem Fahrgastaufkommen *Linienbusse,* bei niedrigerem *Sammeltaxen* an.

Sammeltaxen haben sich u.a. in Zypern als Verkehrsmittel zur Ortsverbindung bewährt. Man ruft die Taxistation an oder wartet dort direkt. Die Stati-

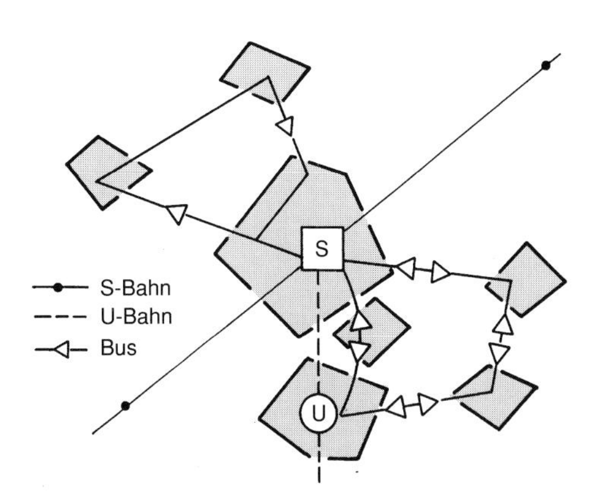

85 Busteilnetz zur Flächenerschließung

on koordiniert die Fahrwünsche und stellt die Fahrzeugbesetzungen zusammen. Es werden Fahrzeuge mit bis zu sieben Fahrgastplätzen verwendet; die Fahrt erfolgt in der Regel von Haustür zu Haustür. In der BRD werden *Anrufsammeltaxen* häufig als Sparkonzept in Schwachlastzeiten (abends, nachts, an Wochenenden) eingesetzt, da sie bei geringer Verkehrsnachfrage für den Betreiber kostengünstiger sind als Busse. Sie dienen aber auch der Ausweitung des Angebots in der Fläche. Auch Anrufsammeltaxen werden vom Kunden telefonisch bestellt. Die Abfahrt erfolgt jedoch an festgelegten Haltestellen zu festgelegten Zeiten. Je nach System erfolgt der Ausstieg wiederum an bestimmten Haltestellen oder an der Haustür. Eine Zentrale stellt die Fahrten zusammen. Die Fahrpreise bewegen sich meist in der Größenordnung des doppelten Normaltarifs des Linienverkehrs. Da Anrufsammeltaxen nur ‚gebuchte' Haltestellen anfahren und Strecken ohne Fahrtwunsch auslassen, ist es möglich, die Anzahl der (Bedarfs-) Haltestellen zu vergrößern und die Bedienungshäufigkeit zu erhöhen. Weitergehende Informationen zum Thema findet man in *Taxi-Einsatz im öffentlichen Personennahverkehr.*

Der ländliche Raum wird oft nur durch wenige, regionalen Buslinien erschlossen. Zur Ergänzung bietet sich auch eine ortsbezogene Verdichtung mit *Ortsbussen* – häufig kleine Midibusse (30 bis 60 Sitz- und Stehplätze) – an. Hier sind die Haltestellenabstände gering (rund 300 m) und die Fahrtakte (etwa 15 – 30 min.) kurz. Im Prinzip entspricht dieses Verkehrssystem der bereits vorgestellten Kombination von linienhafter und flächenhafter Erschließung. Ortsbuslinien sind vor allem in der Schweiz mit Erfolg eingeführt worden: Chur (rund 30.000 Einwohner) hat acht lokale Linien im 15- bis 30-Minuten-Takt, Schaffhausen (etwa 45.000 Einwohner) sieben Linien im 5- bis 10-Minuten-Takt. Ortsbusse funktionieren nur in relativ kompakten Siedlungsstrukturen. Bei den weiten Wegen in locker besiedelten Gebieten werden Fahrzeiten und Umlaufzeiten zu lang; Busse können erst nach relativ langer Zeit dieselbe Strecke erneut befahren.

Rufbusse besitzen wie normale Linienbusse ein festgelegtes Linien- und Haltestellennetz. Sie fahren jedoch wie Anrufsammeltaxen nur diejenigen Haltestellen an, für die ein Fahrgastwunsch vorliegt. Rufbusse eignen sich vor allem für verstreute Siedlungsbereiche. Wie beim Anrufsammeltaxi ist eine Zentrale notwendig. Fahrten können per Telefon oder auch an besonders eingerichteten Rufsäulen gebucht werden. Aus Wunstorf (rund 40.000 Einwohner) bei Hannover liegen positive Erfahrungen vor.

Zur Deckung der Verkehrsnachfrage in größeren Städten bieten sich in den Nachtstunden Nachtbusse an, die nur ein reduziertes Netz etwa im Stundentakt bedienen. In kleineren Städten haben sich eher Anrufsammeltaxen bewährt. Ein besonderes Angebot im ländlichen Raum und in kleineren Städten sind die *Discobusse,* die am Wochenende verschiedene Discotheken abfahren. Diese Busse leisten über ihre Erschließungsfunktion hinaus einen besonderen Beitrag zur Verkehrssicherheit, da junge, autofahrende Erwachsene in ihrem ‚saturday night fever' besonders unfallgefährdet sind.

Weitere Informationen zu verschiedenen Angebotsmöglichkeiten im ÖPNV sind in *Stop and Go. Wege aus dem Verkehrschaos* zu finden.

ÖPNV im kombinierten System

Der öffentliche Personen(nah)verkehr kann mit dem individuellen Verkehr, sei es der MIV oder der Radverkehr, kombiniert werden. Er muß dann in diesen Gebieten nur eine Grundversorgung anbieten – eben für die Verkehrsteilnehmer, die Pkw oder Rad nicht nutzen können. Die bekanntesten Kombinati-

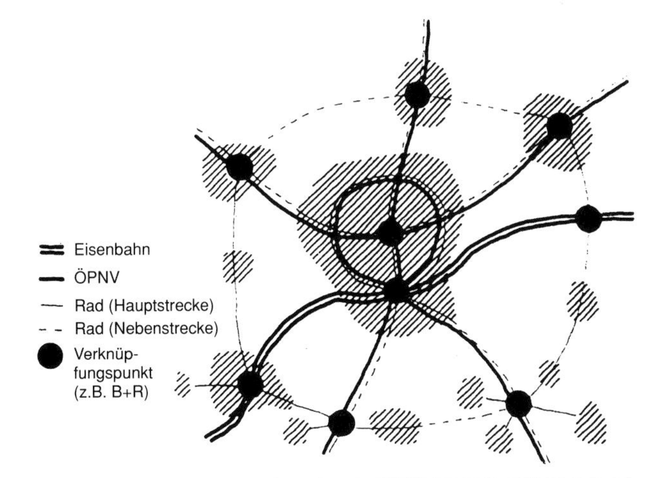

86 Rad- und ÖPNV-Netz

Rad und ÖPNV				
	Berufs- und Schulverkehr	Einkaufsverkehr	Erholungsverkehr	Urlaubsverkehr
Bike and Ride	+	+	–	–
Mitnahme in Bus und Bahn	o	o	+	+
Fahrradvermietung an Bus- und Bahnhof	–	–	o	+
+ gut geeignet o geeignet – nicht geeignet				

onsmöglichkeiten sind *Park and Ride* und *Bike and Ride* (vgl. S. 180).Die Möglichkeiten der Verknüpfung von ÖPNV und Radverkehr seien etwas genauer betrachtet. Für die verschiedenen Reisezwecke bieten sich unterschiedliche Arten der Verknüpfung an.

Bei Bike and Ride wird das Rad an der Starthaltestelle abgestellt. An der Zielhaltestelle kann die Reise zu Fuß oder mit einem dort abgestellten Zweitrad oder auch mit dem Taxi fortgesetzt werden. Neben der Einrichtung hinreichend großer und sicherer Abstellanlagen (vgl. S. 183) muß auf die gegenseitige Abstimmung von Radverkehrs- und ÖPNV-Netz geachtet werden.

Da Radfahrer Fahrweiten bis etwa 2,5 km (im Vergleich: Fußgänger bis maximal 0,6 km) zu einer Haltestelle annehmen, kann der Einzugsbereich des öffentlichen Personenverkehrs deutlich erweitert werden. Der Radverkehr sollte dann auf attraktiven und sicheren Radverkehrsanlagen zu diesen Haltestellen geleitet werden. Radverkehrsnetz, ÖPNV-Netz und deren Verknüpfungspunkte müssen den möglichen Nutzern durch Werbung, Wegweisung, Schautafeln und Karten bekannt gemacht werden.

In der Regel ist die Mitnahme von Rädern in U- und S-Bahnen in der Hauptverkehrszeit, in Straßenbahnen und Bussen auch zu anderen Zeiten, untersagt. In Bahnhöfen fehlen häufig Rampen oder Schieberillen, die die Bahnsteige für Fahrräder zugänglich machen. Die Mitnahme in Bus und Bahn ist für den Radfahrer immer dann wichtig, wenn er mit dem Rad zum öffentlichen Verkehrsmittel und anschließend mit dem Fahrrad weiterfährt, so etwa im Berufsverkehr, wenn Wohnung und Arbeitsstelle in Radverkehrsentfernung von Haltestellen liegen. Ist eine Mitnahme nicht möglich, kann auch ein Zweitrad für die Fahrt von der Zielhaltestelle zum Arbeitsplatz benutzt werden. Hier eröffnet sich ein Anwendungsbereich für ‚kommunale Fahrräder', Fahrräder, die kostenlos oder gegen eine geringe Gebühr Nutzern zur Verfügung gestellt werden. Konzepte müssen den Schutz vor Diebstahl und Zerstörung sowie Wartung und Pflege berücksichtigen.

Im Erholungsverkehr können dem Fahrrad durch die Mitnahmemöglichkeit neue Bereiche erschlossen werden. Auch die Vermietung von Fahrrädern an den entsprechenden Zielhaltestellen des Freizeitverkehrs kann an Bedeutung gewinnen. Die Mitnahme von Fahrrädern in Bussen und Bahnen ist zur Überwindung großer Entfernungen sinnvoll. Bei S- und U-Bahnen können meist zwei Fahrräder pro Türraum – gegebenenfalls in besonders gekennzeichneten Wagen, deren Haltestandort dann auch am Bahnsteig zu kennzeichnen ist – mitgenommen werden. Für die Mitnahme in Spitzenzeiten müssen noch Lösungen gefunden werden. Diskutiert werden dabei Traglastabteile, wie sie in der Berliner S-Bahn verwendet werden. Bei Bussen und Stadtbahnen ist die

Fahrradmitnahme technisch komplizierter, aber durchaus lösbar. Bei höherem Fahrgastaufkommen ist die Mitnahme im Radanhänger oder Heckgepäckträger sinnvoll. Hier ist dann der Einsatz von Schnellbussen, etwa im Berufsverkehr, denkbar: Sie müssen nur wenige Haltestellen anfahren, die durch den Radverkehr große Einzugsbereiche bedienen. Dies wiegt den Zeitverlust durch Radverladen auf.

Im Verkehr mit der Deutschen Bahn können Räder als Gepäck aufgegeben oder selbst verladen werden – dann mit dem Vorteil, daß Räder an Zielbahnhöfen direkt verfügbar sind. Räder können beim Transport beschädigt werden; daher sollten in Zügen geeignete Haltevorrichtungen vorgesehen werden (z.B. gummiüberzogene Haken). In schnellen Fernzügen wird die Möglichkeit der Selbstverladung wegen der kurzen Zugstops noch nicht angeboten. Das Angebot für die Mitnahme von Rädern in Bus und Bahn ist verbesserbar. Dies gilt besonders für

- den Einsatz im Fernverkehr,
- den Einsatz im Berufsverkehr,
- schnelles Be- und Entladen,
- die Vermeidung von Beeinträchtigungen anderer Fahrgäste,
- den sicheren Transport der Räder und
- die Zugänglichkeit der Haltestellen.

Die Mitnahme von *Kraftfahrzeugen* in der Eisenbahn ist – im Fernverkehr oder zur Überwindung von Tunnelstrecken – möglich. Im Güterverkehr (vgl. S. 225) spricht man von *Huckepackverkehr*. Bekannte Beispiele für den Pkw-Verkehr sind Autoreisezüge der Deutschen Bahn AG und ‚Le Shuttle' im Eurotunnel unter dem Ärmelkanal zwischen Calais und Folkestone. Auch zur Entlastung überlasteter Autobahnstrecken (A2 zwischen Hannover und Berlin) werden Autozüge eingesetzt. Interessant könnte in Zukunft eine Kombination von Bahn und Ökomobil werden. Ökomobile können wegen ihrer geringen Größe platz- und zeitsparend querverladen werden.

Die Wandlung der Rolle des öffentlichen Verkehrs von einem Verkehrsmittel für Bedürftige zu einem Verkehrsmittel des Krisenmanagements wird heute in vielen Bereichen akzeptiert. Der Grad der Umsetzung ist jedoch je nach Land, Region und Stadt recht unterschiedlich. Selbst in Städten wie etwa Zürich, in denen der ÖPNV sehr weit entwickelt ist, ist der öffentliche Verkehr noch kein Verkehrssystem, das die Qualitäten des privaten Autoverkehrs voll befriedigen kann. Dies zeigt sich sehr deutlich darin, daß auch in Zürich – wie in allen anderen Städten – die Anzahl der zugelassen Kraftfahrzeuge ansteigt. Man fährt zwar nicht mit dem eigenen Auto in die Innenstadt, man will und kann aber auch nicht ganz darauf verzichten und benutzt es vorwiegend für Freizeitfahrten.

Mittel- bis langfristig wäre es etwa aus Gründen des Umweltschutzes sinnvoll, wenn viele Pkw-Besitzer ihre Fahrzeuge abschaffen würden. Dies ist aber ohne Mobilitäts- und Freizügigkeitseinbußen nur möglich, wenn neben einer guten stadtregionalen ÖPNV-Erschließung

1. flächendeckende, schnelle und leistungsfähige überregionale ÖV-Angebote vorhanden sind,
2. und besondere Verkehrsangebote für die verbleibenden – zwar seltenen, aber als besonders wichtig angesehenen – individuellen Fahrwünsche bestehen.

Die Schweizer Bundesbahn setzt mit ihrem Konzept ‚Bahn 2000' einen *integrierten Taktfahrplan* ein, der fast alle wichtigen Zentren des Landes im Halbstundentakt miteinander verbindet, ohne daß beim Umsteigen lange gewartet werden muß. Damit wird die Verkehrserschließung der Regionen auch abseits der Hauptstrecken gefördert. Auch die Investitionen fließen schwerpunktmäßig in die Region, da vor allem dort das Netz verbessert werden muß, um den Taktfahrplan einzuhalten. Dieser Mitteleinsatz ist in der Gesamtbilanz und in Hinblick auf eine Verlagerung des Verkehrs zur Bahn wesentlich effektiver als die Beschleunigung weniger Hauptstrecken, die ja bereits heute recht zügig befahren werden können. Inzwischen wird das Konzept des integrierten Taktfahrplans auch in der Bundesrepublik (etwa in Rheinland-Pfalz und Hessen) im Regionalverkehr umgesetzt.

> Ein Beispiel zeigt (vgl. folgende Seite): Um 15 Uhr treffen auf allen Gleisen des Bahnhofs Züge aus allen Richtungen ein, man kann zwischen den Zügen ohne Wartezeit umsteigen. Um 15.05 Uhr fahren die Züge in alle Richtungen ab. Um 15.55 Uhr treffen die Züge in den nächsten Knotenbahnhöfen ein. Dort kann man wieder zwischen allen Zügen umsteigen (Beispiel nach *Straßen für alle*).

Besondere Verkehrsangebote für Nichtautobesitzer bieten *Reisebusse,* deren Fahrten entweder durch Reiseunternehmer organisiert werden oder auch von Gruppen gebucht werden können. *Car-Sharing* (Autoteilen) ist ein Konzept, das sich in den letzten Jahren in vielen Städten etabliert hat. Autoteilen funktioniert etwa so: Man wird gegen Zahlung einer Kaution und Aufnahmegebühr Mitglied einer Car-Sharing-Organisation. Diese stellt den Mitgliedern die Kraftfahrzeuge zur Verfügung (ungefähr ein Pkw je 15 Nutzer). Die Fahrzeuge werden in einer Zentrale gebucht und stehen auf festgelegten reservierten Stell-

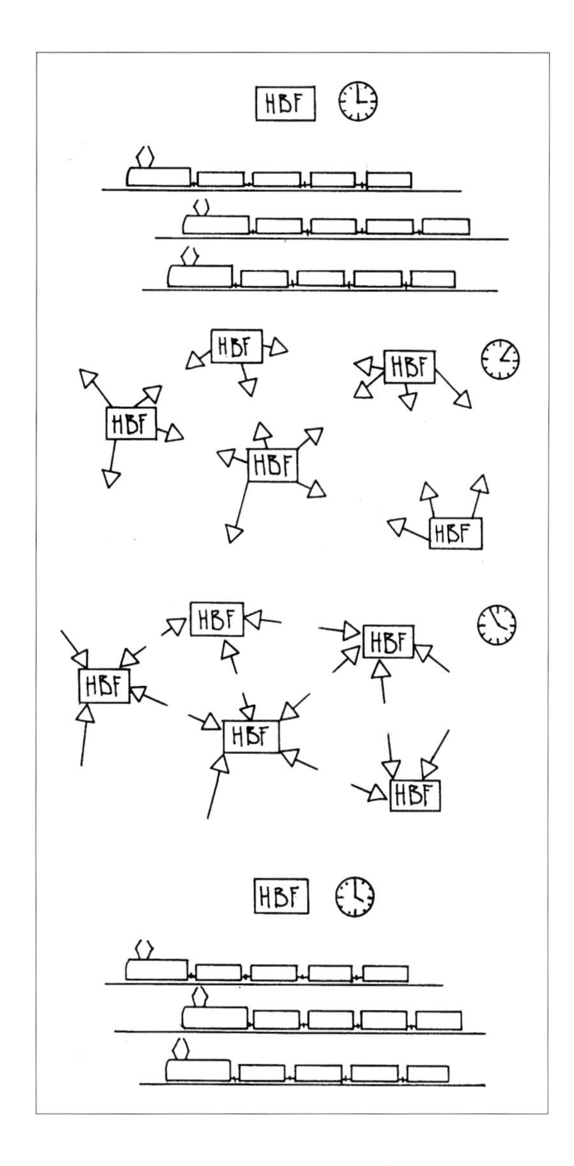

87 Integrierter Taktfahrplan

plätzen übers Stadtgebiet verteilt. Jeder Nutzer hat einen Schlüssel zu einem Tresor am Standort der Fahrzeuge, in dem die Autoschlüssel deponiert sind. Die Nutzer erstellen Fahrtberichte (gefahrene Kilometer, Buchungszeitraum) und tanken, die Organisation wartet die Fahrzeuge und erstellt die Abrechnungen. Den Nutzer kostet Autoteilen 0,60 bis 0,70 DM/km. Autoteilen lohnt sich also für diejenigen, die nicht wesentlich mehr als 5.000 km/Jahr fahren (vgl. auch S. 69). Literaturempfehlung zum Car-Sharing: *Handbuch für Autoteiler.*

Car-Sharing wird auch von größeren Gesellschaften für ihre Angestellten betrieben (etwa Lufthansa). Für die Kölner Innenstadt ist ein System mit in

Parkhäusern abgestellten Pkw geplant. Fahrzeugschlüssel werden an Automaten mittels Mitgliedskarte abgerufen, die Abrechnung erfolgt teilweise automatisch.

Beschleunigungsmaßnahmen

Die Reisezeit eines ÖPNV-Benutzers setzt sich zusammen aus der Zeit für die Zuwegung zur Haltestelle, die Wartezeit, die Fahrzeit, unter Umständen Umsteigezeiten und die Zeit für den Weg von der Zielhaltestelle zum Zielort. Diese Gesamtzeit steht in Konkurrenz zur Fahrzeit, zu Parkplatzsuchzeiten und Zeiten für die Zu- und Abwegung der Parkplätze im Pkw-Verkehr.

Zur Beschleunigung des ÖPNV müssen vor allem Warte- und Umsteigezeiten sowie Fahrzeiten minimiert werden. Warte- und Umsteigezeiten werden durch gute Netzgestaltung, sinnvolle Fahrpläne und geringe Taktzeiten minimiert. Bei öffentlichen Verkehrsmitteln im 5- bis 7,5-Minuten-Takt spielen Warte- und Umsteigezeiten nur noch eine geringe Rolle. Hier sind dann eher die Längen der Wege in den Umsteigebahnhöfen von Bedeutung. Um die Fahrzeiten zu minimieren sind zunächst *Fahrverlaufs- und Verlustzeitanalysen* notwendig. In der Regel wird sich dabei herausstellen, daß die meisten Verluste an Ampelanlagen (50 bis 70 Prozent) entstehen. Daneben spielen Störungen durch den MIV und Ausfahrprobleme an Haltestellen eine Rolle. Monheim schreibt dazu:

„Generell soll der öffentliche Verkehr Ampeln ohne Halt passieren können. Unvermeidliche Halte begründen sich nur aus Belangen des öffentlichen Verkehrs, zum Beispiel, weil auch in der Querrichtung gerade öffentlicher Verkehr fährt, die folgende Haltestelle belegt ist oder weil nur so der rechtzeitige Haltestellenzugang für die Fußgänger gesichert werden kann. Die Strecken zwischen zwei Haltestellen sollen ‚in einem Zug' passiert werden." (Monheim, 470)

Diese Forderung läßt sich durch ÖPNV-Fahrstreifen bzw. ÖPNV-Schleusen, die an Ampelanlagen den ÖPNV vor dem MIV in den folgenden Straßenkorridor mit gemeinsamer MIV/ÖPNV-Spur einfahren lassen, erreichen. Des weiteren ist der öffentliche Verkehr bei der Schaltung von ‚Grünen Wellen' bevorrechtigt zu berücksichtigen (vgl. *RiLSA*). *Betriebsleitsysteme* stellen die Kommunikation zwischen Fahrweg, Fahrer, Fahrgästen und Leitzentrale sicher. Bei Verzögerungen können geänderte Fahrweise und Eingriffe in die Schaltung der Signalanlagen Verluste minimieren; bei Störungen können Umleitungen, der Einsatz von Ersatzfahrzeugen und die Information von Fahrgästen veranlaßt werden.

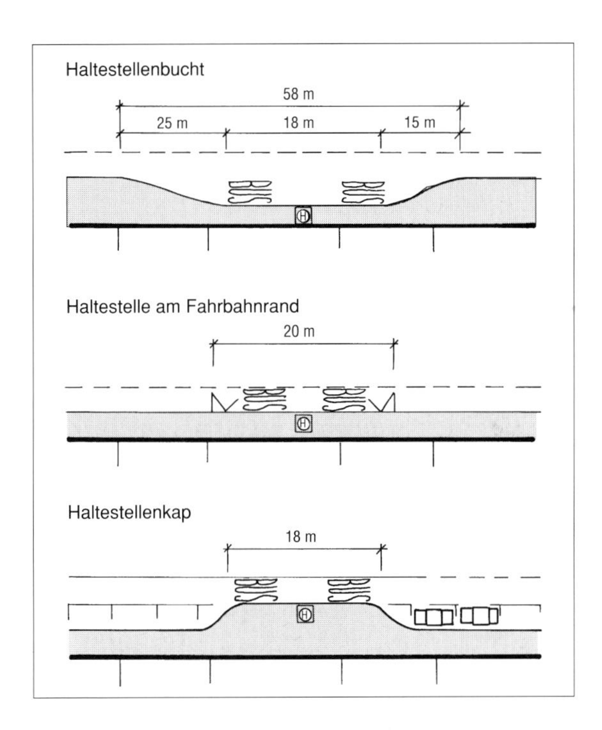

88 Bushaltestellen

Busbuchten sind an Straßen, in denen der fließende Verkehr nicht behindert werden darf, eine Lösung für Haltestellenbereiche. Sie erschweren allerdings Bussen das Ausfahren. Daher werden in den letzten Jahren in Straßen mit nicht zu hohen Verkehrsbelastungen vermehrt *Haltestellen‚kaps*' angelegt. Sie schaffen zusätzlich ausreichende Flächen für wartende Fahrgäste und die Installierung von Wartehäuschen. An Haltestellen, an denen längere Aufenthaltszeiten erforderlich werden, sind Busbuchten jedoch nach wie vor sinnvoll (Breite ungefähr 3,00 m).

Der schnelle linienhafte öffentliche Verkehr soll auf Straßen des Vorbehaltsnetzes (d.h. auf 50 km/h Straßen) geführt werden. In den fußgängerfreundlichen Innenstädten und im Rahmen der flächenhaften Erschließung können aber – auch wenn Verkehrsbetriebe dies nicht gerne hören – durchaus 30 km/h-Straßen durch den ÖPNV befahren werden. Es ist dann allerdings zu überlegen, ob auf eine ‚Rechts vor Links'-Vorfahrtregelung zugunsten einer Bevorrechtigung des ÖPNV-Weges verzichtet werden kann. In Straßen mit öffentlichem Personennahverkehr ist bei der Anlegung verkehrsberuhigender Einbauten auf dessen Anforderungen zu achten; in der flächenhaften Erschließung sind aber durchaus Pyramidenstümpfe und flache Rampen (vgl. S. 132) vertretbar. Als vertiefende Literatur werden das *Merkblatt für Maßnahmen zur Beschleunigung des öffentlichen Personennahverkehrs mit Straßenbahnen und Bussen, Öffentlicher Personennahverkehr und Verkehrsberuhigung* sowie die *EAHV* empfohlen.

Haltestellen und Umsteigepunkte

Viele Bahnhöfe, Umsteigepunkte und Haltestellen sind heute verdreckt. Einsame S-Bahnhöfe, abgerissene Fahrpläne, verschmierte Wände, dunkle, nach Urin stinkende Unterführungen, Geräusche sich nähernder Schritte hinter der nächsten Ecke. Hier präsentiert der öffentliche Verkehr den Eintritt zu seinen Verkehrsmitteln in einer Form, die abschreckender kaum sein kann.

In der Praxis hat sich bewährt, daß einfache Haltestellen, etwa durch private Gesellschaften erstellt, gepflegt und für Werbezwecke genutzt werden. Zentrale Haltestellenbereiche und Umsteigepunkte sollten durch Infrastruktureinrichtungen, wie Kiosk, Telefon, Briefkasten usw. aufgewertet und zu Treffpunkten ausgebaut werden. Bereiche, die häufig frequentiert werden und für die sich Menschen (beispielsweise Einzelhändler) verantwortlich fühlen, geben soziale Sicherheit und werden sauber gehalten. Bahnhöfe können zu kommerziellen und kulturellen Schwerpunkten (Läden, Restaurants, Hotel, Kino, Theater) aufgewertet werden.

Busse haben nur auf der rechten Seite (in Fahrtrichtung) Türen; moderne Stadtbahnwagen können jedoch wie S-Bahn und Metro mit beidseitigen Ein- und Ausstiegen ausgestattet werden. Für Busse kommen daher nur Haltestellen am Fahrbahnrand oder mittels doppelter Mittelinsel in Fahrbahnmitte in Frage. Bei Stadtbahnen gibt es die zusätzliche Möglichkeit der einfachen Mittelinselhaltestelle.

89 Stadtbahnhaltestellen, Systemvergleich

+ Sichere Erreichbarkeit der Haltestelle
+ Geringer Platzverbrauch
+ Flexibler Querschnitt
– Umsteigen in die andere Richtung
– Störung durch andere Verkehrsmittel

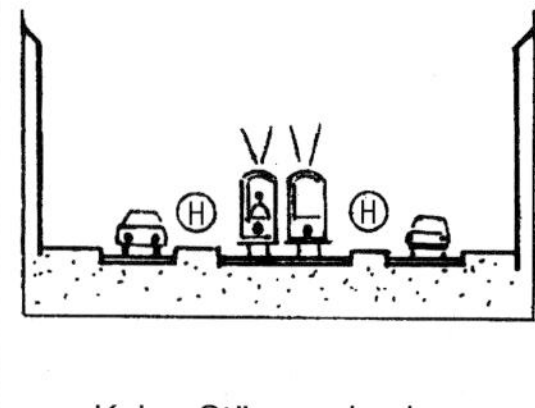

+ Keine Störung durch andere Verkehrsmittel
o Umsteigen in andere Richtung
– Hoher Platzverbrauch
– Unflexibler Querschnitt
– Problematische Erreichbarkeit der Haltestelle

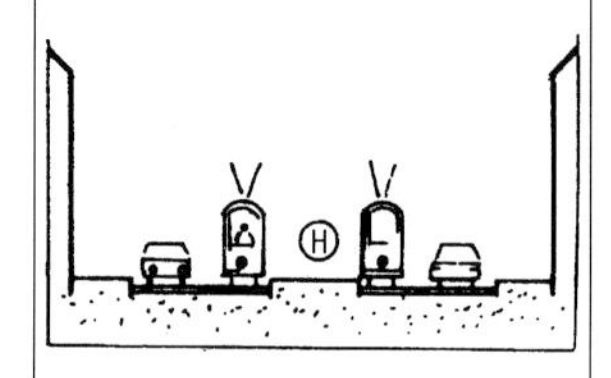

+ Umsteigen in andere Richtung
o Mittlerer Platzverbrauch
o Relativ flexibler Querschnitt
o Relativ sichere Erreichbarkeit der Haltestelle
o Links aussteigen

90 Mittelinsel an einer Bushaltestelle (Gahmener Straße in Lünen)

In nicht zu stark belasteten zweistreifigen Straßen können Mittelinseln auch als Querungshilfe an Haltestellen eingesetzt werden. Nachfolgende Fahrzeuge müssen bei einem Haltestellenhalt hinter dem ÖPNV warten. In stärker belasteten vierstreifigen Straßen (etwa zwei ÖPNV-Fahrstreifen, zwei MIV-Fahrstreifen) können verlängerte Stadtbahnhaltestellen in einfacher Mittelinselform ebenfalls als Querungshilfe dienen.

Die Länge von Haltestellen wird in Abhängigkeit von der Anzahl der gleichzeitig haltenden Fahrzeuge konzipiert. Für einen Gelenkbus sind am Haltestellenkap 18 m notwendig, in einer Busbucht knapp 60 m, da Ein- und Ausfahrstrecken zu berücksichtigen sind. Straßenbahn- und Stadtbahnhaltestellen sind je haltendem Fahrzeug in Abhängigkeit von der Länge der eingesetzten Fahrzeuge zwischen 30 und 75 m lang.

Busse, Straßen- und Stadtbahnen werden heute in der Regel im *Niederflursystem* eingesetzt, Fahrgäste können niveau- oder nahezu niveaugleich die Fahrzeuge betreten. Dies bringt nicht nur Komfortvorteile etwa für Fahrgäste mit Kinderwagen oder für gebrechliche Personen, sondern verkürzt auch die Ein- und Aussteigezeiten. Ein Teil der Niveauangleichung erfolgt an den Haltestellen. Die Borde (Bahnsteigkante) an Haltestellen in Mittellage sollen bei Niederflurfahrzeugen etwa 25 cm hoch sein (bei konventionellen Fahrzeugen entsprechend höher). An Haltestellen in Seitenlage werden häufig 16 bis 18 cm

91 Moderne Stadtbahnhaltestelle (Niederflursystem)

hohe Borde eingesetzt. Haltestellen in Seitenlage sind meist in Gehwegbereiche integriert. Hier müssen dann Anforderungen des ÖPNV mit denen der Fußgänger abgewogen werden; zu hohe Borde können zu ‚Stolperfallen' werden und Fußgängerquerungen erschweren. An Haltestellen müssen ausreichend große Flächen für wartende Fahrgäste vorhanden sein (etwa 0,5 m^2/Person). Wartehäuschen mit Sitzgelegenheit sind ungefähr 1,50 m breit, zwischen Häuschen und Bordstein (Bahnsteig) sollen rund 1,50 m Breite vorhanden sein, zum Gehweg/Radweg 0,50 m Sicherheitsabstand gehalten werden. Bei Warteständen ohne Sitzgelegenheit können die Maße reduziert werden. Es ergeben sich Mindestbreiten für Haltestellen mit Unterständen von 2,50 bis 3,50 m.

Für Straßen mit Radverkehrsanlagen bieten sich verschiedene Lösungsansätze zur Radverkehrsführung an Haltestellen an.

Bus(bahn)höfe fassen mehrere Haltestellen zusammen, dienen als Umsteigepunkte zwischen Buslinien oder zu anderen Verkehrssystemen. Sie liegen außerhalb des Verkehrsraumes einer öffentlichen Straße und geben besonderen Einrichtungen für Fahrgast und Verkehrsbetrieb Raum. Für Bushöfe sind unterschiedliche Organisationsformen gebräuchlich.

Bei vergleichsweise geringem Flächenbedarf können bei der *Bussteiglösung* viele Linien auf einer Anlage untergebracht werden. Fahrgäste müssen in je-

92 Haltestellen und Radverkehrsanlagen

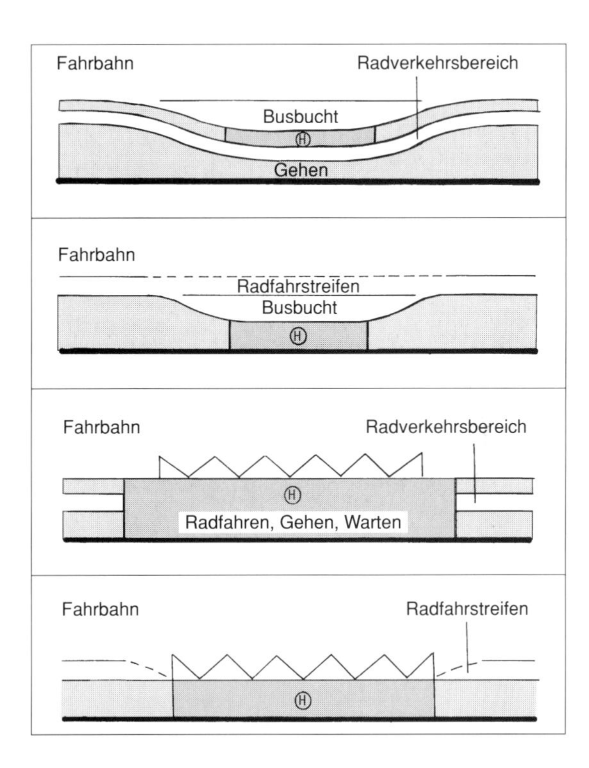

93 Organisationsformen von Bus(bahn)höfen

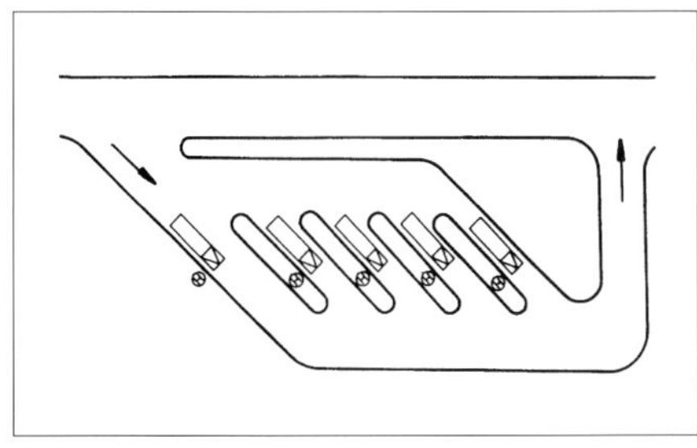

Bussteiglösung

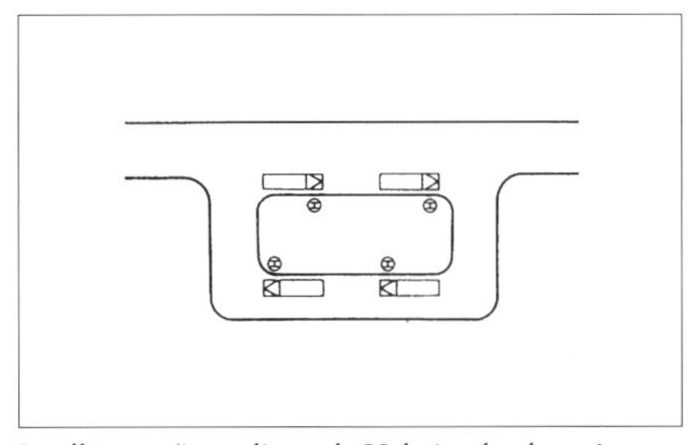

Insellösung (innenliegende Halteinsel neben einer Straße)

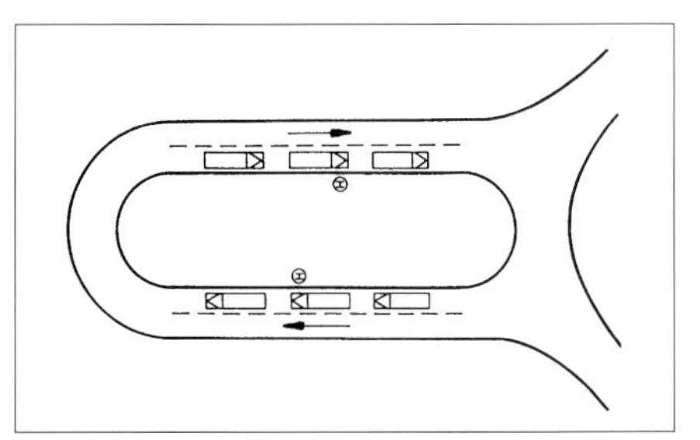

Insellösung (innenliegende Halteinsel außerhalb des Straßenraumes)

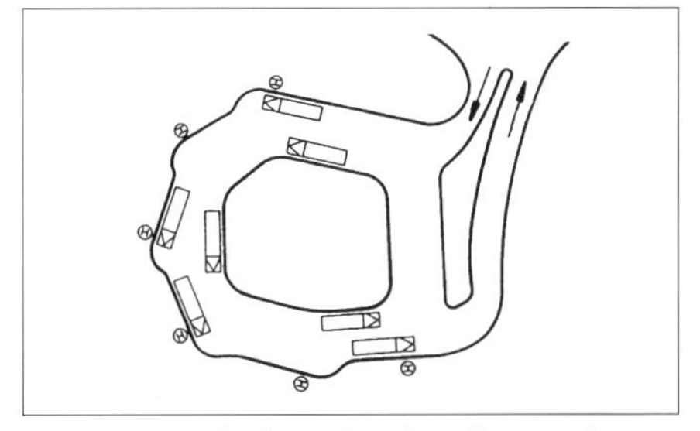

Insellösung (außenliegende Haltestellen, sägeförmige Anordnung)

94 Busbahnhof Oberhausen (innenliegende Halteinsel)

dem Fall Fahrbahnen überschreiten, was zu Sicherheits- und Betriebsproblemen führen kann.

Bei einer großen Anzahl von Buslinien mit starken Umsteigebeziehungen haben sich Bushöfe mit *innenliegenden Halteinseln* (kurze Wege zwischen den Linien) bewährt. Die Zuwegung zur Halteinsel muß gegebenenfalls besonders gesichert werden (Fußgängerüberweg, Lichtsignalanlage, Unter- oder Überführung). Die Insel muß im Uhrzeigersinn umfahren werden, dadurch ergeben sich Überschneidungen der Fahrwege. Dadurch kann die Betriebsabwicklung erschwert werden. Der Flächenbedarf ist groß. Für geringe Verkehrsmengen ist eine Anordnung neben einer Straße möglich.

Bei der Insellösung mit *außenliegenden Haltestellen* ergeben sich weite Wege für Fußgänger, sie müssen jedoch keine Fahrspuren queren. Durch eine sägezahnförmige Ausbildung der Haltekanten kann die Längenentwicklung begrenzt werden. Es ergeben sich keine Überschneidungen der Fahrwege. Der Flächenbedarf ist etwas geringer als bei der Lösung mit innenliegender Halteinsel.

Insellösungen können mit Bussteiglösungen kombiniert werden. In hochverdichteten Lagen kann es sinnvoll sein, Bushöfe zu überbauen. Dies bedingt einen hohen Aufwand für Beleuchtung, Belüftung, Lärmschutz und Gestaltung.

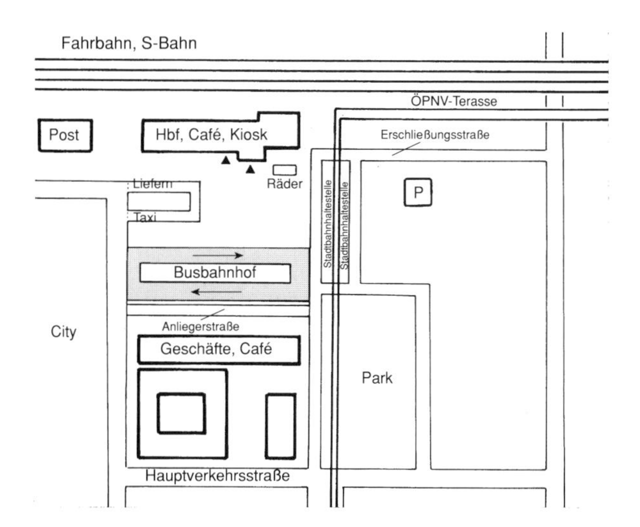

95 Zentraler Verknüpfungspunkt Oberhausen HBF (Prinzipskizze)

Weitere Informationen zu Busbahnhöfen findet man in *Zentrale Omnibusbahnhöfe* und *Empfehlungen für Planung, Bau und Betrieb von Busbahnhöfen,* zu Stadtbahnverknüpfungspunkten in *Verkehrliche Gestaltung von Verknüpfungspunkten öffentlicher Verkehrsmittel.*

Unter den Stichworten Verkehrsorganisation, Fahrpreise und Serviceleistungen sei auf *Empfehlungen zur Verbesserung der Akzeptanz des ÖPNV* hingewiesen.

Nahverkehrspläne

Anfang 1996 übernahmen in der BRD die Bundesländer, Kommunen und Kreise die Verantwortung für den Regional- und Nahverkehr von der Deutschen Bahn AG. Damit soll das Verkehrsangebot im Schienenpersonennahverkehr (SPNV) wirtschaftlicher, leistungsfähiger und bedarfsnäher gestaltet werden. Nahverkehrsgesetze der Länder regeln die Einzelheiten, etwa:

- Aufgabenträger des ÖPNV (ohne SPNV) sind die Kreise und die kreisfreien Städte,
- Träger des SPNV sind je nach Landesrecht kommunale Zweckverbände, die Regionen oder das Land selber,
- die Aufgabenträger werden zur Zusammenarbeit verpflichtet,
- der ÖPNV ist eine freiwillige Aufgabe der Kommunen,
- die Aufgabenträger haben *Nahverkehrspläne* zu erstellen und fortzuschreiben,

– Nahverkehrspläne sind förmlich zu beschließen und öffentlich bekanntzumachen.

Nahverkehrspläne beinhalten zumindest die Ermittlung der Verkehrsnachfrage, die Festlegung des Verkehrsangebotes, die Verknüpfung mit überregionalen Verkehrsangeboten sowie Ausbau- und Finanzierungsplanungen. Zur Finanzierung des SPNV erhalten die Länder Finanzmittel vom Bund, die sie an die Verkehrsträger weitergeben. Weitere Mittel stehen nach dem ‚Gemeindeverkehrsfinanzierungsgesetz' (GVFG) zur Verfügung, das sowohl Straßenbau- als auch Maßnahmen für den ÖPNV fördert.

Fuß- und Radverkehr, Querungshilfen

Verkehrsanlagen planen heißt, sich ein Bild (Modell, Plan, Zahlenwerk) von der Lage und Abmessung dieser Einrichtungen im Raum, deren technischer Konstruktion sowie der rechtlichen, finanziellen und bauorganisatorischen Abwicklung zu machen. In der *Verkehrsplanung* beschäftigen wir uns vor allem mit den Abmessungen dieser Anlagen, die wir in Abhängigkeit von der Verkehrssituation und den örtlichen Gegebenheiten dimensionieren sowie mit der prinzipiellen Lage dieser Anlagen im Raum (Breiten, Streckenführung, Knotenpunkte, Netze). In der *Straßenplanung* werden diese Verkehrsanlagen dann räumlich konkret festgelegt (Querschnitte, Linienführung) sowie konstruktiv (Materialien, Materialstärken, Detailabmessungen) entworfen. In der *Verordnung über die Honorare für Leistungen der Architekten und der Ingenieure (HOAI)* werden die einzelnen Leistungsphasen, wie etwa Vorplanung, Entwurfsplanung, Ausführungsplanung, Vorbereitung und Mitwirkung bei der Vergabe, Bauoberleitung genauer definiert.

Auf den Seiten 38 ff. haben wir die notwendigen Breiten von Fuß- und Radverkehrsanlagen aufgeführt, auf den Seiten 116 ff. Grundsätzliches zu Strecken, Knoten und Netzen gesagt sowie auf den Seiten 134 ff. mögliche Straßenquerschnitte vorgestellt.

Diese Detailinformationen müssen nun zu einem sinnvollen Ganzen geordnet werden.

Sicherheit, Komfort und kurze Wege

Dies bedeutet für den Radverkehr, daß an allen schnell befahrenen Hauptstraßen Bordsteinradwege, Radfahrstreifen oder Angebotsstreifen notwendig sind. In Nebenstraßen sind dagegen in der Regel Radwege überflüssig. Fußgänger brauchen an allen Straßen Gehwege; Ausnahmen sind Fußgängerzonen, gegebenenfalls verkehrsberuhigte Bereiche und Wohnwege. An Landstraßen ist der Fuß-/Radwegebau vernachlässigt worden. Bei den heutigen Fahrgeschwindigkeiten sind diese Anlagen jedoch ein ‚Muß'.

Anlagen für die nicht motorisierten Verkehrsteilnehmer müssen ausreichend breit sein und müssen über die eigentlichen Fahrflächen hinaus ausreichend Distanz zu Kraftfahrzeugen (Sicherheitsabstände, Schutz vor Lärm, Abgasen, Winddruck) bieten. Ein Netz abseits von (Haupt-)Straßen sollte über ruhige Straßen, Grünanlagen, durch Landschaft und Natur wichtige Quellen und Ziele (etwa Vororte-Innenstadt, Schulzentren, Freizeiteinrichtungen, Bahnhöfe) verbinden. Diese Verbindungen können zu schnellen Radhauptverbindungen ausgebaut werden (*Velorouten*), die an Kreuzungen mit Autoverkehr auch Vorfahrt erhalten können. Langsam befahrene land- und forstwirtschaftliche Wege, Wanderwege und Wege durch Grünanlagen können Radfahrer und Fußgänger gemeinsam nutzen; schnell befahrene Velorouten brauchen eine Trennung vom Fußverkehr.

Fußgänger und Radfahrer sind umwegempfindlich. An Hauptstraßen sollen in kurzen Abständen Querungsmöglichkeiten für Fußgänger vorhanden sein; Absperrungen, Rampen- und Treppenanlagen sowie andere umwegintensive Fußgängerführungen werden nur dann akzeptiert, wenn Verkehrsbelastungen so hoch sind, daß eine normale Fahrbahnquerung unmöglich ist.

Fehlende oder falsch angelegte Wege werden beispielsweise in Grünanlagen durch die Bildung von Trampelpfaden deutlich, die eben dort liegen, wo Planer versäumt haben, sie anzulegen.

Einbahnstraßen und Fußgängerzonen bilden ein besonderes Hindernis für Radfahrer. Fußgängerzonen können, wenn sie nicht zu stark frequentiert sind, für Radfahrer, die dann allerdings langsam fahren müssen, freigegeben werden (Zeichen 242 ‚Fußgängerzone' mit Zusatzschild ‚Radfahrer frei'). Einbahnstraßen sollten bei geringen Kfz-Belastungen in Gegenrichtung für den Radverkehr geöffnet werden. Es ist jedoch immer zu überlegen, wie die Einfahrt gegen die Einbahnstraße sicher gestaltet werden kann. Dies geschieht oft durch Markierung von kurzen Radfahrstreifen oder durch kurze Bordsteinradwege, die einfahrende Radfahrer und ausfahrende Kraftfahrzeuge voneinander trennen.

Verkehrsrechtlich ist die Öffnung einer Einbahnstraße für den Radverkehr kompliziert. Man bedient sich daher der Hilfskonstruktion der *unechten Einbahnstraße*. Die Einfahrt wird durch das Zeichen 267 ‚Verbot der Einfahrt' (Spitzname: ‚Spardose') für den Kfz-Verkehr gesperrt und durch das Zusatz-

96 Kurzer Bordsteinradweg an der Einfahrt gegen eine Einbahnstraße

schild ‚Radfahrer frei' für den Radverkehr wieder geöffnet. Das Zeichen 220 ‚Einbahnstraße' entfällt. Kraftfahrer, die wenden oder aus einer Einfahrt innerhalb der unechten Einbahnstraße kommen, dürfen diese auch in Gegenrichtung befahren. Bei stärker vom Kfz-Verkehr belasteten Einbahnstraßen legt man Radfahrstreifen oder Bordsteinradwege gegen die Einbahnstraße an. Bei ganz gering belasteten Straßen kann auf die Gestaltung des Einfahrbereiches verzichtet werden.

Netzgestaltung und Knotenpunkte

Wie jedes andere Verkehrsnetz müssen Fuß- und Radverkehrsnetze begreifbar sein. Dadurch, daß die Gehwege an fast allen Straßen vorhanden sind, ist die Orientierung für Fußgänger fast immer gut. Zusammenhängende Radverkehrsnetze gibt es jedoch erst in den wenigsten Städten. Bis zum Ende der fünfziger Jahre entsprach das Radverkehrsnetz dem Straßennetz. Radverkehr und noch relativ geringer Autoverkehr vertrugen sich auf einer Fläche. Dies ist auf den Hauptstraßen heute nicht mehr der Fall, weshalb ein besonderes Radverkehrsnetz notwendig ist. Bei der Gestaltung von Radverkehrsnetzen ist auch auf die Topographie zu achten. Mit modernen Rädern und deren Gangschaltungen sind zwar die meisten Steigungen zu bewältigen; dennoch sollte nach guten steigungsarmen Trassen gesucht werden. Bis zu 4 Prozent Steigung ist auf längeren Strecken zu vertreten, 6 Prozent und mehr nur auf kurzen Abschnitten. Beim Ausbau von Radverkehrsnetzen muß darauf geachtet werden, komplette Abschnitte bauphasenweise zu erstellen; ein bis zwei zusammenhängende Routen sind besser als viele Maßnahmen an unterschiedlichen Teilabschnitten. Jeder Bauabschnitt sollte ein in sich stimmiges Netz bilden, das in weiteren Bauabschnitten weiter verdichtet werden kann. Nur dann kann das

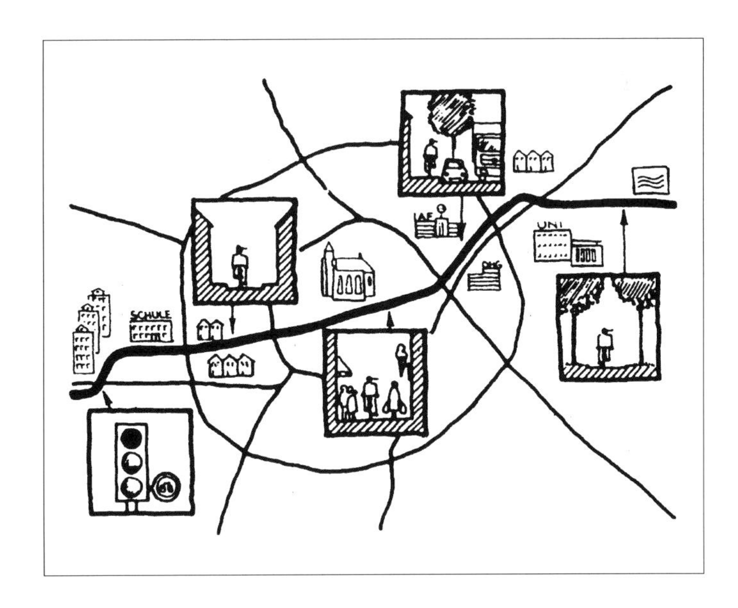

97 Verknüpfung verschiedener Radverkehrsanlagen

Netz als Ganzes verstanden werden. Verschiedene, bereits vorhandene Anlagetypen können im Zuge einer Routenplanung zusammengefaßt werden. Generell sollte aber ein einheitlicher Gestaltungsstil gewählt werden (z. B. Münster: Bordsteinradwege; Aachen: Radspuren).

Fahrradstraßen sind Straßen, die als Ganzes als Radweg ausgeschildert sind. In Fahrradstraßen sind Kraftfahrzeuge zugelassen; sie dürfen nur mit mäßiger Geschwindigkeit fahren.

Radrouten und wichtige Ziele des Radverkehrs (City, Bahnhof, Freizeiteinrichtungen u.ä.) sollen mit Wegweisern ausgeschildert werden.

Endet ein Bordsteinradweg oder ein Radfahrstreifen bzw. ein Angebotsstreifen, ist auf eine sichere Einfädelung in die Fahrbahn zu achten. Radverkehrsanlagen sollten in der Regel über Knotenpunkte hinausgeführt werden und erst nach dem Knoten enden. Weitere Informationen findet man in den *Empfehlungen für Radverkehrsanlagen (ERA 95).*

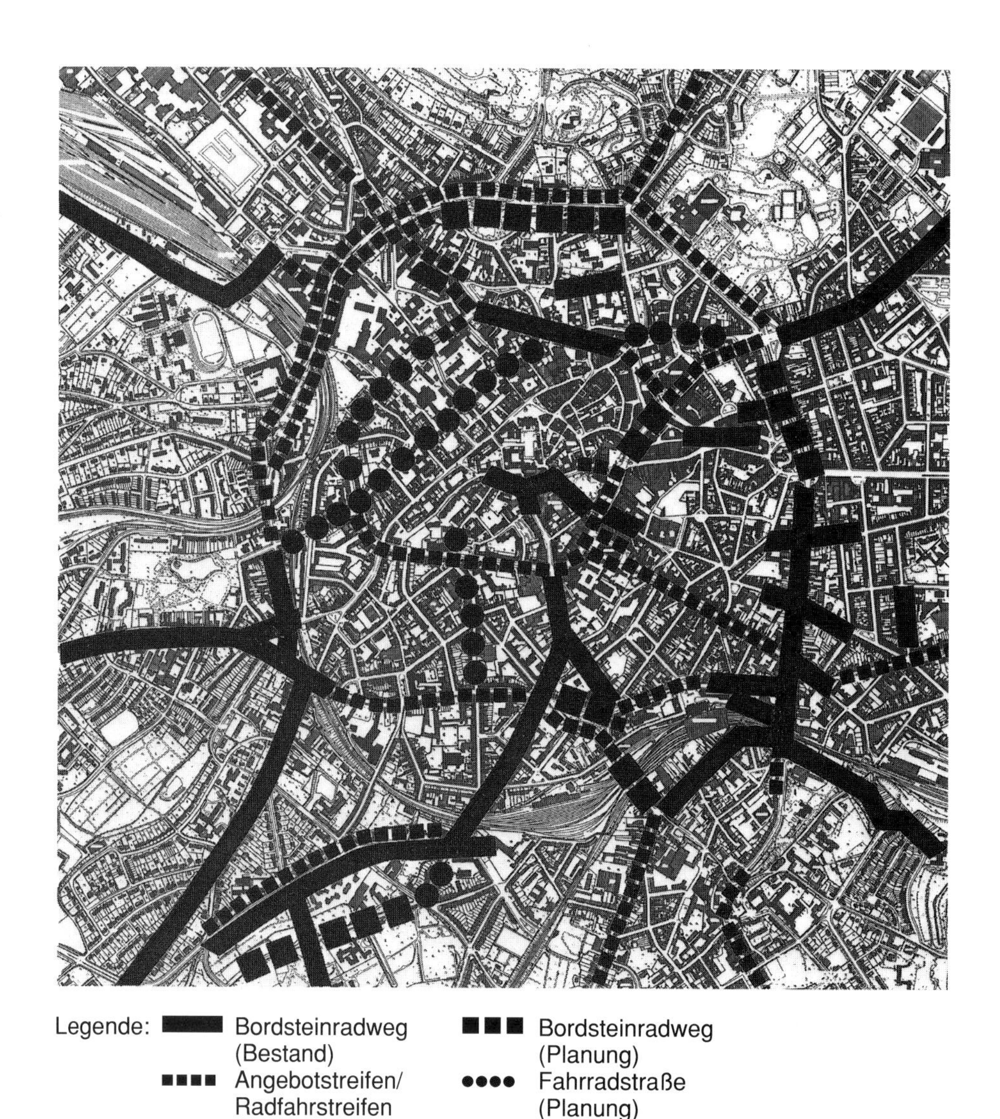

98 Radverkehrskonzept Aachen (Ausschnitt)

An Straßenkreuzungen und Straßeneinmündungen, aber auch auf dazwischenliegenden Streckenabschnitten, queren Fußgänger und Radfahrer die Kfz-Fahrbahnen. In breiten Straßen, bei hohen Verkehrsbelastungen und hohen Fahrgeschwindigkeiten sind dies besonders gefährliche Querung*stellen.*

In Nebenstraßen sind in der Regel keine besonderen Maßnahmen erforderlich; an Knotenpunkten städtischer Hauptstraßen bzw. städtischer Hauptstraßen mit Nebenstraßen sind jedoch Querungs*hilfen* nötig. Querungshilfen sind Ampeln, Zebrastreifen oder bauliche Hilfen, wie etwa Mittelinseln. Die übliche Maßnahme an Kreuzungen von Hauptverkehrsstraßen ist die Lichtsignalanlage.

An *lichtsignalisierten Knotenpunkten* bekommen Fußgänger – und falls besondere Radverkehrsanlagen vorhanden sind, auch Radfahrer – ihre Grünphasen dann, wenn die ‚feindlichen' Kraftfahrströme halten. Für die Berechnung der Zwischenzeiten (vgl. S. 152) ist zu beachten, daß die Geschwindigkeiten von Radfahrern (3 bis 5 m/s) und vor allem die von Fußgängern (1,2 bis 1,5 m/s) wesentlich geringer sind als die der Kraftfahrzeuge (7 bis 11 m/s). Dadurch ergeben sich an Knotenpunkten großer Abmessung oft sehr lange Räumzeiten für Fußgänger. So kann es passieren, daß Fußgänger vielleicht nur wenige Sekunden ‚Grün' haben (Mindestgrünzeit 5 Sekunden) und erst die Hälfte der Fahrbahn gequert haben (etwa bei 4 bis 5 Spuren), den Rest der Straße aber bei Rot bewältigen müssen. Dies kann im Sinne einer leistungsfähigen Bemessung beabsichtigt sein, führt aber zu Irritationen bei den Verkehrsteilnehmern und ist daher auf Ausnahmefälle zu beschränken.

Fußgänger sollten in einem Zug die Fahrbahn queren können; ein Zwischenhalt auf Mittelinseln ist zu vermeiden. Es ist aber oft schwierig, innerhalb der grünen Wellen der Kraftverkehrsströme beider Richtungen die grüne Welle für Fußgänger – nämlich das einzügige Queren – einzupassen. In diesen Fällen soll dem Fußgängerverkehr Priorität vor dem Kfz-Verkehr gegeben werden. Ausführliche Informationen zur Lichtsignalisierung des Fuß- und Radverkehrs sind in der *RiLSA* zu finden.

An kompakten Knotenpunkten mit nicht zu hohen Kraftfahrzeugbelastungen haben sich auch *Rundum-Grün-Schaltungen* für Fußgänger bewährt. Fußgängern wird an allen Furten gleichzeitig Grün gegeben, während alle Fahrbeziehungen auf Rot stehen. Dadurch werden mögliche Gefährdungen der Fußgänger durch abbiegende Fahrzeuge ausgeschlossen; Fußgänger können die Knotenpunkte auch diagonal queren. In der Regel sind Rundum-Grün-Schaltungen in der Bewältigung der Kraftfahrzeugbelastungen weniger leistungsfähig als konventionelle Schaltungen.

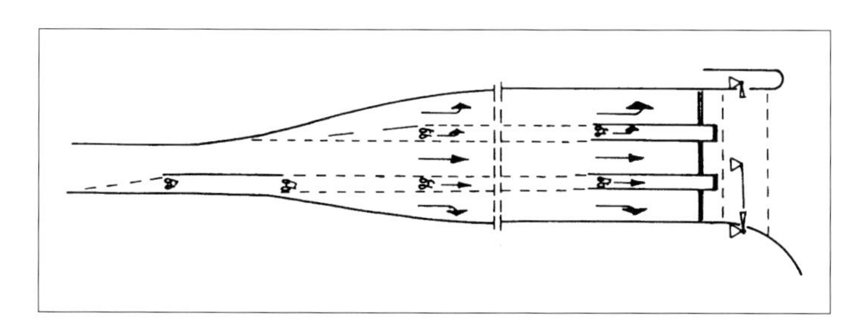

99 Radfahrstreifen am Knotenpunkt

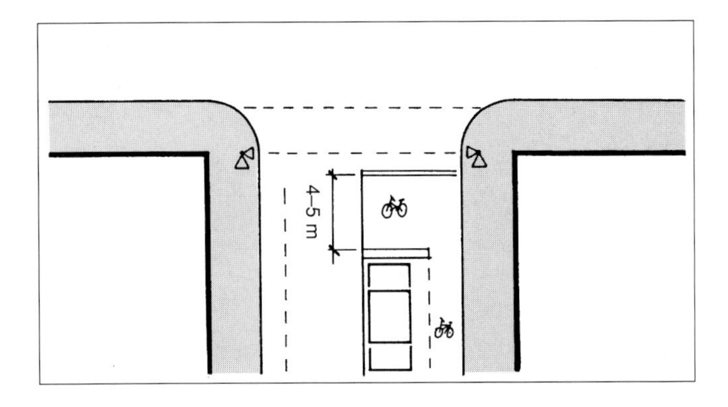

100 Aufgeweiteter Radaufstellstreifen

Im besonderen an Straßen mit Radfahrstreifen/Radspuren kommen an stärker befahrenen, lichtsignalisierten Knotenpunkten auch separate Linksabbiegespuren für Radfahrer zum Einsatz. Eine weitere gute Lösung an vielen Ampelanlagen sind *aufgeweitete Radaufstellstreifen,* die Radlern ermöglichen, rechts an wartenden Pkws vorbeizufahren, sich vor ihnen aufzustellen und damit deren Abgase nicht direkt einzuatmen.

In kleinen *Kreisverkehrsplätzen* besteht die Möglichkeit, den Radverkehr auf der Fahrbahn – zusammen mit dem Kraftverkehr bzw. auf separaten Streifen – oder als Bordsteinradweg zu führen. In der Regel wird die Maßnahme sinnvoll sein, die sich an der Charakteristik der Vorlaufstrecken orientiert. Die Führung auf separaten Streifen wird nur in Ausnahmefällen empfohlen.

An nicht zu stark belasteten Knotenpunkten (≤ 600 Kfz/Sp.h) können für den Fußgänger auch *Zebrastreifen* (Fachausdruck: *Fußgängerüberweg*) angelegt werden. Man beschränkt sich dabei in der Regel auf die Ausführung in einer Zufahrt der vorfahrtberechtigten Straße (vgl. auch *Richtlinien für die Anlage und Ausstattung von Fußgängerüberwegen (R-FGÜ 84)*). Radfahrer dürfen nicht über Zebrastreifen geführt werden.

Querungshilfen (an der Strecke)

Querungshilfen an der Strecke sichern Fußgängerquerungen zwischen Knotenpunkten. Die üblichen Knotenabstände von 100 bis 200 m sind oft zu groß, um sich auf Querungshilfen an eben diesen Stellen zu beschränken. Fußgänger wollen in Hauptstraßen und Geschäftsstraßen möglichst überall queren. Wird dies durch hohe Kraftfahrzeugbelastungen, breite Fahrbahnen oder hohe Geschwindigkeiten zu sehr eingeschränkt, verlieren Hauptstraßen viel von ihrer Wohnqualität, Geschäftsstraßen ihre Einkaufsqualität.

Zweispurige Straßen, die nicht zu schnell befahren werden (≈ 40 km/h), benötigen bis zu einer Spitzenstundenbelastung von 200 bis 300 Kfz/Sp.h in der Regel keine Querungshilfen: Hier kann noch überall gefahrlos gequert werden. Falls die Geschwindigkeiten der Kraftfahrzeuge zu hoch sind, werden geschwindigkeitsreduzierende Maßnahmen aus dem Verkehrsberuhigungsrepertoire vorgeschlagen.

Im Belastungsbereich von 300 bis 800 Kfz/Sp.h ist die Querbarkeit für Erwachsene mit zunehmender Schwierigkeit noch gegeben; für Kinder und ältere Menschen ist dies aber nicht mehr möglich. Es werden also Querungshilfen, vor allem zur Schulwegsicherung und für die Wege von Senioren, nötig. Ab 600 bis 800 Kfz/Sp.h sind Querungshilfen in jedem Fall notwendig. An mehr als zweispurigen Straßen sind Querungshilfen in der Regel unabdingbar: Die Fahrbahnen sind zu breit, um gefahrlos gequert zu werden. Abhängig von den Kraftfahrzeugbelastungen und den Fußgängerbelastungen können Einsatzbereiche für die unterschiedlichen Arten von Querungshilfen empfohlen werden.

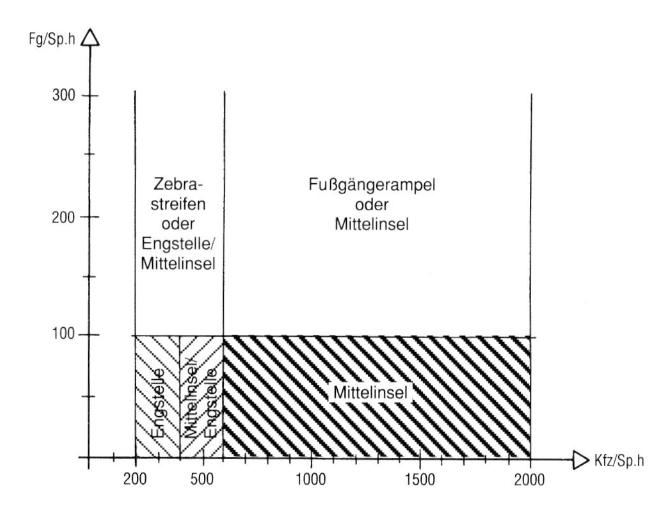

101 Einsatzbereiche von Querungshilfen zweispuriger Straßen

Fußgängerüberwege (Zebrastreifen) sind nach den *R-FGÜ 84* grundsätzlich Kfz-Belastungsbereichen von 300 bis 600 Kfz/Sp.h und Fußgängerbelastungen von mehr als 100 Fußgängern pro Spitzenstunde (Fg/Sp.h) vorbehalten. Für besonders schutzbedürftige Personen (etwa im Rahmen der Schulwegsicherung) können die oben genannten Mindestwerte jedoch unterschritten werden. Für den Bereich mit mehr als 600 Kfz/Sp.h und mehr als 100 Fg/Sp.h werden in der *R-FGÜ 84 Lichtzeichenanlagen (Fußgängerampeln)* als Querungshilfe vorgeschlagen. Die *EAHV* schlägt auch für niedrigere Fußgängerbelastungen Lichtzeichenanlagen vor und differenziert den Einsatzbereich bedarfsgesteuerter Furten nach der Kfz-Belastung:

600 – 900 Kfz/Sp.h	Dunkelanlage oder Alles-Rot-/Sofort-Grün-Anlage
> 900 Kfz/Sp.h	Dunkelanlage oder Dauergrünschaltung für den Fahrzeugverkehr

Für den niedrigeren Kfz-Belastungsbereich werden auch Gelbblinkanlagen, über die aus dem In- und Ausland positive Erfahrungen vorliegen, vorgeschlagen. Allerdings sind die Anlagen bisher nicht in der StVO aufgeführt. Fußgänger bekommen bei diesen Anlagen auf Anforderung (Tastendruck) ‚Grün'. Bei sehr hohen Fußgängerbelastungen (≥ 600 Fg/Sp.h), etwa dann, wenn Fußgängerzonen Fahrstraßen kreuzen, sind Lichtzeichenanlagen mit fester Steuerung sinnvoll.

Die vorgeschlagenen Einsatzbereiche für *Engstellen* sollen nach unten und oben hin offen betrachtet werden. So kann es im Einzelfall durchaus sinnvoll sein, Engstellen in höheren Belastungsbereichen einzusetzen, etwa dann, wenn auf Grund geringer Lkw- und Busverkehrsanteile die zu überquerende Breite gering gehalten und der Standort der Engstelle so gewählt werden kann, daß sich in den entgegenkommenden Kraftfahrzeugströmen aus Sicht des Fußgängers komfortable Zeitlücken ergeben.

Engstellen können mit Fußgängerüberwegen (Zebrastreifen) kombiniert werden. Wäre es nach den *R-FGÜ 84* auch generell möglich, Fußgängerüberwege bei Fußgängerbelastungen von weniger als 100 Fg/Sp.h einzusetzen, könnte ein guter Querungshilfentyp für Sammelstraßen geringer bis mittlerer Kfz-Belastung entwickelt werden. Es wäre dann möglich, gestalterisch massiv den Fußgängervorrang zu verdeutlichen und zugleich das Geschwindigkeitsverhalten und die Aufmerksamkeit der Kraftfahrer zu erhöhen, ohne etwaige Zweifel über rechtliche Vorrangverhältnisse zu lassen. Da das Sicherungsverhalten der Fußgänger in diesen Straßen nicht so ausgeprägt ist wie in stärker belasteten Straßen, ist die Verstärkung einer fußgängerorientierten Gestaltung sicherheitsfördernd. Bei niedrigen Fußgängerbelastungen könnte eine Kombination von Engstelle und Fußgängerüberweg auch bei Kraftfahrzeugbelastungen von über 600 Kfz/Sp.h sinnvoll sein.

Auch die Belastungsgrenzen für *Mittelinseln* sollten offen gehandhabt werden. Sofern der Straßenraum aus Platz-, Proportions- und Gestaltungsgründen dies zuläßt, sind auch im niedrigen Kfz-Belastungsbereich Mittelinseln sinnvoll. Im oberen Belastungsbereich – bis fast an die Grenze der technischen Leistungsfähigkeit zweispuriger Straßen – erhöhen Mittelinseln die Sicherheit für Fußgänger. Wartezeiten für Fußgänger werden jedoch im höheren Belastungsbereich auch an Mittelinseln unkomfortabel. Die Wartezeiten sind aber immer noch komfortabler als die an Lichtzeichenanlagen. Es muß also in mittleren bis höheren Belastungsbereichen (≥ 600 Kfz/Sp.h) abgewogen werden zwischen dem höheren Komfort der Mittelinsel und der für schutzbedürftige Personen sicherer zu handhabenden Lichtzeichenanlage.

Nach der *R-FGÜ 84* ist die Kombination von Mittelinsel und Fußgängerüberweg (Zebrastreifen) bis zu Belastungen von 1.200 Kfz/Sp.h möglich (keine Fahrtrichtung darf jedoch die Belastung von 600 Kfz/Sp.h überschreiten). Auch bei Fußgängerbelastungen unter 100 Fg/Sp.h ist diese Kombination für besonders schutzbedürftige Personen erlaubt und mit dem Einsatz einer Lichtzeichenanlage abzuwägen. Eine deutliche Vorankündigung eines Fußgängerüberweges ist notwendig; neben den Forderungen der *R-FGÜ 84* sind in der Regel auch baulich-gestalterische Elemente erforderlich.

In Straßen, die mehr als zwei Fahrspuren haben, ist der Einsatz von Zebrastreifen nicht zulässig, der Einsatz von Engstellen nicht sinnvoll. In diesen Straßen bieten sich Mittelinseln oder Lichtzeichenanlagen an. In Straßen mit zulässiger Höchstgeschwindigkeit von mehr als 50 km/h dürfen Zebrastreifen nicht verwendet werden.

Mittelinseln und Engstellen haben sich in der Praxis bewährt. Es gibt aber Straßen und Straßenumfelder, in denen Probleme auftreten: Straßen mit mittelhohen Kfz-Belastungen, hohen Geschwindigkeiten und zugleich regem Fußgängerverkehr und vielen Querungen. Gerade hier müssen Querungshilfen so gestaltet werden, daß die Aufmerksamkeit der Kraftfahrer erhöht wird, ohne den Fußgängern eine vermeintliche Sicherheit vorzuspielen und sie zu unsicherem Verhalten zu verleiten. Zur gestalterischen Ausführung einige Anregungen:

- Die Maßnahme sollte eine mindestens 2,00 m breite, aus Autofahrersicht auffällige Mittelinsel sein.
- Pflasterquerbänder o.ä. sollten die Querungshilfe aus der Sicht der Kraftfahrer frühzeitig ankündigen.
- Die Querungsstelle muß gut ausgeleuchtet sein; Bepflanzung und parkende Fahrzeuge dürfen die Sicht auf Fußgänger nicht verstellen.
- Die Asphaltfahrbahn sollte an der Querungsstelle durchgeführt werden, ein Bordstein soll eine klare Trennung zum Gehweg herstellen.
- Begleitende Maßnahmen sollten das Geschwindigkeitsniveau der Kraftfahrzeuge (v_m) auf zumindest 40 km/h senken. Bei Einzelmaßnahmen ist die zusätzliche Anordnung von Fußgängerüberwegen (Zebrastreifen) oft empfehlenswert.

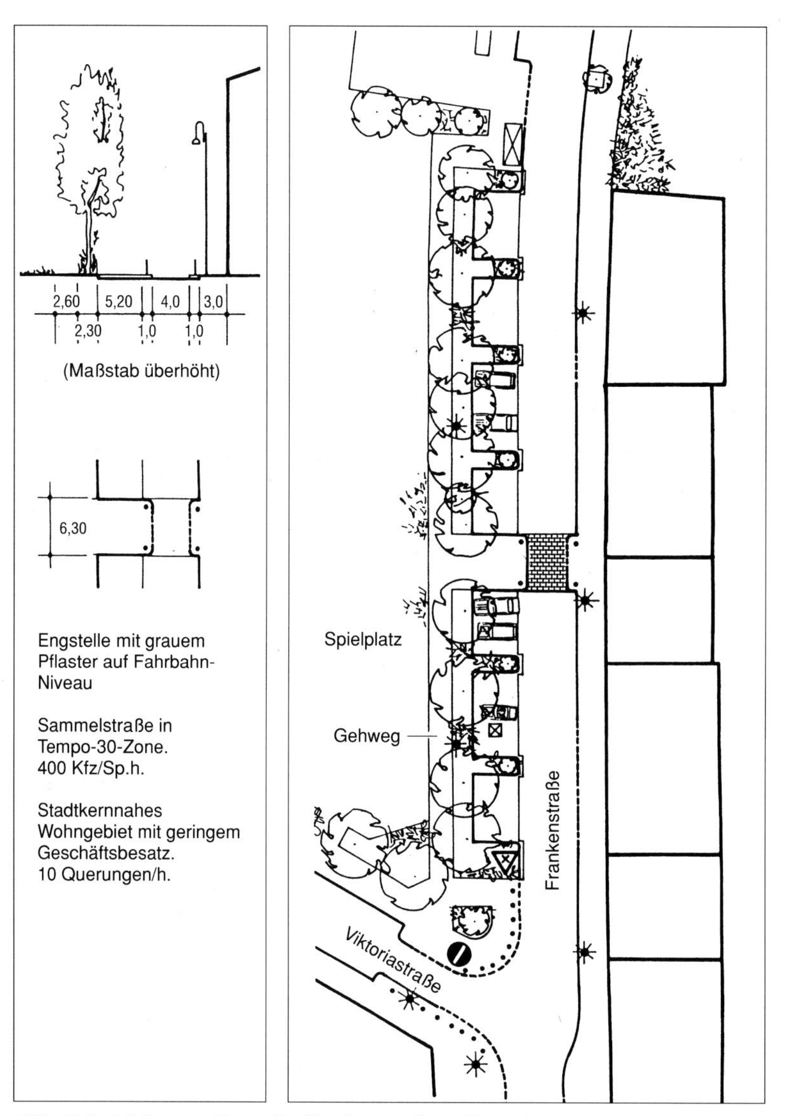

102 Beispiel für eine Engstelle (Frankenstraße in Düren)

Freizeitverkehr

Über 30 Prozent aller Pkw-Fahrten dienen Freizeitzwecken. Da hier durchschnittlich weiter gefahren wird als im Berufs- oder Einkaufsverkehr, machen die Freizeitfahrten 50 Prozent der Pkw-Verkehrsleistungen in der BRD aus. Neben dem rasch anwachsenden Straßengüterverkehr (vgl. S. 223) wird der Freizeitverkehr in seiner Wachstumsdynamik als besonderes Problem gesehen.

Seit 1960 hat sich die Verkehrsleistung verdreifacht und erreicht heute eine

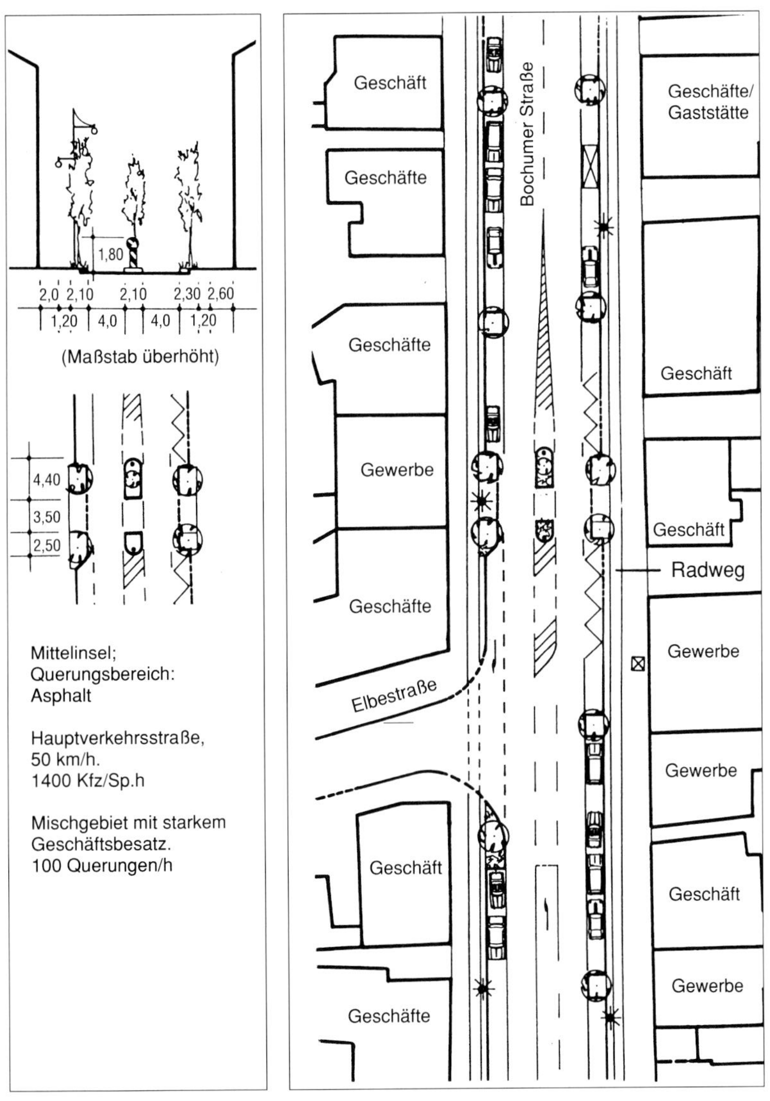

103 Beispiel für eine Mittelinsel (Bochumer Straße in Recklinghausen)

Belastung von etwa 15.000 Kilometer pro Person und Jahr. Der Verkehrszuwachs ist vor allem auf ein Anwachsen des Freizeitverkehrs (Feierabend- und Wochenendverkehr) und des Urlaubverkehrs (Urlaubsreisen mit mehr als fünf Tagen) zurückzuführen. Rund 5.000 km entfallen auf den Freizeitverkehr. Während beim Urlaubsverkehr Flugzeug und Eisenbahn, beim Einkaufs- und Berufsverkehr Busse und Stadtbahnen neben dem Auto eine wichtige Rolle spielen, wird der Freizeitverkehr zu über 90 Prozent (aller Kilometer) mit dem Auto zurückgelegt.

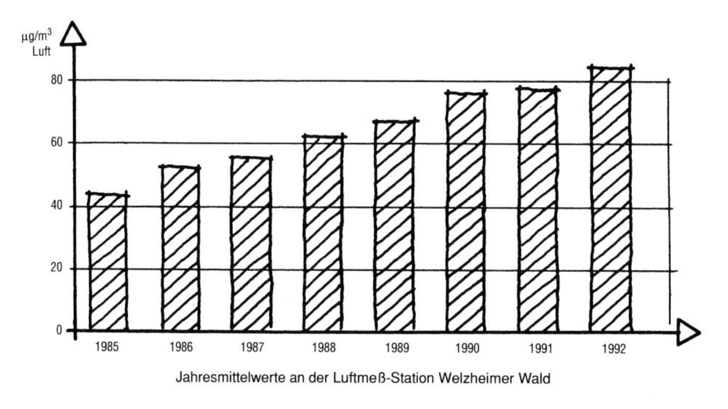

104 Ansteigende Ozon-Konzentration in ländlichen Gebieten

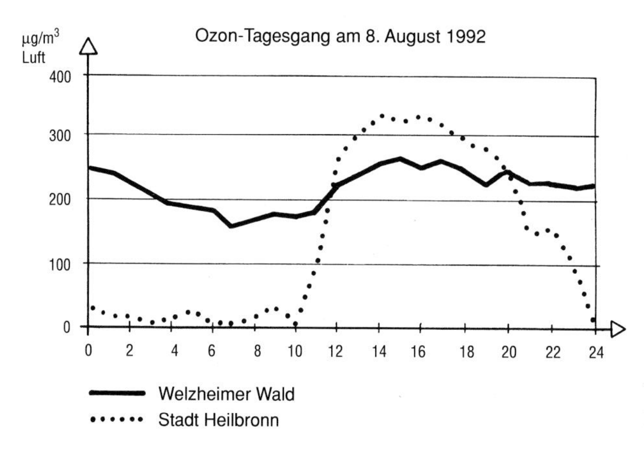

105 Unterschiedliche Ozon-Verweilzeiten in Stadt und Land

Ein Kilometer Autofahrt (mit Katalysator) erzeugt ungefähr 175 g Kohlendioxid (CO_2) und 450 g Stickoxide (NO_X). Kohlendioxid trägt zum Treibhauseffekt bei, Stickoxide sind Vorläufersubstanzen des Ozons im Sommersmog (vgl. S. 62 ff.). Damit trägt gerade an sonnigen Sommertagen unser Freizeitverhalten erheblich dazu bei, Wohlbefinden und Genießen von Freizeit zu beeinträchtigen.

Aus ökologischen und gesundheitlichen Gründen ist es notwendig, die Belastungen des Autoverkehrs um etwa 75 Prozent zu verringern. Erst dadurch lassen sich Ozonbelastungen auf ein erträgliches Maß halbieren und die Lärmbelastungen an Hauptstraßen auf zumutbare Werte (etwa 60 dB(A) tagsüber) senken. Eine 75prozentige Reduzierung des Autoverkehrs ist heute offensichtlich utopisch. Verkehrsentwicklungspläne setzten sich daher eher ein erreichbares Ziel (etwa 30prozentige Verminderung des Autoverkehrs). Schon dafür sind allerdings ganz erhebliche Investitionen nötig (in Aachen etwa die Einführung einer Stadtbahn). Unterstellt man nun noch eine Verbesserung der Fahrzeugtechnik (geringerer Treibstoffverbrauch, verbesserte Katalysatoren, leisere Motoren) und einen umweltfreundlicheren Verkehrsablauf (langsam, aber zügig), könnten vielleicht noch weitere 25 Prozent der Belastungen eingespart werden. Die restlichen 20 Prozent müssen aber wohl in Kauf genommen werden.

Diese Konzepte sind noch stark auf den Alltagsverkehr bezogen. Beim Freizeitverkehr sieht es allerdings viel problematischer aus. Die Infrastrukturen für Verkehrsmittel des Umweltverbundes sind meistens schlecht – alle größeren Einrichtungen, wie Freizeitparks und Zentren der unterschiedlichsten Art, sind in ihrer Lage und Verkehrsanbindung auf den Pkw ausgerichtet. Bahnlinien in die Freizeitgebiete sind oft nicht vorhanden, eine Fahrradmitnahme in den wenigen öffentlichen Verkehrsmitteln gestaltet sich oft zum unerwünschten Abenteuer. Stärker noch als Infrastrukturen wirken sich unser individueller Bewegungsdrang und dessen kulturelle Ausformung auf ein autoorientiertes Freizeitverhalten aus. Das Auto beschäftigt uns auf ganz subtile Art und Weise: Es bewegt uns, ohne daß wir uns bewegen. Wir fahren es, ohne daß wir viel von der Umwelt und den Menschen erfahren. Wir reisen zu immer neuen Orten, ohne jemals richtig anzukommen.

Unsere kilometerweiten Freizeit- und Urlaubsunternehmungen sind neu. Bis in die Mitte der fünfziger Jahre ereignete sich die damals noch knapp bemessene Freizeit vorwiegend in der Wohnung oder deren Umfeld. Urlaubsreisen waren selten – einerseits aus finanziellen Gründen, andererseits wegen der geringen Zahl von Urlaubstagen. Auch der Wunsch nach Freizeit war noch nicht so stark ausgeprägt wie heute – vielleicht auch deshalb, weil die Arbeitsprozesse noch nicht bis zur Grenze der Leistungsfähigkeit ausgereizt waren und das Leben überhaupt in ruhigeren Bahnen lief.

Eine nähere Betrachtung des menschlichen Verhaltens zeigt, daß jeder Mensch Sicherheit und Geborgenheit im Vertrauten und Bekannten wie auch Anregung, Bewegung, Erfahrung im Fremden und Neuen und auf dem Weg dorthin sucht. Ein Übermaß an Vertrautem kann zu Trägheit, Unbeweglichkeit, Starrheit führen – ein Übermaß an Anregung zu Überdrehtheit, Rastlosigkeit oder Zerrissenheit zwischen den Angeboten des Neuen. Es stellt sich für uns und unser Freizeitverhalten die Frage des rechten Maßes. Jeder muß für sich erfahren, welches Maß für ihn angemessen ist. Dazu gehören Aufmerksamkeit und bewußte Anwesenheit gleichermaßen. Wer zu schnell ist, kriegt nichts mit. Das Auto wird schnell zur Droge, die mit äußerer Mobilität unsere inneren Grenzen und Entwicklungssperren verdeckt.

Offensichtlich kann eine Änderung des Freizeitverhaltens nicht erzwungen werden. Wer sich mit Gewalt der Autolawine des Wochenendverkehrs entgegenstemmt, wird von ihr niedergewalzt. Dies darf aber nicht dazu führen, durch Straßenneubau die Lawine immer weiter anwachsen zu lassen. Staus auf den Straßen sind zwar schmerzhaft, aber eine der wenigen Möglichkeiten, anzuhalten und über Alternativen nachzudenken. Es wäre paradox, die Sucht mit immer höheren Dosen heilen zu wollen.

Wie könnten Alternativen aussehen? Freizeitgebiete müssen wieder durch die Bahn erschlossen werden. Von den Zentren sind direkte Freizeitzüge ohne kompliziertes Umsteigen denkbar. Entlang dieser Strecken können dann die Bahnhöfe und deren Umfelder zu Freizeitstandorten umgestaltet werden. Warum immer nur in Autostrukturen denken? Freizeitbäder, Saunen, Badeseen, Sportanlagen; Kino-, Medien- und Kulturzentren; Restaurants; Ausgangspunkte für Fuß-, Rad-, und Kanuwanderungen könnten auch im Umfeld von Bahnlinien entstehen. Dazu gehört aber auch, daß nicht nur Innenstädte zu autoarmen Zonen erklärt werden, sondern auch Landschaftsteile und Dörfer vom ortsfremden Autoverkehr geschützt werden und damit Bahnreisenden, Fuß- und Radwanderern vorbehalten bleiben. Daß dies nicht völlig utopisch ist, zeigen unter anderen die autofreien und wirtschaftlich erfolgreichen Nordseeinseln (etwa Juist) sowie Fremdenverkehrsorte in der Schweiz (beispielsweise Zermatt).

Besonders wichtig für den Rückgewinn von Nähe ist die Verbesserung des wohnungsnahen und städtischen Umfeldes. Es muß wieder möglich sein, in seinem Viertel, in seiner Stadt, in Fuß- und Radentfernung Erholung und Abwechslung zu finden. Die verkehrsberuhigende Umgestaltung von Wohngebieten, die fußgängerfreundliche Umgestaltung von Innenstädten sowie die Erhaltung und Reaktivierung von Grünzonen haben in vielen Städten bereits ihren Beitrag dazu geleistet. Dies hat aber nicht dazu geführt, daß weniger Auto gefahren wird, vermutlich ist nur der Trend zu noch mehr Autofahren gebremst worden. Eine Lösung des Problems Freizeitverkehr kann nur durch das Entdecken neuer Lebensqualitäten sowie durch eine andere Erschließung der Freizeitregionen gefunden werden.

Güterverkehr

Verkehrsmittel

Gütertransport wird durch den Straßengüterverkehr (Lastwagen und Lastzüge), durch die Eisenbahn, die Binnenschiffahrt oder per Pipeline bewältigt. Der Flugverkehr spielt nur eine untergeordnete Rolle. Für den Straßengüter*fern*verkehr (≥ 50 km Transportentfernung) steht ein dicht geknüpftes Autobahnnetz zur Verfügung, das in den neuen Bundesländern allerdings dünner

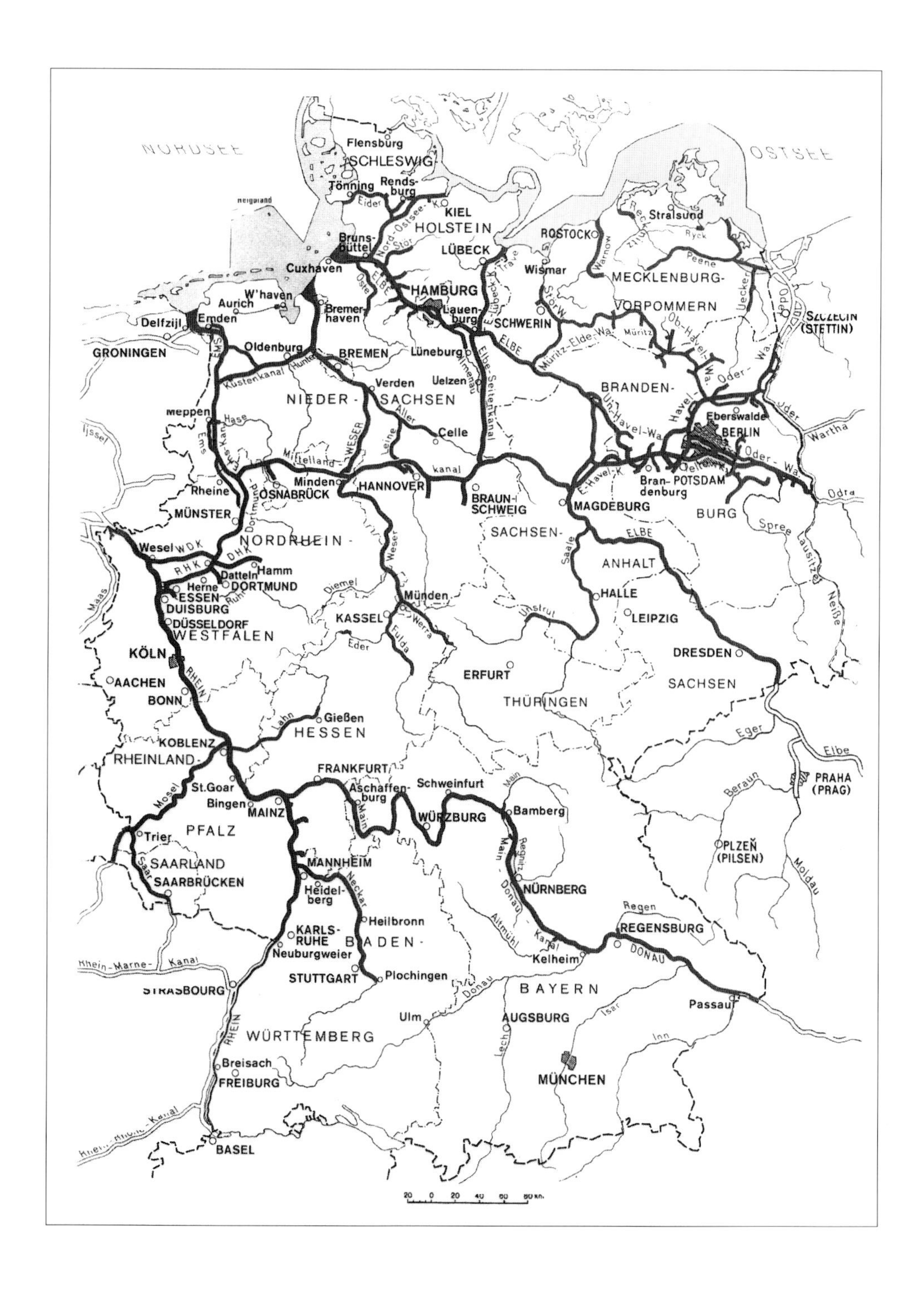

106 Bundeswasserstraßen

ist und daher durch Landstraßen ergänzt wird. Der Straßengüter*nah*verkehr benutzt das untergeordnete Straßennetz. Das Eisenbahnnetz ist seit der Nachkriegszeit in der Fläche ausgedünnt worden, in den neuen Bundesländern waren bis vor kurzem jedoch noch alle wichtigen Betriebe mit einem Gleisanschluß versehen. Die Deutsche Bahn AG wickelt in erster Linie den Schienengüter*fern*verkehr ab; vor allem in Industriegebieten gibt es aber auch kleinere Bahngesellschaften und eine Vielzahl größerer Industriebetriebe, die für den Schienengüter*nah*verkehr eigene Gleisanlagen und Bahnbetriebe haben.

Für die Binnenschiffahrt steht ein bundesweites Netz an Wasserstraßen zur Verfügung, das die wichtigsten Zentren und Häfen verbindet.

Ein Netz von Pipelines verbindet die Häfen und Erdöl-/Erdgasfördergebiete mit den Industriezentren.

Die folgende Tabelle bewertet die Eignung der Netze für die unterschiedlichen Anforderungen des Güterverkehrs.

Eignung der Güterverkehrsnetze

	Entfernung		Güter				Netzkapazität	Anschlußqualität			Verkehrsanteil
	Fernverkehr	Nahverkehr	Massengüter	Stückgut	Gefahrgut	Verderbliche Waren	Kapazitätsreserven	Zentren	Hauptachsen	Fläche	Anteil an der Verkehrsleistung (t · km, 1992)
Straßennetz	+	+	–	+	o	+	–	+	+	+	60 %
Schienennetz	+	–	+	o	+	o	o	+	o	–	20 %
Wasserstraßennetz	+	–	+	–	+	–	+	+	o	–	15 %
Rohrleitungsnetz (Rohölfernleitungen)	+	+	+		+		+	+	o	–	5 %

Die Tabelle zeigt, daß das Straßenverkehrsnetz keine weitere Verkehrsbelastungen aufnehmen kann, während etwa das Wasserstraßennetz noch über reichlich freie Kapazitäten verfügt. Für die Hauptstrecken der Bahn wird es auch schon recht eng, hier ließe sich allerdings mit verbesserter Logistik und Verkehrstechnik noch einiges an Platz gewinnen.

Schwachpunkte des Bahnnetzes sind vor allem der Nahverkehr und die Erschließung der Fläche. Von den Bahnstrecken müssen die Güter – sofern kein eigener Gleisanschluß besteht – umgeladen werden, um über das Straßennetz zu den Betriebsstandorten zu gelangen. Durch geänderte Transportlogistik gewinnt die Bahn aber an Boden. Zu nennen sind hier die Konzepte ‚Bahntrans‘ für den Stückgutverkehr sowie die von ‚Transfracht‘ und ‚Intercontainer‘ für den Containerverkehr.

Die Binnenschiffahrt ist aufgrund ihres geringen Energieverbrauchs für den Transport von Massengütern (Kohle, Erze, Baumaterialien und inzwischen auch Industriezwischenprodukte, Kraftfahrzeuge und andere Massenkonsumgüter) besonders geeignet. Für den Transport von Stückgut und vor allem verderblichen Waren ist die Binnenschiffahrt weniger geeignet (Geschwindigkeit bergwärts 5 km/h, talwärts 20 km/h). Gefahrguttransporte auf Straßen sollten wegen des hohen Unfallrisikos vermieden werden; Schiene und Wasserstraßen sind sicherer. Zwei Grafiken zeigen ein – seit der Öffnung des Ostens noch verstärkt – ansteigendes Wachstum des Straßengüterverkehrs, das bereits in Teilen des Straßennetzes zu einem Zusammenbruch der Infrastruktur geführt hat (Staus, tagelanges Warten – im besonderen an den Ostgrenzen der Bundesrepublik).

Im Straßengüterfernverkehr werden etwa 50 Prozent der Verkehrsleistungen durch den gewerblichen Güterverkehr (Speditionen) erbracht, 30 Prozent

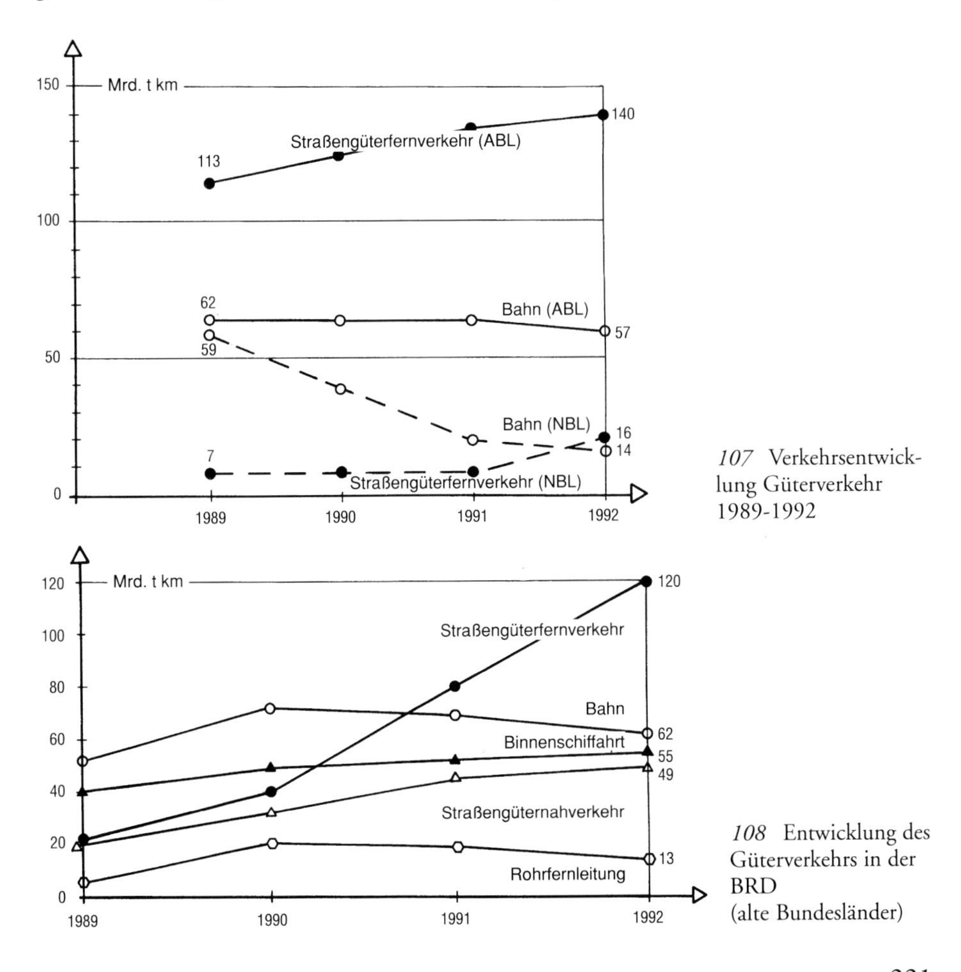

107 Verkehrsentwicklung Güterverkehr 1989-1992

108 Entwicklung des Güterverkehrs in der BRD (alte Bundesländer)

durch ausländische und etwa 20 Prozent durch werkseigene Fahrzeuge (Werkverkehr). Im Straßengüternahverkehr machen Speditionen und Werkverkehr jeweils rund 50 Prozent aus.

Dramatisch ist vor allem die Verkehrsentwicklung seit Anfang der neunziger Jahre: Eine fast völlige Demontage der Bahn als Güterverkehrsträger im Osten und ein beschleunigtes Ansteigen des Straßengüter*fern*verkehrs im Westen sowie im Osten. 1996 beträgt die Verkehrsleistung im Güterverkehr der BRD rund 440 Mrd. t km, davon etwa 290 Mrd. t km auf der Straße.

Wir wollen hier aber keine Kriminalstatistik aufführen und weitere Versäumnisse und Fehler zusammentragen, die zu der heutigen Situation geführt haben. Festhalten müssen wir jedoch, daß die Wirtschaftsstruktur mit geringer werdenden Produktionstiefen, ‚just in time' Strategie (produktionssynchrone Anlieferung und vertriebssynchrone Produktion) und der Erschließung neuer Märkte im Osten weiterhin zu vermehrtem Güterverkehr führen wird. Zugleich ist das Straßenverkehrsnetz – der Hauptträger der Güterverkehrsarbeit – bereits heute überlastet. Prognosen zum Güterverkehrsaufkommen gehen von einer gut einprozentigen Steigerung/Jahr aus. Dieser Verkehrszuwachs wird vor allem auf der Straße abgewickelt, eine leichte Entlastung könnten die geplanten Direktgüterzüge der europäischen Bahnen (etwa Köln-Valencia) bringen.

Ein grundlegender Ansatz zur Lösung der Güterverkehrsprobleme wäre die Stärkung der regionalen Märkte. Dies wäre durch eine drastische Erhöhung der Transportkosten zu erreichen. Die in der BRD seit 1995 erhobene Autobahngebühr für schwere Lkw ist ein symbolischer Einstieg, der durch gleichzeitige Kraftfahrzeugsteuersenkungen für die deutsche Schwerverkehrsflotte relativiert wurde.

Wie unsinnig – sowohl unter volkswirtschaftlichem als auch ökologischem Blickwinkel – das heutige Transportwesen ist, zeigen die gleichzeitigen Transporte süddeutscher Butter von glücklichen Bergkühen gen Norden und die norddeutscher Butter von vermutlich ebenso glücklichen Flachlandkühen gen Süden. Das Beispiel eines Joghurt-Bechers, dessen Bestandteile bis zum Verzehr des Inhalts insgesamt 9.000 km zurückgelegt haben, ist inzwischen schon fast sprichwörtlich geworden. Andreas Kossak führt dazu – in einem gewissen Sinne zusammenfassend – aus, daß zwischen 1970 und 1992 in den alten Bundesländern der durchschnittliche volkswirtschaftliche Transportaufwand je produzierter Wareneinheit um etwa 50 Prozent zugenommen hat. Dies entspricht zugleich der Zunahme des binnenländischen Güterverkehrs in diesem Zeitraum, die sich fast ausschließlich im Straßengüterverkehr niedergeschlagen hat. Es läßt sich daraus folgern, daß in den letzten 20 bis 25 Jahren kaum ein Produktionszuwachs, sondern allein ein Transportzuwachs stattgefunden hat.

Der Transport von Gütern hat im Wirtschaftssystem damit eine Eigendynamik bekommen, er ist nicht mehr Mittel zum Zweck, sondern Selbstzweck geworden. Dies erinnert stark an die Thesen von Peter Sloterdijk (vgl. S. 28: ‚Was den Weltenlauf auf seinen Kurs treibt?').

Durch die Aufteilung der Verkehrsarbeit in mehrere Teilarbeitsschritte und deren Zuordnung zu den jeweils optimalen Verkehrsmitteln hofft man auf eine Entlastung des Straßennetzes. Man spricht von *kombiniertem Verkehr,* der den Fernverkehr auf die Schiene oder die Wasserstraße bringt und den Nahverkehr durch Lastkraftwagen oder – in einer Zukunftsvision – durch Stadtbahnzüge abwickelt. Wichtige Systemkomponente sind die Umladestationen: die Güterbahnhöfe, die Häfen, die betriebsinternen Hauptlager und deren moderne Ausformungen – die *Güterverkehrszentren (GVZ).*

Kombinierter Verkehr

Kombinierter Verkehr ist die sinnvolle Kooperation mindestens zweier Verkehrsträger/Verkehrsmittel bei der Beförderung von Gütern im Zuge von Transportketten.

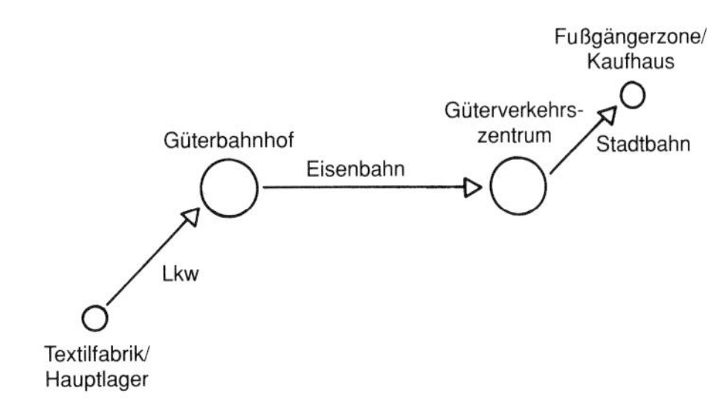

109 Kombinierter Güterverkehr (Beispiel)

Im Grunde genommen hat es schon immer dort kombinierten Verkehr gegeben, wo man mit großen Transportfahrzeugen nicht weiterfahren konnte (etwa in historischen Altstädten), oder dort, wo von einem Verkehrsweg auf einen anderen umgeladen werden mußte. Der moderne kombinierte Verkehr meint jedoch vor allem den kombinierten Transport von Systembehältern. Dies können ganze Fahrzeuge, Auflieger, Großcontainer (ab 6 m Länge) oder auch kleinere Container, sogenannte Wechselbehälter sein. Im Containerverkehr spricht man von TEU-Einheiten (Twenty Foot Equivalent Unit), also 6 m-Container-Einheiten. Systembehälter werden verladen (mittels Kran im Containerterminal) oder sind selbstladend (Roll on-/Roll off-Anlagen).

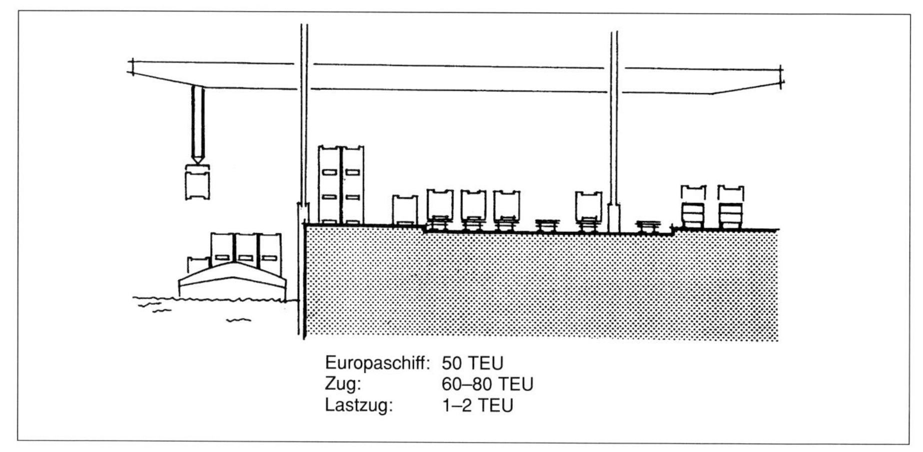

Großcontainer (verladbar)

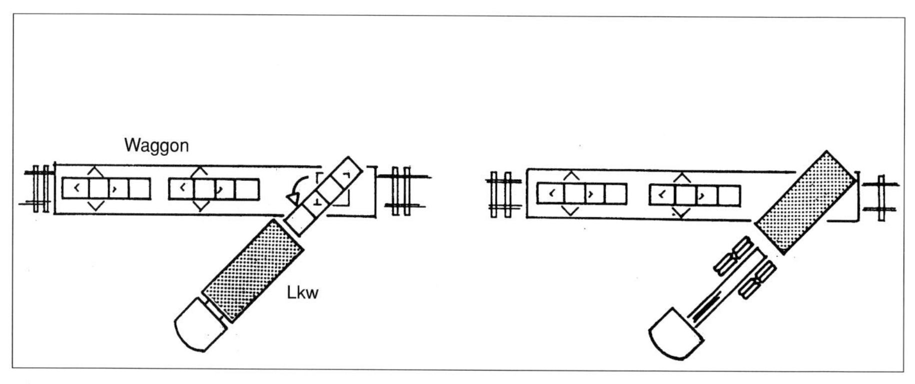

Abrollcontainersystem (selbstladend)

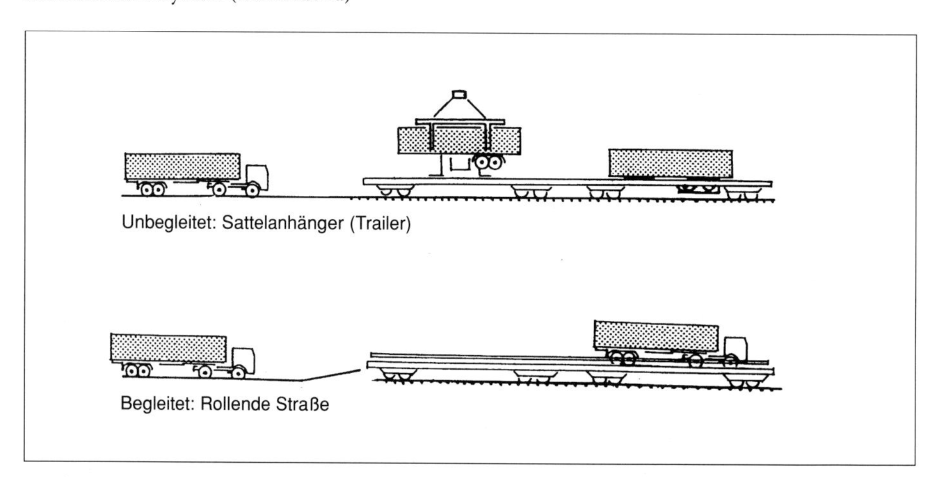

Huckepack (selbstladend)

110 Arten des kombinierten Verkehrs

Auch Binnenschiffstypen, die mit eigenen Verladeeinrichtungen ausgestattet sind, sind selbstladend. Vorteile der selbstladenden Systeme: Zeitgewinn beim Güterumschlag und geringer Flächen- und Ausstattungsbedarf für die Güterumschlagsanlagen.

Rund 30 Mio. t Güter transportierte die Bahn Anfang der neunziger Jahre im kombinierten Verkehr. Dies waren etwa 8 Prozent des Gütertransports der Bahn und knapp 2,5 Prozent des gesamten Güterfernverkehrs. Bis zum Jahr 2010 will die Bahn ihre Kapazität im kombinierten Verkehr auf rund 90 Mio. t erweitern.

Güterverkehrszentren (GVZ)

Güterverkehrszentren sollen wirkungsvolle Instrumente der Steuerung und Optimierung des Güterverkehrs sein. Sie sind zugleich Güterbahnhof, (Hafen), Zentrallager an der Autobahn und immer Umschlagplatz von großen Transporteinheiten des überregionalen Netzes auf kleinere Einheiten des städtischen Netzes. Sie haben – und das ist der moderne Aspekt dieser Einrichtungen – transportlogistische Aufgaben: Sie führen Güter verschiedener Quellen zusammen, ordnen sie entsprechend der Zieladressen, stellen Transportgefäße und Routen zusammen und beliefern die Ziele. Damit sollen die Auslastung der Fahrzeuge gesteigert und die Länge der Wege minimiert werden. Güterverkehrszentren sind die freiwillige Zusammenführung mehrerer Unternehmen (Bahn, Spediteure, Handelsketten, Kühlhäuser u.a.), deren Selbständigkeit auf eigenem Betriebsgelände innerhalb des GVZ erhalten bleibt. Inwieweit Güterverkehrszentren funktionieren, ist vor allem eine Frage betriebsübergreifender Zusammenarbeit.

In den neuen Bundesländern ist eine Vielzahl von GVZ in der konkreten Entwicklung, während in den alten Ländern häufig ausreichend große Flächen fehlen. Auch haben im Westen Unternehmen in der Regel ihre Standortentscheidungen bereits getroffen und sind an Umstrukturierungen weniger interessiert. Das GVZ Bremen ist seit einigen Jahren in Betrieb (z. Z. 130 ha genutzt, 46 Unternehmen, 2.400 Arbeitsplätze). Kossak spricht davon, daß das GVZ Bremen noch weit von der Grundidee eines GVZ entfernt ist und im Grunde genommen eher ein wohlgeordnetes, aber schlecht angebundenes Verkehrsgewerbegebiet sei.

Die Idee der Güterverkehrszentren ist zunächst gut, sie könnten unter dem Stichwort Citylogistik auch einen Beitrag zur transportoptimierten und umweltfreundlichen Erschließung der Städte, im besonderen der Innenstädte leisten. Im Güterfernverkehr bewirken sie vor allem Entlastungen, indem sie Güter von der Straße auf die Schiene und den Wasserweg bringen. Denselben Effekt schafft aber auch jeder gut organisierte Hafen oder Güterbahnhof.

Güterverkehrszentren lassen sich in drei Größenordnungen einteilen, wobei die in Planung befindlichen Zentren alle Zentren der erster Ordnung sind:

- Güterverkehrszentren erster Ordnung: zentrale Einrichtung eines Wirtschaftsraumes (z. B. Köln)
- Güterverkehrszentren zweiter Ordnung: zentrale Einrichtung eines regionalen Oberzentrums (z. B. Aachen)
- Güterverkehrszentren dritter Ordnung: lokale Einrichtung, etwa zur Erschließung von Innenstädten

Liegen GVZ zu weit vor den Toren der Stadt, mögen sich verkehrliche Verbesserungen für den Fernverkehr ergeben, die allerdings mit einer Verlängerung der Wege im Nahverkehr zu bezahlen sind. So sind GVZ ein heikles Thema, sie können Vorteile mit sich bringen, können aber auch zu einer weiteren Verschärfung der Problemlage führen. Die Einrichtung von GVZ erfordert neben technischen und organisatorischen Fragen Standortbeurteilungen und Verkehrsprognosen. Im besonderen die Abschätzung der verkehrlichen Wirksamkeit im Sinne einer Verkehrsreduzierung durch GVZ läßt heute noch zu wünschen übrig.

GVZ sind monofunktionale Güterumschlagplätze. Vergleichen wir diese Einrichtungen mit dem Bild, das wir von alten Häfen haben: Neben den eigentlichen Hafenanlagen waren Lagerhäuser, Produktionsbetriebe, Gaststätten, Hotels, Vergnügungseinrichtungen usw. vorhanden. So wäre es auch heute denkbar, Gewerbegebiete, Großmärkte, Technologiezentren, Güterverkehrszentren, Rock- und Musikpaläste, Freizeit- und Vergnügungstätten, Hotel- und Restaurationsbetriebe zu mischen und per Stadtbahn an die Wohngebiete und Stadtzentren anzuschließen. Einerseits könnte man sich ein städtebaulich interessantes Ambiente vorstellen, das rund um die Uhr genutzt und belebt wird und zugleich lärmintensiven Einrichtungen Raum gibt, die in Wohngebieten und Citygebieten keinen Platz mehr finden. Andererseits könnten Infrastruktureinrichtungen (Straßen, Parkplätze, Bahnanlagen) wirtschaftlicher rund um die Uhr genutzt werden.

Die Studiengesellschaft Nahverkehr (SNV) schlägt ein Stadtbahnsystem (‚Cargo Tram‘) vor, das Güterverkehrszentren mit innerstädtischen Zielen verbindet. Als Transportgefäße werden die von der Bahn seit 1991 eingesetzten Logistikboxen vorgeschlagen.

In der ehemaligen DDR – und bis in die fünfziger Jahre auch in den Industriegebieten des Westens – war der Gütertransport mit der Straßenbahn durchaus üblich. Einige Städte in den neuen Bundesländern (Dresden, Chemnitz, Leipzig, Magdeburg) planen bzw. reaktivieren diese Systeme.

Ausblick

Bis zum Jahr 2010 wird das Güterverkehrsaufkommen der BRD (1995: etwa 1,3 Mrd. t im Fernverkehr) um mindestens 15 Prozent steigen. Der kombinierte Verkehr könnte durch die geplanten Kapazitätserweiterungen der Bahn davon ungefähr ein Drittel auffangen. Der Rest der Zuwächse des Fernverkehrs und die gesamten Zuwächse des Nahverkehrs müssen durch ein heute bereits in Teilen überlastetes Straßennetz aufgenommen werden. Irgendwann wird das Maß voll sein. In Wirtschaft, Bevölkerung und Politik muß dann nach grundsätzlichen Lösungen gesucht werden.

Die EU träumt allerdings weiter von einer relativen Freizügigkeit des Straßengüterverkehrs; die Schweiz hingegen hat bereits zu Maßnahmen gegriffen, die in Zukunft Vorbild für die Lösungen in den anderen europäischen Länder werden: Während in der EU Lastzüge bis zu 44 t Gesamtgewicht zugelassen sind, läßt die Schweiz nur Laster mit bis zu 28 t passieren. Als Alternative stellt sie ein gut ausgebautes Huckepack-System zur Verfügung. Geplant sind weitere Eisenbahntunnel durch den Gotthard und den Lötschberg. Auch wenn in der Schweiz der Transitverkehr noch eine leichte Tendenz zur Straße hat, werden rund 80 Prozent über die Bahn abgewickelt. In Österreich sind dies nur etwa 35 Prozent. Zusätzlich ist in den letzten Jahrzehnten wegen der liberalen Transitpolitik Österreichs ein Trend zur Alpenpassage über Österreich entstanden und hat zu den bekannten Problemen und Überlastungen am Brenner geführt.

Ein Beispiel des eher kurzfristigen Krisenmanagements aus der BRD: Zwischen Dresden und der Tschechischen Republik ist auf die Initiative Sachsens eine ‚Rollende Landstraße' entstanden, die vom Land subventioniert wird und Staus auf der Landstraße mindern soll.

Mittelfristig sollte aber überlegt werden, die indirekten Subventionen des Straßengüterverkehrs aufzuheben. Der Schwerverkehr hat zu etwa 15 Prozent Anteil an den Verkehrsbelastungen in der BRD, erzeugt jedoch über 40 Prozent der Stickoxidbelastungen, 50 Prozent der Lärmbelastungen und über 90 Prozent des Straßenverschleißes. In diesem Zusammenhang ist zu beachten, daß der Straßenverschleiß mit der vierten Potenz der Achslast steigt: Eine ‚12 t-Achse‘ führt zu einer doppelt so hohen Belastung wie eine ‚10 t-Achse‘ (10^4 = 10.000 Verschleißeinheiten; 12^4 = 20.736 Verschleißeinheiten). Ein Pkw mit zwei Achsen à 0,75 t kommt dann nicht einmal auf eine Verschleißeinheit.

Seifried hatte für einen Personenkilometer im Pkw-Verkehr etwa 0,15 DM Umweltkosten (Kosten, die der Besitzer bzw. Betreiber nicht bezahlt) angesetzt. Es ist sicher nicht übertrieben, für einen Schwerverkehrskilometer 0,50 DM Umweltkosten anzusetzen. 1992 wurden in der BRD rund 70 Mrd. km im Schwerverkehr zurückgelegt. Damit ergibt sich eine indirekte Subvention von etwa 35 Mrd. DM/Jahr für den Straßengüterverkehr.

Nur so ist zu verstehen, daß es betriebswirtschaftlich sinnvoll ist, volkswirtschaftlich und ökologisch unsinnige Transporte durchzuführen. So fällt es Unternehmen leichter, Warenkreisläufe überregional und international zu organisieren als regionale Probleme zu lösen. Es ist auch billiger, Güter herumzufahren – also Platz und Energie zu verbrauchen -, als Güter zu lagern – also nur Platz zu verbrauchen. Die ‚just in time‘ Strategie spart Lagerflächen ein und benötigt die produktionssynchrone Lieferung von Zwischenprodukten, in der Regel um den Preis volkswirtschaftlich unökonomischer Transportvorgänge mit kleinen Transportgefäßen (beispielsweise Lkw statt Eisenbahn). Um wenigstens ansatzweise mit der Straße konkurrieren zu können, werden auch Bahn und Schiffahrt unterstützt und ausgebaut. Die Umwelt und die öffentlichen Kassen werden also nicht nur durch Straßenbau und Straßenverkehr belastet, sondern als Folge davon auch durch Eisenbahnneubau und Wasserstraßenausbau.

Fußgängerfreundliche Innenstädte

Aus den ersten Fußgängerstraßen (Limbecker Straße in Essen: Bau in den zwanziger Jahren) haben sich in den sechziger und siebziger Jahren allmählich zusammenhängende Fußgängerbereiche (Fußgängerzonen) entwickelt. Mit dem Anwachsen der Verkehrsprobleme durch den Autoverkehr mußten immer größere Bereiche beruhigt werden, um Handel und urbanes Leben zu stimulieren. Der Einzelhandel war dabei häufig Gegner dieser Maßnahmen, da er wirtschaftliche Einbußen befürchtete. Heute sind die Fußgängerzonen jedoch besonders attraktive Einkaufsstandorte geworden und aus den Innenstädten nicht mehr wegzudenken. Einige wenige Großstädte, etwa Nürnberg und Freiburg, begannen schon in den siebziger Jahren mit der flächendeckenden Beruhigung ihres gesamten historischen Kerns. Anfang der neunziger Jahre folgten weitere Städte, indem sie ihre Zentren zumindest zeitweise vom allgemeinen Autoverkehr befreiten. Bekannt wurden vor allem Bologna, Lübeck und Aachen. Auch kleinere Städte – vor allem solche, die vom Tourismus leben, greifen diese Ideen auf (etwa Oberstdorf).

Fußgängerfreundliche Innenstädte: Konzepte							
Stadt	Einwohner Gesamtstadt	Fläche Zentrum	Sperrung seit	Art der Sperrung	Öffentlicher Verkehr	Parkraumbewirtschaftung	Radverkehrskonzept
Prag	1,2 Mio.	8,5 km^2	1985	Fußgängerzonen	U-Bahn	Parken vor der Altstadt, Anwohnerparken	—
Bologna	0,5 Mio.	4,3 km^2	1989	Sperrung für den allgemeinen Autoverkehr	Busspuren	Knapphalten des Parkraumangebotes	—
Nürnberg	0,5 Mio.	1,6 km^2	1970	Fußgängerzonen	U-Bahn	Reduzierung der Parkflächen, Anwohnerparken	Radverkehrskonzept in der Umsetzung
Aachen	0,25 Mio.	1 km^2	1991	Samstagssperrung für den allgemeinen Autoverkehr	Stadtbahn geplant, Busspuren	Park and Ride, Anwohnerparken	Radverkehrskonzept in der Umsetzung
Freiburg	0,2 Mio.	0,4 km^2	1973	Fußgängerzonen	Straßenbahn	Parken am Innenstadtrand	Radverkehrskonzept bereits weit umgesetzt
Lübeck	0,2 Mio.	1,2 km^2	1989	Sperrung für den allgemeinen Autoverkehr	Busspuren	Parken fast nur in Parkhäusern, P+R, Anwohnerparken	Radverkehrskonzept in der Umsetzung
Oberstdorf	0,01 Mio.	0,1 km^2	1992	Keine Gesamtsperrung, Fußgängerzonen und T30-Zonen	Pendlerbusse von Parkplätzen zum Zentrum	Parken vor dem Ortskern	—
Rothenburg ob der Tauber	0,01 Mio.	0,4 km^2	1960/84	Sperrung bei Verkehrsnotstand (1960), zeitlich befristetes Fahrverbot (seit 1985)	(Reisebusse)	Parken vor der Altstadt	—

Prag mit seiner einzigartigen mittelalterlichen und barocken Altstadt war auch zu Zeiten des Staatssozialismus – wenn auch bei weitem nicht im heutigen Maße – eine frequentierte touristische Attraktion. Daher begann die tschechische Hauptstadt schon früh mit dem Schutz ihrer Denkmäler und mit Restriktionen für den Autoverkehr: 1961 mit der Sperrung der gotischen Karlsbrücke. Zwischen 1967 und 1985 wurde dann Schritt für Schritt die gesamte, sehr große Altstadt verkehrsberuhigt. Die meisten Straßen sind zu Fußgängerzonen geworden, zwei Erschließungsschleifen bedienen die Altstadt, Hauptverkehrsstraßen (zweispurig) werden am Rande der Altstadtbereiche etwa am Moldauufer geführt. Die Innenstadt wird heute vorwiegend durch die Linien des 1985 fertiggestellten Metronetzes erschlossen.

Trotz der für ehemalige Ostblockstädte sehr hohen Motorisierung (1986: etwa 325 Kfz/1.000 Einwohner) ist es Prag gelungen, werktags den Autoverkehr auf einem niedrigen Niveau zu halten (Verhältnis MIV/ÖPNV = 15/85) und zugleich die riesigen Touristenströme zu bewältigen.

Aachen konnte trotz seiner zentralen Funktion und seines hohen Autoverkehrsanteils viele Jahre den Straßenverkehr ohne große Staus bewältigen. In diesem Sinne positiv wirkte die in den siebziger Jahren noch verkehrsreduzierende Grenzlage, die Führung der wichtigsten Durchgangsverkehrsströme über das Autobahnnetz sowie die verkehrsverteilenden Ringstraßen um die Innenstadt. Mit der weiteren starken Zunahme des Autoverkehrs in den achtziger Jahren, mit der zunehmenden Öffnung der Grenzen und der Schaffung neuer, attraktiver Angebote in der Innenstadt (etwa Weihnachtsmarkt, Kultursommer) konnte das Straßennetz den Verkehr nicht mehr bewältigen. Daher folgte der Stadtrat dem Beispiel Lübecks und beschloß, einen Teil der Innenstadt ab Herbst 1991 samstags zur Haupteinkaufszeit (10 bis 15 Uhr, an verkaufsoffenen Samstagen: 10 bis 17 Uhr) für den allgemeinen Autoverkehr zu sperren. Zugelassen sind weiterhin: Busse des ÖPNV, Taxis sowie die Fahrzeuge von Innenstadtbewohnern, bestimmter Servicedienste sowie von Gästen innerstädtischer Hotels. Auch die Zuwegung der Parkhäuser wird über festgelegte Erschließungsschleifen ermöglicht.

Die Vorbereitungen des Projektes erfolgten durch einen interdisziplinären Arbeitskreis verschiedener städtischer Ämter und Einrichtungen sowie unter Beteiligung des Einzelhandelsverbandes. Die Sperrung basiert auf der rechtlichen Grundlage des Paragraph 45 der Straßenverkehrsordnung, der zum Schutz der Bevölkerung vor Lärm und Abgasen die Einschränkung der Benutzung bestimmter Straßen und ebenso die Erprobung bestimmter verkehrsplanerischer Maßnahmen erlaubt. Zu Unterstützung des Projekts wurden rund 10.000 Park-and-Ride-Stellplätze ausgewiesen sowie ein Parkleitsystem eingerichtet. Die Verkehrsbetriebe bieten zur samstäglichen Erschließung der Innenstadt Sondertarife an. Das Konzept ‚Fußgängerfreundliche Innenstadt' wurde durch Maßnahmen der Öffentlichkeitsarbeit unterstützt.

Die Verkehrsmittelwahl für die Fahrten zur Innenstadt veränderte sich positiv.

Besonders günstig entwickelte sich die Luftqualität während der Sperrung: Stickoxide nahmen um 50 Prozent, Kohlenmonoxid um 60 Prozent und Benzol um 50 bis 80 Prozent ab. Eine leichte Zunahme der Rußbelastung muß allerdings durch den erhöhten Einsatz von Bussen (Dieselfahrzeuge) unterstellt

Fußgängerfreundliche Innenstadt Aachen: Fahrten zur Innenstadt					
		Verkehrsmittelwahl [Prozent]			
		MIV	ÖV	Rad	zu Fuß
Samstag 5.10.91	Vor Sperrung der Innenstadt	45	17	6	32
Samstag 1.2.92	Nach Sperrung der Innenstadt	36	18 + 4 (P+R)	5	37

werden. Auch für den Einzelhandel wurde in seiner Gesamtheit eine positive Umsatzentwicklung festgestellt; zwischen den Betrieben ergaben sich aber Verschiebungen, die sich für den einen positiv, für den anderen negativ auswirkten. 75 Prozent der Aachener finden die fußgängerfreundliche Innenstadt gut bis sehr gut, 25 Prozent sind eher dagegen.

Während Lübeck eine Ausweitung der autoarmen und fußgängerfreundlichen Innenstadt auf alle Tage plant, will Aachen die Samstagssperrung wieder aufheben. Aachen plant, den Durchgangsverkehr durch bauliche Maßnahmen aus der Innenstadt fernzuhalten: Das wird die City zwar entlasten, durch das Offenhalten der Innenstadt wird der cityzufahrende Autoverkehr jedoch nicht auf andere Verkehrsmittel verlagert. Das Aachener Konzept wäre dann halbherzig: Es würde die Innenstadt schonen, jedoch weiterhin die Cityrandgebiete belasten.

Trotz kontroverser Diskussionen in einigen Städten wird die Anzahl der fußgängerfreundlichen und autoarmen Zentren wachsen. Zentren können sich nur in einer fußgängergerechten Form entwickeln; die fußläufigen Kerne der Großstädte können dabei fast ganz für den individuellen Kraftfahrzeugverkehr gesperrt werden; in Kleinstädten und ländliche Zentren werden häufig jedoch nur Fußgängerbereiche geringer Ausdehnung akzeptiert. Mittel-

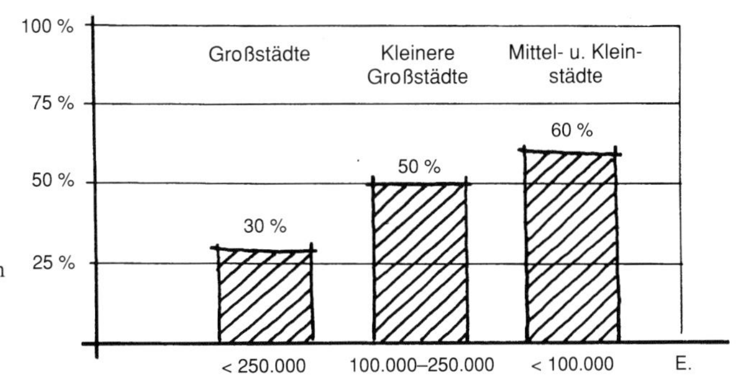

111 Pkw-Nutzung für den Besuch der Innenstadt (Prozent aller Wege, nach Stadtgrößen, BRD)

städte und kleinere Großstädte liegen von ihrem Potential dazwischen, für eine autoreduzierte Erschließung fehlt ihnen heute noch oft die adäquate Erschließung durch ÖPNV und Radverkehr.

Betrachtet man beim Verkehr zur Innenstadt nur den Fahrzweck Einkaufen, reduziert sich in den großen Städten die Pkw-Nutzung weiter. Hier ist der ÖPNV der Hauptträger der Verkehrsarbeit. Samstags steigt der Pkw-Anteil im Einkaufsverkehr jedoch an.

Fußgängerfreundliche Innenstädte sind eine Chance, die Wohn- und Aufenthaltsqualitäten von Innenstädten zurückzugewinnen. Für die Einkaufsnutzung sind sie mittel- bis langfristig die einzige Chance, gegen Einkaufszentren vor der Stadt oder in Gewerbegebieten zu bestehen. Die Innenstädte leben von einer Mischung aus Einkauf, Kultur, Freizeit und Wohnen. Eine Stadt mit Flair wird gerne besucht, eine triste – und egal wie gut erschlossene – ‚Nur-Einkaufsstadt' wird zunehmend gemieden. Nicht umsonst sind es gerade die am wenigsten autogerechten Weltstädte wie etwa Paris, Wien, Prag, Amsterdam, die die höchste Attraktivität besitzen. Nicht ohne Grund versuchen kleinere Großstädte, wie Freiburg, Lübeck, Aachen, ihren Charme und ihre historischen Altstädte vor einer weiteren Überflutung durch den Autoverkehr zu schützen. Wichtige Pfeiler einer funktionstüchtigen fußgängerfreundlichen und autoarmen Innenstadt sind

- attraktive Angebote durch Handel und Kultur,
- attraktive Gestaltung von Straßen, Plätzen und Gebäuden,
- Betonung der stadttypischen Qualitäten, der Charakterzüge einer Stadt, die es lohnend machen, gerade in dieser Stadt zu leben bzw. diese Stadt zu besuchen,
- hochwertiger ÖPNV: vorzugsweise Straßen- oder Stadtbahnen, notfalls Busse auf Busspuren,
- Parkraumbewirtschaftung: Vermeidung von Pkw-Berufspendlern, Abfangen der Pkw-Einkaufsverkehre am Rande der Innenstadt. Ermöglichung des Parkens für Bewohner (etwa Anwohnerparkregelung), Hotelgäste, Handwerker und soziale Dienste, Regelung des Lieferverkehrs,
- gute Erschließung für den Fuß- und Radverkehr. Neben den fußläufigen Bereichen der Innenstadt muß auch an die Zuwegung zur Innenstadt gedacht werden. Von besonderer Bedeutung sind die fußläufigen Verbindungen zu den stadtkernnahen Wohngebieten und die Überquerungsstellen über Hauptstraßen. Für den Radverkehr sind sichere Verbindung zwischen der Innenstadt und auch weiter entfernten Stadtteilen sowie gute Abstellanlagen in der City zu schaffen.

Weiterführende Informationen findet man in *Autoarme Innenstädte.*

Planungskonzepte können noch so gut sein, sie werden nicht akzeptiert und umgesetzt, wenn kein grundsätzliches Einvernehmen zwischen den Beteiligten (Bürger, Einzelhändler, Verwaltung, Politik, Planer) besteht. Bürgerinformation und kurze Diskussion sind bei zentralen Themen, wie etwa Innenstadtkonzepten, nicht ausreichend. Oft enden derartige Bürgerbeteiligungen in einer Ansammlung von Unmutsäußerungen von seiten der Bürger, die ihre Vorstellungen nicht verwirklicht sehen und sich von oben traktiert fühlen. Verwaltung und Planung werden zunehmend frustriert, weil ihre Konzepte nicht verstanden und akzeptiert werden. Es ist wichtig, daß Bürger mitreden und planerische Entscheidungen beeinflussen. Sie müssen aber auch in die Verantwortung genommen werden und sich in ihren Vorschläge von einem häufig zu beobachtenden ‚krassen Eigennutz' lösen.

Bei den Planungen zum *Innenstadtkonzept Solingen* hat sich folgendes Verfahren bewährt: Eine Lenkungsgruppe aus Verwaltung, Politik, Handel, Verbänden und Experten steuert den Verfahrensverlauf. Zwei Planungsbüros werden in Konkurrenz mit der Ausarbeitung von städtebaulichen und verkehrlichen Konzepten beauftragt, ein weiteres zur Organisation der Öffentlichkeitsarbeit. Auf verschiedenen Workshops stellen Bürger und Initiativen ihre Vorstellungen vor, die Planer ihre Bearbeitungsergebnisse. Es wird diskutiert und gestritten, aber auch nach gemeinsamen Lösungen gesucht. So entsteht ein tragfähiges Gesamtkonzept auf der Basis der Ergebnisse der Planungsbüros und vieler Anregungen der Öffentlichkeit. Das Konzept wird umgesetzt.

8 Resümee

Wir haben die Geschichte von Stadt und Verkehr vorgestellt, die Probleme des heutigen Verkehrsgeschehens analysiert und das verkehrsplanerische Handwerkszeug zum Managen der Mißstände aufgezeigt. Damit liegen die Fakten auf dem Tisch, die man braucht, um mitreden, um beurteilen und weiterdenken zu können.

Der Trend zum ‚Unterwegs sein' und zum ‚Schneller sein' scheint ungebrochen. Damit bringen alle vorgestellten verkehrsplanerischen Maßnahmen nur punktuelle Verbesserungen oder die Eindämmung besonderer Mißstände. Grundsätzliche Verbesserungen würde nur eine geänderte *Kommunikations- und Verkehrskultur* erzielen. Dazu müssen wir unsere persönlichen und gesellschaftlichen Ziele anders setzen und unsere Einstellung zur Zeit überdenken.

Quantitative und qualitative Aspekte: Zeit, Ziel und abgeleitete Größen		
	quantitativ	qualitativ
Zeit	Zeit sparen	Zeit erleben
Geschwindigkeit	schnell sein	nicht zu schnell und nicht zu langsam, angemessen, denn alles hat ‚seine' Zeit
Leistung	viel, schnell machen	Sinnvolles in ‚seiner' Zeit machen
Ziel	Haben	Sein
Erfolg	‚sein' Ziel erreichen, ‚seinen' Willen durchsetzen	‚auf dem Weg' sein, das der Situation angemessene bewirken
Mobilität	viel fahren	erfahren

Erfolg in einem schlecht gewählten Ziel ist schädlich. Es wäre in diesem Fall besser gewesen, erfolglos zu sein. Sicher wäre es besser gewesen, wenn Architekten und Ingenieure der Trabantenstädte erfolglos geblieben wären, wenn die Erfinder des, der...

Wir setzen heute Ziele vor allem aus persönlichen Erwägungen (etwa beruflicher Erfolg), stimmen Ziele mit unseren Mitmenschen – so weit dies notwendig ist – ab und versuchen dann, diese Ziele durch planmäßiges Vorgehen zu erreichen. Daß wir uns in unseren menschlichen Beschränkungen dabei häufig irren, ziehen wir in der Regel nicht in Betracht. Deshalb sind unsere Handlungen oft so zweckvoll und dennoch sinnlos. Ein typisches Vorgehen ist das Planfeststellungsverfahren (ein Verfahren zur rechtlichen Festlegung größerer Planungsobjekte), in dem erörtert und verhandelt wird, in dem Interessensausgleich gesucht und Planungsrecht geschaffen wird. Sogar die Natur wird durch Verbände vertreten und durch Maßnahmen wie Ausgleich und Entschädigung berücksichtigt. Jede Lobby mit genügender Durchsetzungskraft bekommt ihr Häppchen, vielleicht entsteht aber doch ganz großer Mist und der wird schließlich gebaut.

Man vergleiche auch den Unsinn einer kommerziellen Gartenschau mit dem Sinn eines japanischen Naturgartens. Sinn gewinnt dieser japanische Garten durch die Einstellung seines Gärtners, der sich bei der Anlage und Pflege um die Einpassung seines Tuns in die harmonischen Gesetze oder vielleicht auch poetischen Ungesetzmäßigkeiten des Kosmos bemüht.

So wäre den Beteiligten eines Planfeststellungsverfahrens durchaus zu empfehlen einige Tage – in Besinnung oder Meditation – vor Ort zu verbringen, um dadurch vielleicht den ‚genius loci' (Geist, Zauber eines Ortes) zu spüren und diesem Ort zu seiner wahren Bestimmung zu verhelfen. Hin und wieder wird man allerdings auch nach Hause gehen und diesen Ort so lassen, wie er ist. Persönlich hat man dann durch seine Anwesenheit und der damit verbundenen Erfahrung gewonnen, ohne im landläufigen Sinn erfolgreich gewesen zu sein. Gerade weil dieses Beispiel uns so absurd und utopisch erscheinen mag, zeigt es eben dadurch, wie weit wir von einem sinnvollen Umgang mit uns und unserer Umwelt entfernt sind.

9 Literatur

ADAC, Benutzerfreundliche Parkhäuser. Erfahrungen aus der Praxis – Empfehlungen für die Praxis, München 1990

ADAC, Verkehr in Fremdenverkehrsgemeinden, München 1993

Apel, Dieter, Verkehrskonzepte in europäischen Städten, Berlin (Deutsches Institut für Urbanistik (Difu)) 1992

Apel, Dieter; Brandt, Edmund, Stadtverkehrsplanung. Teil 2: Stadtstraßen, Berlin (Difu) 1982

Apel, Dieter; Kolleck, Bernd; Lehmbrock, Michael, Verkehrssicherheit im Städtevergleich. Stadt- und verkehrsstrukturelle Einflüsse auf die Unfallbelastung, Berlin (Difu) 1988

Apel, Dieter; Holzapfel, Helmut; Kiepe, Folkert; Lehmbrock, Michael; Müller, Peter (Hrsg.), Handbuch der kommunalen Verkehrsplanung, Loseblattsammlung, Bonn 1992

Appel, Peter; Baier, Reinhold; Schäfer, Karl Heinz, Kommunale Verkehrsentwicklungsplanung, Düsseldorf (Ministerium für Stadtentwicklung und Verkehr (MSV) NRW) 1991

Appel, Peter; Baier, Reinhold; Wagener, Alfons, Leitfaden Parkraumkonzepte, Bergisch-Gladbach (Bundesanstalt für Straßenwesen (BASt)) 1993

Bahrdt, Hans Paul, Humaner Städtebau, München 1967

Baier, Reinhold; Ackva, Andrea; Baier, Michael M., Straßen und Plätze neu gestaltet, Loseblattsammlung, Bonn 1995

Baier, Reinhold; Füsser, Klaus, Radfahren, aber sicher! Düsseldorf (Ministerium für Wirtschaft, Mittelstand und Verkehr (MWMV) NRW) 1985

Baier, Reinhold; Hämel, Klaus; Lange, Bernd; Switaiski, Bernhard, Entwicklungen in Städtebau und Verkehrsplanung bundesdeutscher Städte, Aachen (Institut für Stadtbauwesen) 1977

Baugesetzbuch (BauGB). Baunutzungsverordnung (BauNVO)

Benevolo, Leonardo, Die Geschichte der Stadt, Frankfurt am Main, New York 1993 (7. Auflage)

Benner, Erich; Brühning, Ekkehard; Ernst, Rudolf; Klöckner, Jürgen; Schneider, Walter, Verkehrssicherheit, in: 88 Jahre Straßenverkehrstechnik in Deutschland, Bonn 1988

Betker, Frank, Ökologische Stadterneuerung. Ein neues Leitbild der Stadtentwicklung, Aachen 1992

Brilon, Werner; Großmann, Michael; Blanke, Harald, Ein Deutsches Highway Capacity Manual? in: Straßenverkehrstechnik 5/94, Bonn 1994

Buchanan-Report 1964: Der Verkehr in den Städten. Auszug, in: Stadtbauwelt Heft 1, Berlin 1964

Bundesgesetz zur Bekämpfung von Sommersmog

Bundes-Immissionschutzgesetz (BImSchG). Verkehrslärmschutzverordnung (16. BlmSchV), 1990

Bundes-Immissionschutzgesetz (BImSchG). 23. Bundesimmissionsschutzverordnung (23. BImSchV), 1996

Bundesministerium für Raumordnung, Bauwesen und Städtebau u.a., Forschungsvorhaben Flächenhafte Verkehrsberuhigung – Folgerungen für die Praxis, Bonn 1992

Bundesminister für Verkehr (BMV), Richtlinien für die Anlage und Ausstattung von Fußgängerüberwegen. R-FGÜ 84, Bonn 1984
BMV, Richtlinien für den Lärmschutz an Straßen. RLS-90, Bonn 1990
BMV, Verkehr in Zahlen, erscheint jedes Jahr aktuell, Bonn
Cerwenka, Peter, Der Verkehrsingenieur als Nachtwandler zwischen Tradition, No Future und New Age, in: Internationales Verkehrswesen 7/8, Hamburg 1988
Club of Rome, Die Grenzen des Wachstums, Stuttgart 1994 (16. Auflage)
Curdes, Gerhard, Stadtstrukturelles Entwerfen, Stuttgart, Berlin, Köln 1995
Dörner, Dietrich, Die Logik des Mißlingens. Strategisches Denken in komplexen Situationen, Hamburg 1992
Eisenbahn-Bau- und Betriebsordnung (EBO)
Ellinghaus, Dieter; Steinbrecher, Jürgen, Die Autobahn – Verkehrsweg oder Kampfstätte? Köln, Aachen (Uniroyal) 1994
Ellinghaus, Dieter; Steinbrecher, Jürgen, Chaos und urbanes Leben, Köln, Hannover (Uniroyal) 1995
Ende, Michael: Momo, Stuttgart 1973/1996
Erke, Heiner; Latzel, Maik; Ellinghaus, Dieter; Seidenstecher, Klaus, Grundlagen der Beschilderung, Bergisch-Gladbach (BASt) 1994
Fiedler, Joachim, Grundlagen der Bahntechnik, Düsseldorf 1991 (3. Auflage)
Fiedler, Joachim, Stop and Go. Wege aus dem Verkehrschaos, Köln 1992
Forschungsgesellschaft für Straßen- und Verkehrswesen (FGSV), Aktuelle Hinweise zur Gestaltung planfreier Knotenpunkte außerhalb bebauter Gebiete. AH-RAL-K-2, Köln 1993
FGSV, Arbeitspapier Nr. 30. Autoarme Innenstädte, Köln 1993
FGSV, Empfehlungen zur Verbesserung der Akzeptanz des ÖPNV, Köln 1990
FGSV, Empfehlungen für Verkehrserhebungen. EVE, Köln 1991
FGSV, Empfehlungen für Anlagen des ruhenden Verkehrs. EAR 91, Köln 1991
FGSV, Empfehlungen für die Anlage von Hauptverkehrsstraßen. EAHV 93, Köln 1993
FGSV, Empfehlungen für die Planung, Bau und Betrieb von Busbahnhöfen, Köln 1994
FGSV, Empfehlungen für Radverkehrsanlagen. ERA 95, Köln 1995
FGSV, Empfehlungen für die Anlage von Erschließungsstraßen. EAE 85/95, Köln 1995
FGSV, Empfehlungen zur Straßenraumgestaltung innerhalb bebauter Gebiete. ESG 96, Köln 1996
FGSV, Hinweise zur Methodik der Untersuchung von Straßenverkehrsunfällen, Köln 1991
FGSV, Merkblatt für die Auswertung vom Straßenverkehrsunfällen, Köln 1974
FGSV, Merkblatt für Maßnahmen zur Beschleunigung des öffentlichen Personennahverkehrs mit Straßenbahnen und Bussen, Köln 1982
FGSV, Merkblatt zur Berechnung der Leistungsfähigkeit von Knotenpunkten ohne Lichtsignalanlagen, Köln 1991
FGSV, Merkblatt über Luftverunreinigungen an Straßen. Teil: Straßen ohne oder mit lockerer Randbebauung. MLuS-92, Köln 1992
FGSV, Neue Technologien zur Beeinflussung des Straßenverkehrs, Köln 1993
FGSV, Richtlinien für die Anlage von Landstraßen. Planfreie Knotenpunkte. RAL-K-2, Köln 1976

FGSV, Richtlinien für Lichtsignalanlagen. RiLSA, Köln 1992
FGSV, Richtlinien für die Anlage von Straßen. Anlagen des öffentlichen Personennahverkehrs. RAS-Ö. Abschnitt 1: Straßenbahn, Köln 1977 (von der FGSV ersatzlos zurückgezogen)
FGSV, Richtlinien für die Anlage von Straßen. Anlagen des öffentlichen Personennahverkehrs. RAS-Ö. Abschnitt 2: Omnibus und Obus, Köln 1979
FGSV, Richtlinien für die Anlage von Straßen. Leitfaden für die funktionale Gliederung des Straßennetzes. RAS-N, Köln 1988
FGSV, Richtlinien für die Anlage von Straßen. Plangleiche Knotenpunkte. RAS-K-1, Köln 1988
FGSV; Verband Öffentlicher Verkehrsbetriebe (VÖV), Öffentlicher Personennahverkehr und Verkehrsberuhigung, Köln 1990
Freie und Hansestadt Hamburg, 5 Jahre Erfahrungen mit Tempo-30-Zonen in Hamburg, Hamburg 1989
Füsser, Klaus, Ökologie, Freizeitbedürfnisse und Mobilität, in: Serwe, Hans-Jürgen; Wolf, Barbara (Hrsg.), Stadt, Land, Fluß, Aachen 1997
Füsser, Klaus; Heinz, Harald; Mäcke, Paul A.; Rosenstein, Dieter, Gestaltungskriterien für Straßenquerschnitte, Bonn-Bad Godesberg (BMV) 1982
Füsser, Klaus; Hiss, Franz; Jahnen, Peter, Innenstadtkonzept Mülheim an der Ruhr, Aachen 1993
Füsser, Klaus; Jacobs, Arthur; Steinbrecher, Jürgen, Sicherheitsbewertung von Querungshilfen für den Fußgängerverkehr, Bergisch-Gladbach (BASt) 1993
Füsser, Klaus; Jahnen, Peter, Innenstadtkonzept Solingen, Aachen 1991
Habermas, Jürgen, Theorie des kommunikativen Handelns. Band 1: Handlungsrationalität und gesellschaftliche Rationalisierung. Band 2: Zur Kritik der funktionalistischen Vernunft, Frankfurt am Main 1995 (4. Auflage)
Häcker, Sonja; Kremp, Walter, Ruhender Radverkehr. Vom Fahrradständer zur Fahrradabstellanlage. Bausteine 10, Düsseldorf (Ministerium für Stadtentwicklung, Wohnen und Verkehr (MSWV) NRW) 1990
Heinz, Harald; Schmidt, Gisela: Verkehrsberuhigung und Straßenraumgestaltung. Bausteine 12, Düsseldorf (Ministerium für Stadtentwicklung und Verkehr (MSV) NRW) 1992
Heinz, Harald, Führung und Gestaltung von Fahrflächen in Platzräumen, Bonn-Bad Godesberg (BMV) 1993
Hessisches Landesamt für Straßenbau, Zentrale Omnibusbahnhöfe (ZOB). Grundkonzeption, Planung und Entwurf, Wiesbaden 1988
Hessisches Ministerium für Wirtschaft und Technik, Ortsdurchfahrten und Ortsumgehungen in Hessen, Wiesbaden 1983/84
Hilgers, Micha, Total abgefahren. Psychoanalyse des Autofahrens, Freiburg, Basel, Wien 1992
Hotzan, Jürgen, dtv-Atlas zur Stadt, München 1994
Institut für Landes- und Stadtentwicklungsforschung NRW (ILS), Die Gestalt der Stadt. Versuch einer Standortbestimmung gegen Ende des 20. Jahrhunderts. Dortmund 1987
ILS, Verkehr der Zukunft, Dortmund 1990
ILS, Umbruch der Industriegesellschaft – Umbau zur Kulturgesellschaft? Dortmund 1991

ILS, Autofreies Leben. Konzepte für die autoreduzierte Stadt, Dortmund 1992
ILS, Qualitätsstandards für den Verkehr. Dortmund 1994
Jacobs, Jane, Tod und Leben großer amerikanischer Städte, Berlin 1963, Braunschweig, Wiesbaden 1993 (3. Auflage)
Klebelsberg, Dieter, Verkehrspsychologie, Berlin, Heidelberg, New York 1982
Klotz, Heinrich, Geschichte der Architektur. Von der Urhütte zum Wolkenkratzer, München 1995 (2. Auflage)
Knauer, Roland, Entwerfen und Darstellen, Berlin 1991
Knoflacher, Hermann, Verkehrsplanung für den Menschen. Band 1: Grundstrukturen, Wien 1987
Korte, Josef Wilhelm, Grundlagen der Straßenverkehrsplanung in Stadt und Land, Wiesbaden, Berlin 1960
Kossak, Andreas, Erste Erfahrungen mit Güterverkehrszentren, in: Internationales Verkehrswesen 4/95, Hamburg 1995
Lay, Maxwell G., Die Geschichte der Straße: vom Trampelpfad zur Autobahn, Frankfurt am Main, New York 1994
Legat, Wilfried, Prometheus: Lichtgestalt der verstopften Straßen, in: Verkehrsnachrichten 9/89, Bonn 1989
Lynch, Kevin, Das Bild der Stadt, Berlin 1965, Braunschweig, Wiesbaden 1996 (2. Auflage)
Mayer-Tasch, Peter Cornelius; Molt, Walter; Tiefenthaler, Heinz (Hrsg.), Transit. Das Drama der Mobilität. Wege zu einer humanen Verkehrspolitik, Zürich 1990
Mensebach, Wolfgang, Straßenverkehrstechnik, Düsseldorf 1994 (3. Auflage)
Mörner, Jörg von; Müller, Peter; Topp, Hartmut H., Entwurf und Gestaltung innerörtlicher Straßen, Bonn-Bad Godesberg (BMV) 1984
Mitscherlich, Alexander, Die Unwirtlichkeit unserer Städte. Anstiftung zum Unfrieden. Frankfurt am Main 1965/1996
Molt, Walter, Das Prinzip der Beschleunigung, in: Politische Ökologie Heft 29/30, München 1992
Monheim, Heiner; Monheim-Dandorfer, Rita, Straßen für alle. Analysen und Konzepte zum Stadtverkehr der Zukunft, Hamburg 1990
Moritz, Albert; Steinbrecher, Jürgen, Radverkehrsplanung Aachen, Aachen 1992-1994
MSWV NRW (Runderlaß), Planung und Einrichtung von verkehrsberuhigten Bereichen und von Gebieten mit Zonengeschwindigkeitsbegrenzungen, Düsseldorf 1989
Neufert, Ernst, Bauentwurfslehre, Braunschweig, Wiesbaden 1996 (34. Auflage)
Piper, Heinz P., Staus und Unfälle auf Autobahnen. Ursachen und Abhilfen, in: Internationales Verkehrswesen 7/8, Hamburg 1994
Prinz, Dieter, Städtebau. Band 1: Städtebauliches Entwerfen, Stuttgart, Berlin, Köln, Mainz 1995 (6. Auflage)
Rien, Werner; Roggenkamp, Michael, Erschließung alternativer Verkehrsträger: CargoTram – logistischer Dienstleister im kommunalen Raum, in: Internationales Verkehrswesen 7/8, Hamburg 1994
Ruske, Wilfried, Grundlagen der Verkehrsplanung. Materialien zur Vorlesung, Aachen 1992
Schulz von Thun, Friedemann, Miteinander reden 1. Störungen und Klärungen, Hamburg 1981

Schulz von Thun, Friedemann, Miteinander reden 2. Stile, Werte und Persönlichkeitsentwicklung, Hamburg 1989

Seifried, Dieter, Gute Argumente: Verkehr, München 1990

Sill, Otto (Hrsg.), Parkbauten. Handbuch für Planung, Bau und Betrieb von Parkhäusern und Tiefgaragen, Wiesbaden 1981 (3. Auflage)

Sloterdijk, Peter, Eurotaoismus – Zur Kritik der politischen Kinetik, Frankfurt am Main 1989

Staemmler, Frank-Mattias; Bock, Werner, Ganzheitliche Veränderung in der Gestalttherapie, München 1991

Stadt Aachen, Verkehrsentwicklungsplanung Aachen. Grundlagen, Aachen 1994

Stadt Aachen, Verkehrsentwicklungsplanung Aachen. Konzepte und Wirkungen, Aachen 1994

Stadt Frankfurt am Main, Tempo-30-Leitfaden, Frankfurt 1990

Stadtteil Auto e.V. Aachen, Handbuch für Autoteiler, Aachen 1992

Steierwald, Gerd; Künne, Hans-Dieter (Hrsg.), Stadtverkehrsplanung. Grundlagen, Methoden, Ziele, Berlin, Heidelberg, New York 1994

Steinbrecher, Jürgen, 10 Jahre Ortseingänge im Kreis Neuss, Aachen 1995

Straßenbahn-Bau- und Betriebsordnung (BOStrab)

Straßenverkehrs-Ordnung (StVO)

Straßenverkehrs-Zulassungs-Ordnung (StVZO)

Straub, Hans, Die Geschichte der Bauingenieurkunst. Ein Überblick von der Antike bis in die Neuzeit, Basel 1992 (4. Auflage)

Stuwe, Birgit; Bondzio, Lothar, Kleine Kreisverkehre. Empfehlungen zum Einsatz und zur Gestaltung. Bausteine 16, Düsseldorf (MSV) 1993

Teufel, Dieter, Volkswirtschaftlich-ökologischer Gesamtvergleich öffentlicher und privater Verkehrsmittel, in: Fortschritt vom Auto, München 1991

Thomas, Uwe, Dichtung und Wahrheit in der Verkehrspolitik. Renaissance der Schiene – flüssiger Verkehr auf der Straße? Bonn 1996

Topp, Hartmut H.; Körntgen, Silvia, Parkleitsysteme, Bergisch-Gladbach (BASt) 1994

Ueberschaer, Manfred, Ein Ansatz zur Abschätzung möglicher Verlagerungen von Pkw-Fahrten auf andere Verkehrsmittel, in: Internationales Verkehrswesen 5, Hamburg 1987

Umweltverbund im Nahverkehr, Verantwortung übernehmen, Umsteigen fördern, Bonn 1990 (Vertrieb über Verkehrsclub der Bundesrepublik Deutschland (VCD))

Umweltverbund im Nahverkehr, Freizeit ohne Auto, Bonn 1991 (Vertrieb über VCD)

Vereinigung der Stadt-, Regional- und Landesplaner (SRL), Stadtverträglicher Güterverkehr, Bochum 1989

Vester, Frederic, Ballungsgebiete in der Krise, Stuttgart 1976

Vester, Frederic, Neuland des Denkens. Vom technokratischen zum kybernetischen Zeitalter, Stuttgart 1978/1993

Vester, Frederic, Ausfahrt Zukunft. Strategien für den Verkehr von morgen. Eine Systemuntersuchung, München 1990

Vester, Frederic, Crashtest Mobilität. Die Zukunft des Verkehrs. Fakten, Strategien, Lösungen, München 1995

Verband Deutscher Verkehrsunternehmen (VDV, früher VÖV), Konzeption, Planung und Betrieb von P+R, Köln 1993
VDV; Sozialdata GmbH, Mobilität in Deutschland, Köln 1991
VÖV, Verkehrliche Gestaltung von Verknüpfungspunkten öffentlicher Verkehrsmittel, Köln 1981
VÖV, Taxi-Einsatz im öffentlichen Personennahverkehr, Köln 1989
Verordnung über die Honorare für Architekten und Ingenieure (HOAI)
Watzlawick, Paul; Beavin, Janet H.; Jackson, Don D., Menschliche Kommunikation. Formen, Störungen, Paradoxien, Göttingen 1990 (8. Auflage)
Watzlawick, Paul; Weakland, John H.; Fisch, Richard, Lösungen. Zur Theorie und Praxis menschlichen Wandels, Göttingen 1992 (5. Auflage)
Willmann, Urs; Stolz, Jörg, Habermas und der Müll, in: Die Zeit, 6. August 1993
Wolf, Winfried, Eisenbahn und Autowahn. Personen- und Gütertransport auf Schiene und Straße, Hamburg 1992 (2. Auflage)
Zimbardo, Philip G., Lehrbuch der Psychologie, Berlin, Heidelberg, New York 1995 (6. Auflage)

Für einen weiteren, vertiefenden Einstieg in die Verkehrsplanung geben die *EAE*, die *EAHV*, *Städtebau Band 1: Städtebauliches Entwerfen* einen umfangreichen und guten Überblick. *Verkehrsberuhigung und Straßenraumgestaltung* (kompakt) zeigt ebenso wie *Straßen und Plätze neu gestaltet* (umfangreich) Beispiele auf. Das *Handbuch der kommunalen Verkehrsplanung* ist eine umfangreiche Loseblattsammlung, die sich im Aufbau befindet. *Stadtverkehrsplanung* beinhaltet einige hervorragende Kapitel, *Kommunale Verkehrsentwicklungsplanung* und *Straßenverkehrstechnik* geben weitergehende Informationen zu den jeweiligen Themen. *Die Geschichte der Stadt* gilt als Standardwerk, *Crashtest Mobilität* öffnet Blickwinkel für die Zukunft.

10 Bildquellen

Abb. 26: StVO
Abb. 36: nach Steinbrecher
Abb. 38: nach Heinz
Abb. 39: StVO
Abb. 44: nach FGSV, RAL-K-2
Abb. 45: FGSV, RAL-K-2
Abb. 46: FGSV, RAL-K-2
Abb. 47: nach FGSV, RAS-K-1
Abb. 48: nach Ruske, Materialien zur Vorlesung
Abb. 51: FGSV, RAS-K-1
Abb. 52: nach FGSV, ERA 95
Abb. 53: FGSV, EAE 85/95
Abb. 54: FGSV, RAS-K-1
Abb. 56: FGSV, RiLSA
Abb. 57: FGSV, EAHV 93
Abb. 58: Stuwe; Bondzio, Kleine Kreisverkehre
Abb. 59: Stuve; Bondzio, Kleine Kreisverkehre
Abb. 64: FGSV, EAR 91
Abb. 65: FGSV, EAR 91
Abb. 66: ADAC, Benutzerfreundliche Parkhäuser
Abb. 68: Neufert, Bauentwurfslehre, 1984 (32. Aufl.)
Abb. 69: nach Prinz, Städtebau, Band 1
Abb. 73: nach FGSV, EAR 91
Abb. 74: nach Prinz, Städtebau, Band 1
Abb. 75: nach Baier; Füsser
Abb. 76: nach Baier; Füsser
Abb. 77: nach FGSV, EAR 91
Abb. 86: Baier; Füsser
Abb. 87: nach Monheim; Monheim-Dandorfer
Abb. 92: nach Baier; Füsser
Abb. 93: nach FGSV, Empfehlungen für die Planung, Bau und Betrieb von Busbahnhöfen
Abb. 96: Steinbrecher
Abb. 97: Baier; Füsser
Abb. 98: nach Moritz, Steinbrecher
Abb. 101: Füsser, Jacobs; Steinbrecher
Abb. 102: Füsser; Jacobs; Steinbrecher
Abb. 103: Füsser; Jacobs; Steinbrecher
Abb. 104: nach Vester, Crashtest Mobilität
Abb. 105: nach Vester; Crashtest Mobilität
Abb. 106: BMW, Binnenwirtschaft und Bundeswasserstraßen, Jahresbericht 1992

Die meisten der aufgeführten Abbildungen wurden auf der Basis des Originals überarbeitet. Es wurden Vereinfachungen, Verdeutlichungen und Zusammenfassungen vorgenommen. Das Wort ‚nach' soll dies verdeutlichen. Bei den Aufführen ohne ‚nach' sind die Inhalte von Abbildung und Ursprungsoriginal identisch, Beschriftungen wurden jedoch neu gesetzt, Grafiken teilweise neu gezeichnet.

Register

Abgasbelastung 75
Abgasimmissionen 66
Ablösebeiträge 163
Abstellanlagen für Fahrräder 181
Abstellanlagen für Motorräder 183
Algorithmus der Verkehrsprognose 86
alternierendes Parken 132
Anfahrsicht 147
Angebotsstreifen 41
Anhalteweg 71
Anliegerstraßen 116
Anrufsammeltaxen 190
Anwohnerparken 177
Asphaltaufwölbungen 134
Attraktivität 170
Aufenthaltsfunktion 116
aufgeweitete Radaufstellstreifen 210
Auflösung eines Rasternetzes 118
Aufmerksamkeit 101
Aufpflasterungen 132
Ausfahrten 114
Ausnutzung vorhandener Stellplätze 180
Auspendler 80
außenliegende Haltestellen 202
Außerortsstraßen 119
autoarme Zonen 169, 218
Automobilmißbrauch 102
Autoreisezüge 193

B+R-Haltestellen 181
Bahnkörper 188
Bahnsysteme 187
Baugesetzbuch 78
Baulastträger 119
Bauliche Maßnahmen zur Verkehrsberuhigung 126
Befahrbarkeit 127
Beförderungsgeschwindigkeit 55, 85
Begreifbarkeit 140
Begreifbarkeit eines Verkehrsnetzes 121
Bemessungsfahrzeug 149
Berliner Pyramidenstumpf 130
Berufs- und Ausbildungsverkehr 162, 172
Berufsverkehr 80
Beschleunigung des öffentlichen Verkehrs 47
Beschleunigungsmaßnahmen 196
Besucherverkehr 162, 172
Betriebsleitsysteme 196
Bewohner 162, 172
Bike and Ride (B+R) 178, 192
Binnenschiffahrt 218
Blei 65
Bordsteinradwege 41, 206
Boulevards 132
Bürgerinformation 233
Bus(bahn)höfe 200
Busbuchten 197
Busfahrstreifen 188
Busse und Bahnen: Systemdaten 44
Busspuren 188
Bussteiglösung 200
Bussysteme 187

Car-Sharing 179, 194
Carports 169
Charta von Athen 21, 22
City 177, 231, 232
Citybereiche 177
Citylogistik 225

Discobusse 191
dörfliche Orstdurchfahrten 134
Dreiecksinsel 147
DTV 85
DUO-Bussen 50
Durchfahrsperre 118, 125
Durchgangsverkehr 84
Durchgangsverkehrsanteil 122
Durchmesserlinien 186
durchschnittliche tägliche Verkehrsstärke 85
Durchschnittsgeschwindigkeit 148
dynamische Parkleitsysteme 175

Einbahnstraßen 114, 118, 205
Einbahnstraßensysteme 118
Einfahrzeiten 152
Einkaufs- und Besorgungsverkehr 162, 171
Einkaufsverkehr 80, 180
Einkaufszentren 170, 171
Einmündungen 114
Einsatzbereiche von Gehwegen 40

Einsatzkriterien für Radverkehrsanlagen 43
einspurige Engstellen 132
Eisenbahn 218
Energieverbrauch 56
Engstellen 125, 212
Entwurfsgeschwindigkeit 148
Environment 23, 116
Erholungsverkehr 192
Erkennbarkeit 140
Erlebniseinkauf 25
Erreichbarkeit 174
Erschließungsdichte 55
Erschließungsfunktion 116
Erwerbstätige 80

Fahrbahnverschmälerungen 127
Fahrbahnverschwenkungen 127
Fahrgeschwindigkeit 71, 139
Fahrleistungen 81
Fahrleistungen in der BRD 82
Fahrradstraßen 207
Fahrtenmobilität 80
Fahrverlaufs- und Verlustzeitanalysen 196
Fahrwegkosten 57
Fahrzeugüberhang 165
Fahrzwecke 82
Flächenaufteilung 75
flächendeckende Verkehrsberuhigungen 137
Flächenentsiegelung 130
flächenhafte Erschließung 184, 185
flächenhafte Erschließung (Sekundärnetz) 189
flächenhafte Verkehrsberuhigung 130
Flächenwirksamkeit 115
freie Vollrampe 169
Freigabezeiten 151
Freizeitbudget 25
Freizeitverkehr 80, 214, 215
Führung des Radverkehrs 158
Fünf-Phasenmodell 33
Funktionen 78
Funktionen der Stadt 79
Furten 149
Fußgänger 38
Fußgängerbelastungen 211
Fußgängerbereiche 231
Fußgängerfreundliche Innenstädte 228
Fußgängerüberweg (Zebrastreifen) 210, 211, 213
Fußgängerzonen 38, 172, 205, 228
Fußverkehr 204
Fußwegenetz 114
Fußwegentfernung 172

Garagenhöfe 181
Gartenstadt 21
Gebietseingang 138
Gefahrguttransporte 221
Gehweg mit Zusatzschild ‚Radfahrer frei‘ 41
Gehwege 38
Gelbzeit 151
gemeinsame Geh-/Radwege 41
gemeinsame Rad-/Gehwege 39
Gemeinschaftsparkplätze 169
Generalverkehrspläne 90
genius loci 237
gerade Vollrampen 166
Geschäftsbereiche 133
Geschäftsstraßen 134, 172
Geschwindigkeit 106, 107
Geschwindigkeitsbegrenzungen 108, 109
Geschwindigkeitslimits 107
Geschwindigkeitsniveau 213
Geschwindigkeitsschalter 108
Geschwindigkeitsverkäufer 112
Gestalt 98
Gestaltgesetze 99
Gestaltgesetze bei einer Mittelinsel 100
Gestaltung 75
Gestaltung von Plätzen 132
Gestaltung von Radverkehrsnetzen 206
Getrennte Kfz- und Fußverkehrsführung 119
Große Kreisverkehrsplätze 158
Grundformen plangleicher Knotenpunkte 145
Grüne Welle 152
Grünphase 151
Grünzeiten 151
Gütertransport mit der Straßenbahn 227
Güterverkehrsnetze 220
Güterverkehr 218
Güterverkehrszentren (GVZ) 181, 223, 225

halbes Kleeblatt 141
Halbmesserlinien 186
Halte- und Umsteigepunkte 185
Haltesicht 147

Haltestellen und Umsteigepunkte 198
Haltestellen,kaps‘ 197
Haltestelleneinzugsbereiche 115
Hauptsammelstraßen 116
Hauptstraßen 116, 131
Hauptverkehrsstraße 72, 110, 116, 131
Hierarchie der Straßen: Straßentypen 116
Höchstgeschwindigkeit 55, 85
HOV-Spuren 93
Huckepack-System 224, 227

Immissionsgrenzwerte der Lärmvorsorge 61
indirekte Subventionen 227
Individualverkehr 55
Infrastruktureinrichtungen 198
innenliegende Halteinsel 202
integrierter Taktfahrplan 194
Isochrone 115

Jobtickets 173
just in time 222, 228
Katalysatoren 67
Kilometerleistungen 82
Kilometermobilität 80
klassifizierte Straßen 119

Kleeblatt 140
Knotenpunkte 114, 139
Knotenpunkte ohne Lichtsignalanlagen 145
Kohlendixoid 64
Kohlenmonoxid 64
Kohlenwasserstoffe 64
kombinierter Verkehr 184, 223
Kommunikations- und Verkehrskultur 236
kompensatorische Ansätze 61
Konfliktpunkte 155
Konzepte der getrennten Führung 119
Korbbögen 149
Kraftfahrstraßennetz 115
Kraftfahrzeuge: Systemdaten 48
Kreisfahrbahn 156
Kreisinsel 156, 157
Kreisradien 149
Kreisverkehr 114, 154
Kreuzungen 114
kritische Theorie des Verkehrs 29
Kurvenradien 149
kurze Wege 204
Kurzzeitparken 173

Landstraßen 119
Längsaufstellung 164
Langzeitparken 173
Lärm- und Abgasbelästigungen 139
Lärmbelastung 75
Lärmbelastungen 58
Lärmschutz 60
Lärmvorsorge 60
Lebensqualität 170
Leistungsfähigkeit kleiner Kreisverkehrsplätze 155
Leistungsfähigkeit von Knotenpunkten 145
Leistungsfähigkeit von Straßen 70
Level Of Service 73
lichtsignalisierte Knotenpunkte 150, 209
Lichtsignalisierung des Fuß- und Radverkehrs 209
Lichtzeichenanlagen (Fußgängerampel) 211
Liefer- und Wirtschaftsverkehr 162, 171
Linien- und Haltestellennetz 190
Linienbusse 44, 189
linienförmige Erschließung 185
linienförmige Erschließung (Primärnetz) 186
linienhafte Erschließung 184
linienhafter Charakter 128
Linksabbiegende Radfahrer 148
Linksabbiegespuren 133, 146
Luftqualität 230
Luftschadstoffe 62

Magnetbahn 51
Massengüter 221
Mindestradien 130
Mischprinzip 39, 41, 129
Mitnahme von Rädern 192
Mittelinsel 125, 133, 212
Mittelinselhaltestelle 198
Mittelstreifen 117
MIV 82, 189
Mobilitätserhöhung 25
Mobilitätsuntersuchungen 185
Mobilitätsverhalten 84
Modal Split 86, 87
Motorgeräusche 60
Motorisierung 81, 90

Nachtbusse 190
Nahverkehrspläne 95, 203

Nebenstraßen 38, 116, 124
negative Rückkoppelung 30, 91
Neigezüge 51
Niederflursystem 199
notwendige Fahrspurbreiten 49
Nutzungen 78
Nutzungsverteilung (Prinzipskizze) 79

Oberflächematerialien 129
öffentliche Verkehrsmittel 47
Öffentlicher Personen(nah)verkehr (ÖPNV) 183
öffentlicher Personenfernverkehr 185
öffentlicher Personennahverkehr 185
öffentlicher Raum 105
öffentlicher Verkehr 55
Ökomobil 52, 179, 193
ÖPNV 189
ÖPNV im kombinierten System 191
ÖPNV-Anteil 83, 185
ÖPNV-Erschließung 194
ÖPNV-Fahrstreifen 188
ÖPNV-Netze 192
ÖPNV-Schleusen 196
Orientierung 120
Orsteingang 134
Ortsbussen 190
Ortsdurchfahrten 119, 121
Ortsumgehung 121
Ortsumgehung und Ortsdurchfahrt 123
ÖV-Anteil 83
Ozon 62

Park and Ride (P+R) 178, 192
Park- und Liefersituation 131
Parkbauten 166
Parken im Straßenraum 163
Parkgebühren 172
Parkhäuser 166
Parkleitsysteme 175
Parkplätze 165
Parkplätze für Omnibusse und Nutzfahrzeuge 166
Parkrampen 168
Parkraumbewirtschaftung 26, 171
Parkraumbewirtschaftung in der Innenstadt 170
Parkraumbilanzierung 173
Parkraumnachfrage 161
Parksuchverkehr 177
Pkw-Verkehrsleistungen 214
planfreie Knotenpunkte 140
plangleiche Knotenpunkte 143
Plasterquerbänder 135
Plasterungen 125
Praktische Leistungsfähigkeit 72
Problemfelder 76
Progressivgeschwindigkeit 153
Psychoanalyse des Autofahrens 29
Push and Pull 91

Quellverkehr 84
Querbarkeit 75, 211
Querungshilfe 100, 199, 204, 208
Querungsmöglichkeiten für Fußgänger 158
Querungsstellen 208

Radfahrer 41
Radfahrstreifen 41, 206
radial-ringförmige Netze 117
Radialnetze 186
Radrouten 207
Radständer 182
Radverkehr 204
Radverkehrsanlagen 41
Radverkehrsbelastungen 43
Radverkehrsnetze 114
Radwege 44
Radwegenetz 114
Rampen- und Treppenanlagen 205
Rampenform 166
Randstreifen 117
Rasternetze 117, 186
Raumgestalt 131
Räumzeiten 152
Raute 141
‚Rechts vor Links'-Vorfahrtregelung 197
Rechts vor Links 137
Rechtsabbieger 146
Rechtsabbiegespuren 133
Reduzierung der Kfz-Geschwindigkeiten 131
Reduzierung des Stellplatzangebotes 163
Reichweite 55
Reifen-Fahrbahn-Geräusche 60
Reisebusse 194
Reisegeschwindigkeit 55, 85
Reisezeit 88, 93

Rettungsfahrzeuge 130
Risiko 106
Risikobereitschaft 107
Road Pricing 93
Roll on-/Roll off-Anlagen 223
Rollende Landstraße 227
Rollgeräusche 60
Route 88
Rückbau von Hauptverkehrsstraßen 109
Rufbusse 190
Ruhender Verkehr 160
Rundum-Grün-Schaltungen 209
Ruß 65

Sammelstellplätze 170
Sammelstraßen 116
Sammeltaxen 189
Schienengüternahverkehr 220
Schleichstrecken 118
Schleifensysteme 118
Schleppkurven 149
Schnelligkeit und Zuverlässigkeit 185
Schrägaufstellung 164
Schulwegsicherung 110, 211
Schutzstreifen 39, 165
Schutzstreifen für Radfahrer 43
Schwerverkehrsanteil 74
sektorale Parkleitsysteme 176
Sektoren der Wirtschaft 79
Senkrechtaufstellung 164
separate Linksabbiegespuren für Radfahrer 210
Separationsprinzip 39, 41
Servicestation 182
Sicherheitsabstände 107
Sichtbeziehung 120, 121, 148
Sichtfelder 147
Siedlungen für Bewohner ohne Autobesitz 170
Signale 98
sleeping policeman 127
Sommersmog 62, 216
Sonderparkberechtigung für Anwohner 172
soziale Kontrolle 131
Spitzenstundenbelastung 85
Spitzenstundengruppenbelastung 85
Spurigkeit 117
Stadtautobahn 72, 116
Stadtbahn-/Straßenbahnnetz 187
Stadtbahnnetze 115
Stadtbahntrassen 133, 188
städtebauliche Qualität 130
stadtkernnahe Wohngebiete 177
Stadtstraßen 117
Standortqualität 170
Staulängenberechnung 152
Stauraumberechnung 146
Stellplatzangebot 174
Stellplatzplanung 169
Stellplatzverordnungen 162
Stichstraßen 118
Stickoxide 62
Straßenbahn-/Stadtbahnwagen 44
Straßenbahnen 44
Straßenbegrünung 130
Straßengüterfernverkehr 218
Straßengüterverkehr 218
Straßenkategorie 117
Straßenmöblierungselemente 129
Straßenparkplätze 173
Straßenraumgestalt 131
Straßentypen 116
Straßenverschleiß 227
Strecken 114
Streifigkeit 117
Strukturdaten 86
Stückgutverkehr 220
Systembehälter 223

Tagesganglinien einer zweispurigen Hauptstraße 85
Taxistation 189
Teilpunktabstände 153
Telematik 32, 73
Tempbegrenzung 67
Tempo-30-Zone 108
Tertiärisierung 23, 24
theoretische Leistungsfähigkeit 56
Tiefgaragen 166
Traglastabteile 192
Transitverkehr 227
Transportlogistik 220
Transrapid 50
Treibhauseffekt 64
Trennstreifen 39
Trennung von Fuß- und Fahrverkehr 129
Trompete 141

Überholzwang 103
Überlastung des Straßennetzes 25
Übersichtlichkeit 140
Überwachung 108
Überwachungsmaßnahmen 175
Umfeldverträglichkeit 122
Umgehungsstraßen 119, 121
Umlaufzeit 151, 153
Umsatzentwicklung 231
Umsteigen auf den ÖPNV 185
Umweltbelastung 56, 58
Umweltkosten 68
Umweltspuren 189
Umweltverbund 91, 174
unechte Einbahnstraße 205
Unfallbelastungen 110
Unfalldiagramme 110
Unfallentwicklung 105
Unfallhäufungsstellen 110
Unfallrate 106
Unfallschwere 105
Unfallschwere und Geschwindigkeit 107
Unfalltypensteckkarten 110
Urlaubsverkehr 80, 215

Velorouten 205
Verbindungsfahrbahnen 141
Verbindungsfunktion 116
Verbindungsstraßen 134
Verflechtungsbereiche 141
Verkehrsablauf 133
Verkehrsanteile 83
Verkehrsarten: Binnenverkehr 84
Verkehrsbelastung 73, 85
Verkehrsberuhigter Bereich 125
Verkehrsberuhigter Geschäftsbereich 138
Verkehrsberuhigung 118, 124
Verkehrsberuhigung an Hauptstraßen 125, 131
Verkehrsentwicklungspläne 94, 216
Verkehrsentwicklungsplanung 91, 92, 94, 172
Verkehrserzeugung 86
Verkehrsfluß 71
Verkehrsmengen 85
Verkehrsmittelwahl 86, 87, 174
Verkehrsmodelle 84
Verkehrsnetze 114
Verkehrsprognose 89
Verkehrsqualität 73
Verkehrssicherheit 74, 75, 109
Verkehrsstärke 85
Verkehrsstraßen 116
Verkehrstote 106
Verkehrsumlegung 86, 88
Verkehrsumschichtung 93
Verkehrsunfallanzeigen 110
Verkehrsunterricht 110
Verkehrsverhalten 90
Verkehrsverlagerungen 104
Verkehrsverteilung 86, 87
Verkehrszelle 86
Verkehrszwecke 81
Verkehrtsentwicklung Amsterdam 95
Verminderung der Lärmbelastung 139
Verschwenkungen 132
Verträgliche Verkehrsbelastungen 76
Verträglichkeit 73, 75
Vorankündigung 135
Vorbehaltsstraßen 137
Vorfahrtregelung 145
Vorfahrtsregelung ‚Rechts vor Links' 125
Vorrang des Fahrverkehrs 137
Vorwegweisung 176

Waldsterben 63
Wegemobilität 80, 82
werktäglicher Verkehr 80
Wohn- und Geschäftsstraßen 124
Wohn-, Geschäfts- und Aufenthaltsfunktion 131
Wohnnutzung 117
Wohnwege 116
Zebrastreifen 210

Zeichen 98
Zeichen 325: Beginn eines verkehrsberuhigten Bereichs 125
Zielverkehr 84
zulässige Höchstgeschwindigkeit 85
zweiphasige Schaltung 151
Zweirichtungsradwege 41
Zweispurige Straßen 211
Zwischenzeiten 151

Stadtplanung

Zur Entwicklung der Stadtplanung in Europa
Begegnungen, Einflüsse, Verflechtungen

von Gerd Albers
1997. 398 S. mit 39 Abb.
(Bauwelt Fundamente; hrsg. von Ulrich Conrads und Peter Neitzke; Band 117)
Kart. DM 48,–
ISBN 3-528-06117-0

Industrialisierung und Bevölkerungswachstum führten im 19. Jahrhundert in den meisten europäischen Ländern zu einem Wachstum der Städte, dessen Steuerung zunehmend als öffentliche Aufgabe erkannt wurde. So entstand um die Jahrhundertwende eine neue Disziplin: Stadtplanung. Das Buch gibt in großen Zügen deren Entwicklung in verschiedenen europäischen Ländern wieder und behandelt ausführlicher das Entstehen einer – häufig auch über Ländergrenzen hinweg wirkenden – Fachliteratur und die wechselseitigen Beeinflussungen durch internationale Kongresse, Ausstellungen und Wettbewerbe. Die Unterschiede und Gemeinsamkeiten der Entwicklung in den einzelnen Ländern werden dargelegt und für eine Reihe von Teilaspekten, wie Berufsverständnis, Ausbildung, Planungsrecht, Stadtstruktur und Stadtgestalt, in ihren Besonderheiten erörtert.